漓江鱼类生物多样性及其与环境的关系研究

吴志强 黄亮亮 等 著

科学出版社

北京

内 容 简 介

随着人类活动的加剧,漓江鱼类面临着严重威胁,鱼类物种数急剧减少。研究漓江鱼类资源现状及其与环境因子的关系,并利用鱼类生物完整性指标体系评价漓江河流健康具有重要意义。本书是国家自然科学基金项目(51379038、51509042)和广西自然科学基金项目等工作的积累和综合。全书包括 8 章,分别是:漓江概述、漓江鱼类及渔业资源研究概况、漓江流域鱼类物种组成及区系特征、漓江流域鱼类物种多样性及鱼类群落时空变化研究、漓江基于鱼类生物完整性指数评价河流健康研究、漓江流域与周边水系鱼类比较研究、漓江流域鱼类与环境的关系研究、漓江鱼类资源面临的威胁及保护措施。

本书可为环境科学、水产养殖学等研究单位人员以及大专院校相关专业师生提供参考。

图书在版编目(CIP)数据

漓江鱼类生物多样性及其与环境的关系研究/吴志强等著. —北京:科学出版社,2017.11
 ISBN 978-7-03-055108-5

I. ①漓… II. ①吴… ②黄… III. ①漓江–鱼类–生物多样性–研究
IV.①Q959.408

中国版本图书馆 CIP 数据核字(2017)第 271250 号

责任编辑:罗 静 白 雪 / 责任校对:郑金红
责任印制:张 伟 / 封面设计:北京图阅盛世文化传媒有限公司

科 学 出 版 社 出版
北京东黄城根北街 16 号
邮政编码:100717
http://www.sciencep.com

北京教園印刷有限公司 印刷
科学出版社发行 各地新华书店经销
*
2017 年 11 月第 一 版 开本:720×1000 1/16
2017 年 11 月第一次印刷 印张:17
字数:340 000
定价:**120.00 元**
(如有印装质量问题,我社负责调换)

前　　言

　　河流健康是指河流生态系统能够支持与维持河流的主要生态过程，具有一定生物种类组成、多样性和功能组织的生物群落尽可能接近受干扰前状态的能力。随着工业化及城市化进程的加快，世界河流都经受了不同程度的干扰和损害，普遍出现了水质恶化、河流形态结构改变及生境退化等问题。河流生态系统的退化已经成为 21 世纪人类生存和发展面临的重大危机，而且河流健康也已成为国际社会的关注焦点。漓江位于广西壮族自治区东北部，是中国锦绣河山的一颗璀璨明珠，是桂林发展山水旅游的重要资源。2013 年，美国有线电视新闻网（CNN）评选出 15 条全球最美河流，漓江成为中国唯一入选的河流。随着旅游业的发展、河流污染的加剧、人类的大肆捕捞、栖息地的破坏等，漓江鱼类生物多样性岌岌可危。有研究表明，漓江鱼类物种多样性呈明显下降趋势，20 世纪 70 年代至今漓江鱼类物种多样性指数下降约 14.82%。

　　2012 年 1 月 1 日起施行的《广西壮族自治区漓江流域生态环境保护条例》（简称《条例》），是广西出台保护漓江的首部地方性法规。该《条例》的出台，在科学保护漓江的历史上具有"里程碑"式的意义。漓江是一个具有特色的复合生态系统，是广西最重要的淡水鱼类分布区之一。随着人类活动的加剧，漓江鱼类面临着严重威胁，漓江水生态系统的修复已刻不容缓。因此，研究漓江鱼类资源现状及其与环境因子的关系，同时构建基于漓江鱼类数据的生物完整性指标体系对漓江的河流健康进行评价具有重要意义，可为漓江流域河流的可持续管理，区域生态环境建设，鱼类物种多样性保护、恢复与合理利用提供科学依据，并为流域管理者或决策者确定河流管理活动提供理论支持。

　　本书是国家自然科学基金"漓江流域基于鱼类生物完整性评价河流健康指标体系的研究"（51379038）、"漓江上游区河流生境异质性与鱼类多样性的维持机制"（51509042），广西科学研究与技术开发计划课题"鱼类生物完整性与健康河流评价体系对漓江生态保护的重要价值研究"（桂科攻 1355007-14），广西自然科学基金"桂北山区鱼类区系组成及其动物地理学特征研究"（2014GXNSFBA118072）、"会仙湿地鱼类聚群时空变化格局及其多样性维持机制"（2016GXNSFAA380104），广西壮族自治区教育厅高校科研项目"桂江鱼类群落与环境因子的关系及河流健康评价技术体系研究"（YB2014151）和桂林理工大学博士启动基金"桂北山区鱼类多样性及其与环境因子的关系研究"等工作的积累和综合。有 7 位硕士研究生参与了本课题的研究，并完成了他们的硕士学位论文，在学术期刊上发表标注上述项目课题资助的论文共有 20 篇。

全书的著者名单如下。

第 1 章漓江概述：吴志强、黄亮亮、朱召军、封文利、高明慧、邓明星。第 2 章漓江鱼类及渔业资源研究概况：吴志强、黄亮亮、封文利、黄健、朱召军、丁洋。第 3 章漓江流域鱼类物种组成及区系特征：吴志强、黄亮亮、朱召军、丁洋、郑盛春、胡沛祥、封文利。第 4 章漓江流域鱼类物种多样性及鱼类群落时空变化研究：吴志强、黄亮亮、朱召军、丁洋、郑盛春、胡沛祥、封文利。第 5 章漓江基于鱼类生物完整性指数评价河流健康研究：吴志强、黄亮亮、朱召军、丁洋。第 6 章漓江流域与周边水系鱼类比较研究：黄亮亮、吴志强、师瑞丹、尹超。第 7 章漓江流域鱼类与环境的关系研究：黄亮亮、吴志强、朱召军、封文利、胡沛祥、郑盛春。第 8 章漓江鱼类资源面临的威胁及保护措施：黄亮亮、吴志强、封文利、黄健、高明慧、邓明星。

本书由吴志强和黄亮亮撰写，参与本书编排、制图和校对等工作的还有封文利、黄健、高明慧、邓明星、殷敏等同志，特此致谢。

本书的出版得到了桂林理工大学广西区级重点实验室（环境污染控制理论与技术实验室）、岩溶地区水污染控制与用水安全保障协同创新中心、广西"八桂学者"岗位专项经费等的资助。

书中不足之处，敬请各位读者批评指正。

吴志强　黄亮亮

桂林理工大学

2017 年 8 月 25 日

目　　录

第 1 章 漓 江 概 述

漓江，是中国锦绣河山的一条青罗带，是桂林山水甲天下的灵魂，是桂林人，广西人乃至全球华人的骄傲。秀丽的漓江黄金水道，犹如一幅百里画卷，韵美无穷。漓江最初称"离水"或"漓水"，历史上曾名桂水或桂江、癸江、东江。据宋代柳开《湘漓二水说》述，二水在兴安境内分水岭南北"相离"，在"相离"二字偏旁加"氵"，北去的名曰"湘江"，南流的名曰"漓江"。

漓江灌溉着 6050km² 的土地，哺育了流域范围内 207.1 万人口，是桂林的母亲河。因其奇特的山水风光，漓江有"百里画廊"之美誉，每年吸引成千万游客到此游览，是桂林旅游的"黄金水道"。2013 年，美国有线电视新闻网（CNN）评选出 15 条全球最美河流，漓江受到世界各国媒体、专家以及旅游者的一致认同，成为中国唯一入选的美丽河流。

漓江流域形状为长形多支流河系，整个流域在地貌学上属于典型的岩溶地貌，广泛裸露古生代纯质厚层的碳酸盐岩，由于地质发展演变过程中的多次构造运动，使其具有纵横交织的断层裂隙，加上适宜的气候条件，为流域区岩溶地貌的发育提供了有利条件，形成了诸多的地下溶洞和地下河。自桂林至阳朔之间河段，是广西东北部岩溶地形发育最典型的地段，此段漓江沿岩溶峰林峰丛地貌依山而转，蜿蜒于万点奇峰之间，碧水萦回，奇峰夹岸，形成景致最迷人的峡谷，江中多洲，岸边多滩，乱石遏流，浪回波伏。

1.1 地理位置简介

漓江属西江水系，位于广西壮族自治区东北部（110°18′E-111°18′E、23°23′N-25°59′N），漓江发源于桂林市兴安县西北部的越城岭主峰帽儿山（海拔 2141.5m）东北支老山界南麓，由北向南流，源头段称为乌龟江，塘坊边以下称为集义河，至千家寺（千祥）称为陆洞河，与黄柏江、川江交汇后称为大溶江，至溶江镇老水街与古运河灵渠汇合后始称漓江。漓江干流流经兴安、灵川、桂林、阳朔、平乐等市县（图 1.1），全长 214km，漓江总流域面积 6050km²[1]。漓江全流域北面以猫儿山、天平山、架桥岭为界，与长江流域洞庭湖水系夫夷水（资水）及柳江支流古宜河、洛清江毗邻，流域东面以海洋山为界，与长江流域湘江水系海洋河、灌阳河及桂江支流恭城河接壤。

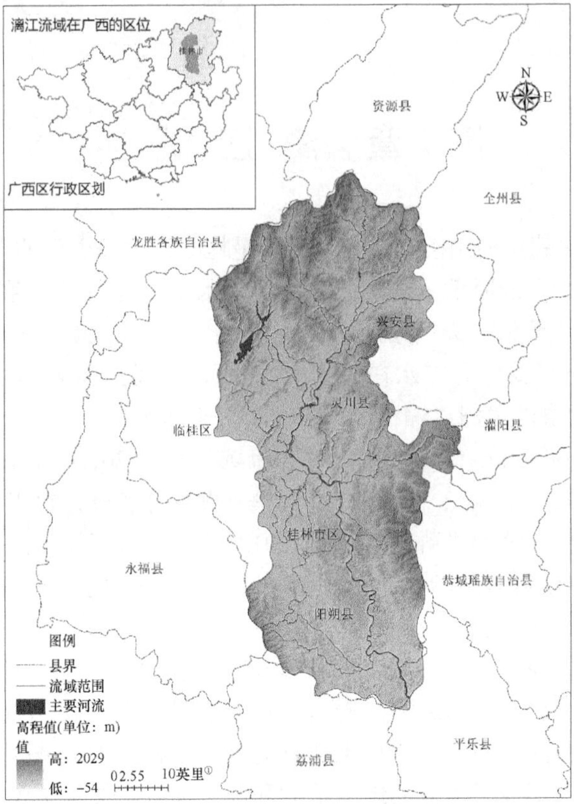

图 1.1 漓江流域示意图

Figure 1.1 The location of Lijiang River

漓江自北向南流穿过桂林城区，流经桂林市区长 49.3km。城区右岸有桃花江汇入，桃花江入口以上漓江流域集水面积 2462km^2，下游不远处有桂林水文站，桂林水文站以上漓江流域集水面积 2762km^2，河流总长 105km。漓江桂林至阳朔段属典型的岩溶地貌，山青水秀，洞奇石美，深潭险滩，流泉飞瀑，是中外游客观光游览的黄金水道[2]。河段长 86km，流域面积为 5585km^2，枯水落差 40m，平均坡降0.48%。漓江是中国锦绣河山的一颗璀璨明珠，是桂林发展山水旅游的重要资源。

1.2 地 质 地 貌

1.2.1 构造地层概况

漓江流域属扬子地台区的一部分。它在加里东运动期间为一强烈拗陷的褶皱

---

① 1 英里=1.609 344km

地带，经加里东运动后逐渐趋于稳定转化为地台区，然而在印支运动、燕山运动期间仍然出现了强烈的构造活动。

加里东运动期所出现的紧闭线褶皱，以北东向的华夏系及南岭东西向构造为主，当时地应力的活动方式表现为南北向的一种挤压和扭动。在构造运动的同时伴生几个岩基状花岗岩体的侵入。

印支运动期间，虽然运动仍颇为强烈，但地应力活动的方向及变形的方式发生了较大的变化。当时以东西向的挤压作用为主，生成了向西凸出的桂林弧形构造。只是构造运动表现为以刚性的块断作用为主，线性褶皱已不是主要的构造形态。因此，在桂林弧形构造带中，巨厚的泥盆系灰岩尽管断裂、破裂等构造仍然十分发育，但地层产状平缓，很少超过 20°，这是岩溶地貌形成的一个重要构造条件。

燕山运动期间，太平洋板块与东亚板块产生了强烈的碰撞作用。在碰撞中太平洋板块不仅向东亚板块之下俯冲，而且产生了强烈的左行水平错位，致使中国东部产生了一系列北北东向新华夏构造。区内北北东向的压扭性破裂构造亦十分强烈。此外，与其相配套的北东东的泰山向破裂、北北西的大义山向破裂几乎遍布全区，对区域内水系的展布、地貌形态的形成以及岩溶地下水的富水构造均有明显的控制作用。

此外，兴坪至阳朔间在岩溶峰丛洼地分布地区，尚发育有几列明显的北西向压性断裂。方向和性质与桂西南发育的右江断裂相当。其生成机制显然与新华夏系构造不一致，或许与两大板块之间的东西向派生的挤压或反向错位有关，应该引起注意[3]。

喜山运动，主要表现为一种块断作用为主的继承性活动。漓江流域内出露地层从寒武系到第四系，中间除缺失二叠系、侏罗系外，均有分布。按岩性大致可以划分为下列 5 个层组。

(1) 下部古生界浅变质碎屑岩系，厚度大于 2000m。主要分布于越城岭、海洋山、架桥岭等中低山地。

(2) 下泥盆统至中泥盆统下组红色碎屑岩系，厚 900m，其中下统区域不整合于下部古生界浅变质碎屑岩系之上，主要分布于越城岭、海洋山、架桥岭的山麓及其他低山、丘陵地带。局部因断层抬升，出露于岩溶谷地中。

(3) 碳酸盐岩，包括中泥盆统东岗岭阶、上泥盆统融县组、下石炭统岩关阶、大塘阶，总厚度约 3000m，广泛出露于漓江岩溶谷地中。其中东岗岭阶以白云岩、白云质灰岩为主，厚度变化在 100-1000m。融县组为厚层至块状纯灰岩，厚 1070m。以上是该区域岩溶发育的两个主要层位，地貌上反映为岩溶峰林、峰丛。其中又以融县组灰岩岩溶最为发育，据初步统计，区内 80%的岩溶洞穴发育在该层灰岩中。此外，东岗岭阶、融县组碳酸盐岩在研究区均有明显的相变。一旦相变成薄层泥质灰岩、硅质岩时，地面岩溶形态就不发育，多呈丛丘或缓丘。下石炭统岩关阶、大塘阶灰岩由于层理变薄，泥质、硅质成分明显增高，地貌上亦呈丛丘、缓丘的溶蚀-侵蚀的组合形态。在漓江流域西北区，下石炭统可以完全相变成薄层砂页岩的碎屑岩相区，地貌形态则转变为丘陵或岗地。

（4）三叠系、白垩系红色碎屑岩系。桂林附近的三叠系地层是中国地质科学院岩溶地质研究所近几年工作中所发现的[4]，为一套灰绿、灰黑色的泥质粉砂岩、粉砂质泥岩，厚 0-20m。零星残留于上泥盆统碳酸盐岩岩溶不整合面上。此套地层曾有颇多争议，后由于发现了三叠系所特有的孢子花粉而确定，代表印支运动期间山间盆地内陆湖相的沉积。

上白垩统，区内仅见于奇峰镇李家村、桂林五里店、白沙等局部的断陷盆地内。下部为一套红色砾石，砾石成分中有众多的灰岩、白云岩、硅质岩，砾石大小不等为次棱角状。据李家村附近钻孔资料，厚度可超过 100m。上部为暗红色钙泥质粉砂岩，粉砂质泥岩。地面可见厚度大于 70m。

老第三系，桂林附近的海相老第三系亦是近几年工作中所发现[5,6]。零星分布于桂林市朝阳、定江、三里店等处，出露标高 160m 左右。为一套浅黄色泥质粉砂岩及粉砂质泥岩。其中除发现不少早第三纪被子植物、裸子植物等花粉组合外，还发现了较多的海相有孔虫化石，说明早第三纪桂林地势低洼，存在着一个自南向北延伸的海湾。从地层中所保存的云杉、冷杉类孢粉以及沉积物中的伊利石等黏土矿物看当时的气候较现在凉爽。

（5）第四系松散堆积层，分布于基岩面上的残积型黏土，代表着自早第三纪以来至早更新世风化壳型的堆积物，岩性常随基岩不同而异。在上泥盆统灰岩分布区以棕红色黏土为主，个别地段发育为黏土矿。下石碳统分布区的残积物多为褐黄色、黄色黏土，有时尚含页岩碎屑，厚达 2.5m。越城岭、海洋山、架桥岭等中、低山地带，在下部古生界、中下泥盆统碎屑岩以及花岗岩分布地区，风化残积层厚达 10-30m。在本研究区，这类残积层仅次于冲积层，发育为有利于森林植被、作物生长的土壤层。

中更新统，为一套暗红色的黏土泥砾层。砾石成分主要为中泥盆统应堂组的灰黄色粉砂岩、细砂岩。砾石有一定的磨圆度，但大小不一，互相混杂，无分选性，直径大的可达 30cm，小者仅 1cm 左右，且泥砾中砾石含量多寡不一，有时见砾石密集的块体组成沟槽式或环形旋转式穿插于砾石稀少的泥岩之中。此类第四系堆积物分布甚广，自兴安严关一带经灵川至临桂六塘广泛地出现在岩溶谷地内，常形成垄岗或二级阶地。对这一套泥砾的成因，是冰积或洪积[7,8]，争论已久，持续达半个世纪，至今仍众说纷纭。

红色泥砾层一般厚 10-30m，局部可达 50m。多为松林、橘林及一些旱地作物分布地区，部分为疏林草地。

上更新统分布比较零星，典型的剖面见于灵川县潮田乡南圩坡立谷中。下部为一套河床相的砂砾层，上部为灰黄色粉砂质亚黏土。总厚约 25m。砂砾层中所含炭化木，经 ^{14}C 年龄测定为 37 000 年±500 年。

上新统在桂林附近没有见到典型的露头。仅在桂林橡胶设计院（三里店）地基、三砖厂取土坑、五里店黑石坑等地区，分别在漓江二级阶地底下 4-13m 处发现一层黑色淤泥黏土层。取其中的泥炭层，炭化木经 ^{14}C 测定，其年龄分别为 20 770 年、32 779 和 34 500 年[6]。区内大部分地区上更新统厚度不大，岩性属于红色黏土泥砾层上发育的古土壤或沼泽相的堆积物。

全新统，现代漓江及其支流的河床、河漫滩以及一级阶地的堆积物，具有明显的二元结构，下部为砂砾层，上部为粉砂质黏土。在局部的盐溶化洼地中，全新世时期尚发育有一部分湖沼相的沉积物，含有泥炭层[9]，如桂林市朝阳乡附近的南村、西村。泥炭层经 ^{14}C 年龄测定为 6400 年。

1.2.2　地形地貌

地貌是决定水系发育、水文循环及水资源时空分布的重要因素之一。漓江流域的岩性比较复杂，在流域的中、下游地区以碳酸盐岩为主体，形成以溶蚀作用为主的热带岩溶地貌景观——峰丛洼地及峰林平原地形；在桂林城区以北及桂林城区以南东西两侧的碎屑岩分布区则以侵蚀作用为主，形成中低山、丘陵地貌。

漓江中下游河谷地貌可分为两种类型。漓江桂林城区至大圩潜经村段为峰林平原河谷，河叉、心滩及江心洲都较发育，河谷宽浅，两岸发育有连续对称的一级阶地。河床多为卵石，河道弯曲且多浅滩。漓江潜经村以南河段河谷两岸为峰丛洼地，河谷深切呈箱形谷，河道深窄，河岸石壁陡峭。一级阶地不太发育，分布不连续且不对称。

1. 地形

漓江流域位于南岭山脉西南部。总的地势北高南低，东西两侧高，中部低。流域北部是南岭中的越城岭，主峰猫儿山海拔 2141.5m，是华南第一高峰，漓江即发源于该山南麓；东部为海洋山，西侧为天平山与架桥岭，主峰均在千米之上。这些山脉走向受构造控制，呈北东及近南北方向展布，山体主要由碎屑岩及岩浆岩组成[9]，山势陡峻绵亘，巍峨壮观。

山脉之间是漓江谷地。漓江谷地由一系列开阔的山间盆地及峡谷组成，谷宽一二百米至十多千米。由北而南有严关、溶江、三街、灵川、桂林、福利等盆地，盆地地势较平坦，诸河汇集。桂林城区以北的盆地主要由碎屑岩夹少许碳酸盐岩组成，盆地中分布有许多岗垄状的低缓丘陵；桂林及其以南的盆地则基本是由纯碳酸盐岩组成的峰林平原。碳酸盐岩石峰平地拔起，峰下清溪湖潭环绕，景色绚丽多姿。盆地之间有峡谷相连。最典型的峡谷是大圩以南的潜经村至阳朔一带的岩溶峡谷，河谷深切，河流迂回，与两岸陡峭石峰的相对高差达 400 余米，江水清澈，群峰倒映水中。绚丽独特的山水风光，组成了驰名中外的桂林山水画卷。

漓江流域形状为长形多支流河系，整个流域在地貌学上属于典型的岩溶地貌，广泛裸露古生代纯质厚层的碳酸盐岩，由于地质发展演变过程中的多次构造运动，其具有纵横交织的断层裂隙，加上适宜的气候条件，为流域区岩溶地貌的发育提供了有利条件，形成了诸多的地下溶洞和地下河。漓江全程的地质概貌，有三个典型的特征：一是漓江上游的花岗岩地貌，二是漓江中上游与下游部分地段出现的砂页岩地貌，三是漓江中下游的石灰岩地貌。分布在猫儿山自然保护区的花岗岩石地貌，形成于加里东造山运动期，又受到燕山运动的影响，岩体为碱性花岗岩，与桂林资源县的花岗岩体属于同一岩基。花岗岩硬度很高，抗风化能力强，因此，猫儿山地区各个山岭山势挺拔，陡峭异常。猫儿山地区土壤有机质含量高，矿物质丰富，森林茂盛，水源充足，为各种动植物的生长创造了优越的自然条件，植被覆盖面积大，岩石裸露的面积少[10]。

自桂林至阳朔之间河段，是广西东北部岩溶地形发育最典型的地段，此段漓江沿岩溶峰林峰丛地貌依山而转，蜿蜒于万点奇蜂之间，碧水萦回，奇峰夹岸，形成景致最迷人的峡谷，江中多洲，岸边多滩，乱石遏流，浪回波伏，尤以草坪、杨堤、兴坪为胜。漓江河床地质结构是中盆系以后的碳酸盐建造，溶岩已发展到峰林期，尤其是桂林至阳朔段系石灰岩岩溶较发育地区，河道由沙、卵石组成，以沙石为多，分布有石，并常年长有水草，河床滩潭相间，滩长潭深，滩险众多，不少具独特水文环境条件的深潭滩尾成为众多漓江鱼类的产卵越冬场所。在漓江河谷阶地上，多为砂砾、卵石堆积物，埋藏有孔隙潜水。漓江河谷窄而深切，两岸山坡陡峻，河道复杂，下游阳朔到平乐段，除沙卵石为主外还分布有散石与丛礁。漓江河床的整体比降较大，平均比降为 0.4‰[2]。

2. 地貌

漓江流域为典型的热带岩溶峰林地貌。岩溶极为发育，形态较齐全，按地表岩溶形态及组合特征，可分为峰林平原、孤峰平原和峰丛洼地等。峰林平原和峰丛洼地地貌其类型之齐全、发育之完美，已成为我国及世界各国同类地貌类型的典型，不仅具有极高的科学价值，而且是具有世界意义的自然景观旅游资源。由于桂林地处亚热带季风气候区，主要受地下水与直接降水的影响，在此条件下受综合岩溶作用，除一般的化学溶蚀、溶水侵蚀及崩塌作用外，生物岩溶作用特别是植物岩溶现象十分普遍，具有重要意义。

地貌是决定水系发育、水文循环及水资源时空分布的重要因素之一。漓江流域地貌类型大致可以划分为下列几个主要类别：①碎屑岩地层所组成的中低山地；②碎屑岩地层所组成的丘陵；③洪积扇；④岗地；⑤阶地；⑥峰丛洼地；⑦峰林平原；⑧峰林谷地；⑨丛丘、岭丘、缓丘；⑩溶蚀-侵蚀谷地平原。

桂林市城区面积565km^2，岩溶地貌分布面积占96%以上。桂林的城区和近郊为峰林平原，石峰群像竹笋一样平地而起，相互分离，分布于平原之上，而漓江两岸的山地为峰丛洼地。广义的桂林，包括桂林市，含阳朔、临桂两县（区）和兴安、灵川县大部以及全州、灌阳、永福、荔浦、平乐、恭城等县的小部分，总面积达7100km^2，以碳酸盐岩石为主分布的岩溶面积占52.8%。泛称的岩溶形态，包括地表和地下两个方面，亦即岩溶地貌及洞穴形态。前者所涉及的主要是岩溶峰林地貌，分布面积为24.52km^2，占岩溶面积的65.3%，主要由距今4亿-2.5亿年前晚古生代海洋沉积厚达数千米的碳酸盐岩地层组成。在长期地质内外营力的作用下，形成的峰林、峰丛、洞穴等典型岩溶地貌，与漓江两岸的异卉和森林，共同构成了奇峰独秀，绿水漾回，宛如百里画廊，其山水之美，早已随着一句至高无上的赞誉"桂林山水甲天下"而深入人心，千万年来一直得到人民的喜爱和垂青，无数奇峰异洞和漓江碧水争相辉映，形成一派旖妮风光。

岩溶洞穴形态是地下岩溶形态的主要组成部分，按成因可分为溶蚀（侵蚀）、次生化学沉积、生物岩溶和崩塌4类。其中以前两类形态为主，为溶蚀的波痕、沟槽、坑穴以及洞穴通道、洞室等结构，形态有大小之分，它们与洞穴发育阶段、洞穴水动力条件有密切成因联系；而洞穴次生化学沉积形态最常见的是石灰华和石幔等。

桂林地区的岩溶洞穴，分布广（2400km^2），数量多（达3000多个），内容丰富，具多方面的研究和开发利用价值。在数以千计的洞穴中主要的有131个，其中有不少适宜观光旅游，除市内早赋历史盛名的七星岩、芦笛岩外，尚有冠岩、穿山岩、莲花岩、丰鱼岩、水仙岩、罗田大岩、白云岩、太平岩等。洞穴内多洞室大厅，并发育有石钟乳、石笋、石柱、石幔等，内容丰富，千姿百态，争妍斗艳，各具特色，实属珍贵的世界遗产，也属地质科学的旅游资源。同时，漓江两岸亦存在堆积地貌，主要有阶地。可分为一、二级阶地，一级阶地标高为143-160m，前缘发育有河漫滩，洪水期会被淹没，二级阶地标高为156-180m，阶面呈缓丘状，凸立于峰林平原与一级阶地之间。

1.3 气 候 条 件

桂林漓江因特殊的地形地貌，对局地气候产生了重要影响。水体和石山体热容量的差异形成了下垫面局地加热极不均匀，局地海陆风现象形成局地锋区，激发对流扰动的生成，使得对流云团容易发生和发展，产生午后的雷雨大风。漓江流域地处低纬度地区，属中亚热带季风气候区，全年气温较高，热量丰富，雨量充沛，光照充足，四季分明，雨热基本同季，气候条件十分优越，适合于热带岩溶发育。从风景旅游角度看，全年均适宜开展旅游活动，且伴随季节、昼夜、早晚的变化，桂林山水的景色呈现千变万化。

1.3.1 辐射资源

漓江流域年平均日照时数为 1614.7h，平均日照率 36%，大于 0℃的日照时数为 1607.7h，占年日照时间的 99%，大于 5℃的日照时数为 1505.2h，占年日照时数的 93%，大于 10℃的日照时数为 1354h，占年日照时数的 84%。全年无霜期最长为 349 天，最短为 256 天。历年平均无霜期为 320 天，无霜期 80%保证率为 309 天。

1.3.2 温度条件

漓江流域年平均气温为 18.7℃，1 月最冷，月平均气温为 6.8-8.4℃；7 月最热，月平均气温为 27.0-28.6℃，极端最高温度为 39.5℃，极端最低温度为−5.1℃。桂林市多年平均气温降水情况见表 1.1。

表 1.1 桂林市年均气温降水情况表
Table 1.1 The average temperature and precipitation in Guilin City

月份	平均温度（℃）		平均降水总量（mm）	平均降水天数（天）	月份	平均温度（℃）		平均降水总量（mm）	平均降水天数（天）
	日最高	日最低				日最高	日最低		
1 月	11.9	5.2	55	14	7 月	32.9	24.9	206	16
2 月	12.5	6.5	86	15	8 月	33	24.4	168	15
3 月	16.8	10.5	129	18	9 月	30.6	21.9	72	9
4 月	22.4	15.6	263	21	10 月	25.6	17.3	93	10
5 月	27.4	20.2	334	19	11 月	20	11.9	81	10
6 月	30.4	23.2	320	17	12 月	14.7	6.9	41	10

1.3.3 水资源

广西南部临近海洋，空气中水汽含量丰富，研究区域位于广西的东北角，为冷空气入侵广西的主要通道，且漓江流域内及周边山脉纵横、丘陵起伏，河流交错，南岭山脉除了对北下冷空气起到阻挡作用，造成冷锋常在湘南和桂北之间转成静止锋外，对从南方北上的暖湿空气同样起到阻挡作用，冷暖气团容易在这一地区交汇，导致云雨的机会特多，是广西的多雨中心之一，年平均降水量在

1300-2000mm。由于受季风气候的影响，干湿季节十分明显。3 月开始，海洋暖湿气流逐渐活跃北上，本地上空水汽随之大量增加，雨量逐月增多，5 月、6 月为降水高峰月，7 月、8 月为降水次峰月，4-8 月为该区的汛期，5 个月的降水占全年降水的 70%左右。

流域降水量的年内分配主要受季风活动影响。雨季一般为每年 3-8 月，其降水量为 1100-1400mm，占全年降水量的 75%-76%。每年 9 月至翌年 2 月为干季，其降水量为 370-430mm，仅占全年降水量的 24%-25%。在雨季，连续最大 4 个月的降水量常出现在 4-7 月，降水量为 860-1100mm，占全年降雨量的 57%-61%。连续最大 2 个月的降水量常出现在 5-6 月，降雨量为 507-683mm，占全年降雨量的 35%左右。降雨量最小月份常出现在 12 月至翌年 1 月，降水量约为 100mm，仅占全年降雨量的 6%左右。多年平均年蒸发量为 900mm 以上[9]。流域内降水最大值与最小值之比为 1.2-1.8，年平均降水偏差 7.0%-19.6%。

漓江枯水期水源主要由两部分组成：流域基流以及枯季降水。漓江是典型的雨源型河流，流域径流主要来自于降水。气候属于东亚季风区，夏冬由不同的气流控制，导致降水年内分配极为不均，有雨季、旱季之分，相应的漓江流量也就有丰水期和枯水期之分（表 1.2）。从表 1.2 可以看出，降水量的各月分配与漓江（桂林水文站）平均流量的各月分配对应关系较好，大致呈现同步增长和降低趋势，两组数字比例具有良好的对应性。漓江雨季流量比值高于同期的降水比值，高出 5.08%；而枯季流量比值则低于同期的降水比值，低 5.08%，与雨季的高出值正好相等。造成该现象的原因是，研究区冬夏两季产流模式的不同：夏季为超渗产流，因夏季多大暴雨，降雨速度一般大于下渗速度，降雨转变为径流的效率高，即净雨量占总降雨量的比例高；冬季为蓄满产流，该时期土层干燥，前期雨量所占比例较大，而且冬季降雨量绝对值小，降雨强度更小，降雨转变为径流的效率低，即净雨量占总降雨量的比例偏低。

表 1.2　桂林水文站多年平均降雨量和流量年内分配表

Table 1.2　Annual allocation of average precipitation and flow at hydrological station in Guilin City

项目	n	1 月	2 月	3 月	4 月	5 月	6 月	7 月	8 月	9 月	10 月	11 月	12 月	全年合计
平均降雨量（mm）	30	55	87	129	263	334	319	206	167	71	93	81	46	1851
所占比例（%）		3	5	7	14	18	17	11	9	4	5	4	3	100
平均流量（m³/s）	41	33	60	101	213	316	318	224	123	63	52	48	33	1584
所占比例（%）		2	4	6	14	20	20	14	8	4	3	3	2	100
水文划分	三个水期	—	枯水期		平水期		丰水期			平水期		枯水期		—
	两个水期	—	枯水期				丰水期				枯水期			—

1.4 水　系

　　漓江是一条以雨水补给为主的河流，支流大都位于桂林弧形构造两侧背斜的非岩溶山地上，干流则位于向斜轴部，因而使得降雨汇流迅速，雨洪反应敏捷。主要支流包括上游的灵渠、大溶江、甘棠江、小溶江，中游的桃花江、潮田河，下游的遇龙河、田家河等（图1.2），支流水文特征见表1.3。漓江径流年际变化规律不明显，丰水年、平水年和枯水年交替出现，且径流的年际分配不均匀，漓江径流的年内分配也极不均匀。从多年径流资料来看，年内连续5个月最大径流量，通常占全年径流量的75%以上，枯水期各月的径流量不足全年径流量的15%，且枯水期径流量变化较大，与年径流量不一定呈对应关系，降水量丰水年，枯水期径流量不一定大，反之亦然。枯水季节缺水是制约漓江水资源有效利用的最重要因素。

　　漓江上游各河流自然地理特性如下所述。

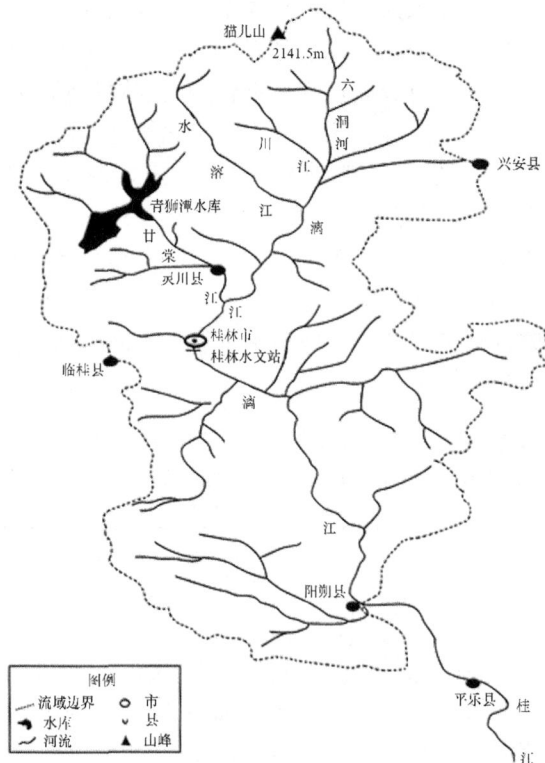

图 1.2　漓江流域水系图

Figure 1.2　The drainage map of Lijiang River watershed

表 1.3　漓江主要支流水文特征

Table 1.3　The hydrographic features in the main tributaries of Lijiang River

河名	面积（km²）	流域长度（km）	干流长度（km）	流域宽度（km）	多年平均径流量（亿 m³）	最大流量（m³/s）	最小流量（m³/s）	水力坡度（‰）
大溶江	722	39.5	46.7	31.7	12.70	1740	2.6	36.41
灵渠	248	30.7	29	16.9	4.25	1720	1.77	4.37
小溶江	269	40	50.7	13.5	4.78	2681		8.06
甘棠江	767	50.8	58.5	19.3	13.43	3870		5.00
桃花江	298	55	65	18.2	3.66	840	0.6	0.92
良丰河	528	42.6	48.5	22.8	2.81	168	0.89	0.49
遇龙河	648	39.9	46.8	25.6		325	1.14	

1.4.1　陆洞河

陆洞河发源于兴安县著名的猫儿山山麓，主河道经兴安县华江瑶族自治乡的千祥、升坪、梅子岭等自然村，在司门前与左岸的黄柏江、右岸的川江汇合。流域地势呈西北高东南低，平均高程约为 650m。流域面积 335km²，河道长 46km，平均坡降 7.38‰。流域内沿主河道两旁有些台阶平地，分布在千祥、升坪等自然村，其余是山地，山地面积占总面积的 90% 以上。流域内的林木以毛竹为主，另有一些杉木、松木和杂木，毛竹面积占林木面积的 56.9%，流域内植被良好[11]。

1.4.2　黄柏江

黄柏江是漓江的一级支流，发源于越城岭东部资源县境内的打鸟界。自北向南流，经补里、中洞，于排山凹进入兴安县境内，经文家湾，由静塘边河及免江自西、东两侧汇入，往南经苏家湾至浪江，有香草江从西来汇，至清水江，东面有小河汇入。折西南流，北有赐荣江汇入，又向西南流，出白桃后进入开阔地带，经茶源头至司门前南 500m 三岔河口注大溶江。源头高程 918m，河口高程 190m，兴安境内河长 35.4km，平均河宽 60m，河床结构以卵石和石沙为主，平均坡降 6.12‰，流域面积 173.63km²。多年平均流量 7.54m³/s，多年平均径流深 1401.8mm，多年平均径流量 2.38 亿 m³。水能理论蕴藏量 1.61 万 kW，可开发 0.38 万 kW。黄柏江多在山岭中穿行，上、中游河段有少量农田，下游出白桃后，进入较平坦的农田区，土地肥沃。沿岸筑有堰坝 10 处，建有小水电站 7 处，装机 35kW。黄柏江含沙率 0.166kg/t，多年平均流失量 6.415 万 t[11]。

1.4.3 川江

川江发源于兴安县以北青岗附近，自北向南流，经曹江、洞上。从东面来的河流，先有白站底江自月江汇入，再有盐里江、坪水江分别在洞上之上首和下游汇入，又往南至竹江口，有小河从西来汇。折东南流至一渡水，有自北来之崩江汇入。复南流，经滑石堰、六家凸至茨塘有反壁江自西汇入，又南流至渡船头与杨家庄之间入大溶江。源头高程 1745m，河口高程 190m，河长 25km。平均纵坡11.4‰，平均河宽 43m，流域面积 182.75km^2，多年平均流量 10.55m^3/s，多年平均径流量 3.33 亿 m^3。河床以卵石和沙石为主。含沙率 0.166kg/t，年流失量 3.166万 t。流域内多崇山峻岭，上游只有月江、洞上河段沿岸有少量农田，下游自罗田村至杨家庄沿河两岸多农田。流域内以毛竹和杂木林为主的植被生长茂盛，林草覆盖率很高[11]。

1.4.4 灵渠

灵渠又名兴安运河，或称为湘桂运河，流向由东向西，将兴安县东面的海洋河（湘江源头，流向由南向北）和兴安县西面的大溶江（漓江源头，流向由北向南）相连，是世界上最古老的运河之一，有着"世界古代水利建筑明珠"的美誉[12]。灵渠由北南两渠组成。北渠俗称湘江新道，全由人工开凿而成。北渠大致与湘江故道略呈平行，渠槽在田畴间，其水位高过湘江故道，湘江水在分水塘经铧嘴分流和大小天平坝引流后，约 7 分水流入北渠，在高塘村与湘江故道相会，全长 3.25km，平均坡降 1.7‰[11]。南渠可分为三段，即从分水塘至漓江支流始安水相接处为第一段，它是人工开挖砌筑的渠道，断面较为规则；从始安水入口到与石龙江汇合处为第二段，这一段是利用天然河道加以人工处理的半人工渠道；第三段是从石龙江口至大龙江汇合处，它属于未进行人工整治的天然河道。全长 33.15km，平均坡降 0.9‰[13]。

1.4.5 小溶江

小溶江发源于资源县两水乡塘垌村南，越城岭西南麓，载云山东南面大坳，自北向南流，经白竹江，折向西流，至双江口前 1km 入兴安县境，经罗江至两渡桥，西纳干河之水，此后折向南流，经金石、砚田、塔边至白鱼峰，入灵川县境，经小河竹至山门口重入兴安县境，进入开阔地带，在大溶江镇下游 2km 的大埠村与大溶江汇合后入漓。源头高程 1656m，河口高程 175m，河长 49km，其中兴安境内河长 39.6km，平均河宽 44m，平均坡降 7.3‰，流域面积 269km^2，县内

215.75km^2，多年平均流量 13.24m^3/s，多年平均径流量 4.18 亿 m^3。河床多卵石和石沙，含沙率 0.15kg/t，平均年流失量 7.07 万 t。水能理论蕴藏量 3.37 万 kW，可开发 1 万 kW，已开发 800kW[11]。

小溶江穿行于越城岭西南之山岭中，地势呈西北高东南低，属狭长型流域，流域陡峻，上游只在两渡桥至塔边沿岸有部分农田，下游出山门口后进入农田区。流域内竹木茂盛，植被良好。水土流失现象少[1]。

1.4.6　淦江

淦江发源于兴安县溶江镇摩天岭南麓，南流 5.1km 入境，经莫家、陡田诸村，途纳殿塘寺、殿底、周家、小落、金竹、福江等支流后，折西，出军营村北，注入漓江。全长 21.4km，其中境内长 16.3km，总流域面积 89.08km^2，其中境内 80.78km^2。陡田以上河宽 30m，以下 50m。河底多裸露砂岩。流域内松林苍翠，盛产松脂，河道古堰众多，新建淦江水电站 1 座。淦江较大的支流有福江：发源于灵田乡福家田村南坡，曲折向西北流，经楼底、囊村、金狮洞至陡田，途纳竹篓江、荔坡水后注入淦江。全长 13.5km，流域面积 21.78km^2。囊村以上河宽 12m，以下宽 3.5m[14]。

1.4.7　甘棠江

甘棠江，古称龙岩江或灵岩江，为境内漓江最大支流。主河道总长 60km，总流域面积 767km^2。甘棠江干流发源于才喜界大虎山南坡，源头海拔 1613m。南流经簸箕塘、龙渼、西岭、草渼，下屋围村汇入青狮潭水库，以上干流称东江，下为甘棠江。折东流，出青狮潭水库坝后经九屋村潭下、田南至狮子埠至三岔尾注入漓江。

甘棠江为山区性河流，洪水由暴雨形成，主要来自上游的东江及其支流西江和七都河。东江、西江地处暴雨中心区，降雨量大，水量丰富，多年平均降水量为 2400mm。青狮潭水库坝址以上河段，为"U"形河谷，地形复杂，河道狭窄，坡度陡，水流急，河谷深，河谷间有小片盘地，两岸多为崇山峻岭，流域平均高程为 637m。整个地形呈北高南低，南北长东西窄，四周有高山环绕，北面有大南山，东面有海洋山，西面有太平山，分水岭高程多在 1000m 以上。流域内大部分为森林区，植被较好，水土流失现象很少，水源涵蓄条件良好，盛产竹木及各种土特产，其中南竹、木材、香菇、药材等产量居灵川县首位。出口海拔 145.1m。主河道全长约 60km（含青狮潭水库淹没段）。河道平均宽：东江段 55m，甘棠江段 150m。河底，青狮潭峡口以上多裸砂基岩及大卵石；以下段则为泥沙夹卵石，多河滩。自青狮潭水库建成后，上游的东江、蓝田河、七都河等均注入青狮潭水库[14]。

1.4.8　桃花江

桃花江，古名义江、扬江或称为潦塘河，是漓江的一级支流。发源于临桂区五通乡和灵川县青狮潭乡交界的中央岭东南侧，干流由北向南流经临桂区五通乡，至庙岭乡改向东流，在桂林市郊五仙坝折向北，流经灵川县定江镇，经水南村又由北折向南流，在桂林市秀峰区甲山乡政府附近穿入桂林市城区，穿湘桂铁路、西门桥、南门桥，一支自象鼻山注入漓江，另一支南下萝卜洲尾注入漓江。桃花江属山溪性河流，河道弯曲度大。流域集水面积 280km²，干流河长 61km，总流域面积 321.9km²，平均坡降 1.2‰，流域多年平均降水量 1800-2600mm，多年平均径流量 3.63 亿 m³[15]。桃花江沿河桥坝多，五仙闸以下共有堰坝 30 座，在桂林市区内从狮子岩至象鼻山约 4km 的河段就有 5 座桥 6 座坝。

1.4.9　小东江

小东江是漓江市区段的一条叉河，全长 5.8km，河床坡降为 0.786‰。洪水期起到一定的分洪作用，小东江内有灵剑溪汇入，灵剑溪集水面积 27.4km²，河长 14.6km，平均坡降 9.27%[1]。

1.4.10　相思江

相思江，也称为良丰河，属漓江的一级支流，源于阳朔、临桂、永福 3 县（区）交界的香草岩。干流由南向北经临桂区狮子口、南边山乡、六塘镇及桂林市郊雁山、柘木镇，在柘木的胡子岩处注入漓江，干流长 69km，流域面积 528km²，流域平均高程 239m，干流坡降 1.81‰，年平均径流量为 5.17 亿 m³，1967-1990 年平均流量为 16.4m³/s。据良丰水文站（控制集雨面积 224km²）1967-1990 年实测资料，多年平均流量为 8.5m³/s，最枯流量为 0.20m³/s[16]。

相思江流经桂林市区河段长 31.5km，其中良丰以上为 8.2km，河宽 20-30m，河深 3-4m，正常水深 0.6-1.2m，水面平均比降为 1.0‰。良丰以下至河口长 23.3km，河宽 30-50m，河深 5-8m，正常水深 1.55-5.0m，水面平均比降为 0.2‰，沿河两岸标高 148-152m[1]。

1.4.11　潮田河

潮田河，也称为牛溪河，位于桂林市灵川县东南部，东邻大境乡、南界阳朔县、西接大圩古镇、北至海洋乡，距桂林市 28km，沿着桂（林）冠（岩）公路走向，是桂林思安江水库排洪河流。潮田河是漓江第二大支流，发源于广西壮族自治区灵川县陶涔东山坡上，海拔 1137m。西流至高塘受高塘左支溪水，续西流经彩爵至深江桥，纳小平乐水，然后下泻落入深谷，形成大瀑布，每当山洪暴发时，声闻数里，此处具备建水电站条件。瀑布以下，该河转西南流，经河里至栗木根，途纳思江、采上、思安头、松江 4 水，然后曲折西流至大尖坪，受响岭、马家、暗山底 3 水；续西流经石井、阳安至寨底，受国清暗河水后汇合大江源，继西流，途纳绕芳、毛村、富足 3 水，续西流经潮田、袁家至秦岸，途受枫皮洲、百家、袁家、阳龙山、大埠 5 水，沿吕岸至南村，注入漓江。河长 44.2km，总流域面积 450.14km^2。河宽，栗木根以上 20m，以下至寨底 30m，寨底至出口 60m；河底状况：栗木根以上多裸露砂岩及大块石，以下多卵石间砂岩，寨底以下为卵石河床，幸陂以下为卵石夹沙河底[14]。

1.4.12　会仙湿地

会仙湿地坐落在桂林拥有峰林喀斯特地貌的重点区域，位于临桂区会仙镇、四塘乡和雁山区靠东边的区域（25°03′N-25°11′N，110°08′E-110°16′E），海拔 150-160m，原有面积约为 120 000hm^2，现在面积约 2400hm^2，平均水深为 1.5m，透明度较好。属于亚热带季风气候区域，年均降水量为 1890.4mm，平均水面蒸发量为 1378.3mm，雨量充沛，气候温和且湿润。许多河流表面水葫芦大片生长，导致江河封堵，最近几年湿地里养殖业增长迅速，水环境污染尤为严重[17,18]。

1.5　水文、水质

漓江上游的华江、川江、砚田、上洞、高寨一带是我国高值暴雨区之一，中心区多年平均降水量达 2600mm，3h 最大降水量达 271.9mm，24h 最大降水量可达 425mm，是漓江洪水的主要发源地。灵川三街、桂林市多年平均降水量为 1900mm，流域降水量呈自西北向东南递减的趋势。

漓江的地表径流来源于流域内的地表水和地下水，在雨洪时地表水向地下水渗透。低水和枯水期地下水补给河槽，形成漓江的径流过程。漓江在桂林水文站断面处实测多年平均径流量为 40.3 亿 m^3（1941-1990 年），实测最大值为 56.3 亿 m^3（1968 年），实测最小值为 23.3 亿 m^3（1963 年）。年内各月径流分配与流域降水量年内分配相似。其中，3-8 月径流量占全年的 77.5%，5-6 月占 37.7%，为全年高值期，12 月至翌年 1 月占 4.5%，为径流量低值期。高值期与低值期相差 8.4 倍。据实测，漓江桂林水文站瞬时最高水位为 147.43m（1952 年），最大流量为

5200m³/s(1952 年),最低水位为 140.18m(1989 年),最小流量为 3.8m³/s,1936-1990 年平均水位为 141.36m。

1941-1990 年桂林市区平均径流深为 1120mm,年径流量为 6.33 亿 m³,入境水为 38.8 亿 m³,共计地表水资源为 45.1 亿 m³,人均拥有水量 1.0 万 m³。

漓江的泥沙主要来自上游兴安、灵川及桃花江沿岸,由暴雨、洪水冲刷地面和河岸形成,以悬沙为主。含沙量的变化依暴雨、洪水而定,洪水期含沙量较大,桂林水文站断面实测最大值达 10.3kg/m³(1977 年),低水时含沙量较小。每年 1 月、2 月、11 月和 12 月常接近零,多年平均含沙量为 0.084kg/m³,多年平均输沙量为 34.3 万 t。漓江上游河道流经山区,植被繁茂,覆盖率高,表土流失少,司门前以下河床主要由卵石、沙组成,泥质甚少,同时在它的河床上有一个又一个的深潭起着沉降泥沙、澄清水色的作用,造就了晶莹的江水,成为广西含沙量最小的河流,获"江作青罗带"的美誉[19]。

具体到阳朔县段,又有如下特征。

(1)相对流量丰富。据阳朔水文站资料,年最大径流模数为 55.8L/(s·km²),平均为 38.8L/(s·km²),仅次于柳江,高于红水河、郁江。但 1984 年、1985 年比多年平均值偏小 10%。这与流域内植被遭受严重破坏有关。

(2)夏涨冬枯,暴涨暴落。据 1967-1985 年的资料,漓江枯水期的最小流量和洪水期的最大流量相差 514.6 倍,为广西河流之冠,而居广西第二位的南流江仅相差 240 倍。1974 年最大流量为 6330m³/s,而同年最小流量仅为 13.1m³/s,且出现日期为 11 月 30 日,比各年都早。1972 年的最小流量只有 12.3m³/s。

暴涨暴落极不利于旅游船只一年四季通航。阳朔水文站的实测资料表明:1974 年最高水位(珠江基面以上)为 111.75m,最低水位为 102.64m,一般相差 8-9km。以致通航水位(103.20m)保证率低、天数少,最高年份(1982 年)为 304 天,最低年份(1974 年)仅有 180 天。这是由于漓江流域河流深切,河道狭窄,河床比降大,每遇暴雨,山洪暴发,河水猛涨,水位急升;暴雨过后,河水消退,水位急降。特别是桂林地区秋旱多,冬季雨水稀少,致使水位降到最低点,造成较大的水位差。另外,与流域内植被遭破坏的关系也很大,如地处漓江流域的白沙镇古板村 20 世纪 50 年代共有森林面积 1 万亩①,四处有清流。如今全村 132 个山头中,"剃光头"26 个,砍成"癞子头"的 83 个,保留稍好的 23 个。森林覆盖率由原来的 59.8%下降到 30%,近 5000 亩森林遭破坏。因此森林涵养水源功能降低,小溪经常断流,到秋冬,有些地方的群众要到 500 多米远的地方去挑水吃。

(3)汛期较长。由于夏季东南季风来得早,秋季又受台风影响,漓江雨季较

---

① 1 亩≈666.67m²

长，广西水文总站确定的汛期为 3 月 1 日-9 月 1 日，长达半年。

（4）含沙量少。1967-1984 年平均含沙量为 0.131kg/m³，年输沙量为 172 万 t。最低的 1969 年平均含沙量仅为 0.053kg/m³，年输沙量为 52.2 万 t，是广西比较清的河流。但进入 20 世纪 70 年代后含沙量均比 1969 年高 1 倍以上，最严重的 1971 年竟高达 0.241kg/m³，1984 年也达 0.15kg/m³。主要是因流域内植被遭破坏，水土流失严重。另外，过往游船形成的波浪冲击沿岸也带下泥沙。1980 年被冲刷的绿化地段为 980m，到 1987 年长达 37 206m，计有 164 处，其中最小的宽 2m，最大的宽 20m，一般的都有 4-6m。被冲刷移位的竹木有 1856 株（丛），被冲走的有 2234 株（丛），其中最大的竹丛土方达 50m³。另外，冲走淹死新造幼林 49 120 株。

水质：1999-2000 年漓江的水质监测结果显示，漓江的 4 个国家监测控制断面的 pH、SS、DO、COD_{Cr} 和氨氮分别为 7.67-7.94mg/L、7.7-9.8mg/L、6.4-8.0mg/L、1mg/L 和 0.103-0.330mg/L，采用均值型综合污染指数法评价漓江河流水质污染情况为上游较轻，下游稍重，另外，丰水期＞平水期＞枯水期[20]。2009 年桂林市漓江段的水体水质均超过《地表水环境质量标准》（GB 3838—2002）的Ⅲ类水水质，其中 5 月 TN 均超过Ⅴ类水质标准，4 月、6 月和 8 月水质为Ⅴ类水，7 月和 9 月为Ⅳ类水质[21]。

1.6　生　态　环　境

1.6.1　植被

1. 森林植被

漓江流域植物丰茂，物种繁多，有木本植物 1415 种，76 个变种，564 属，199 科。国家一级保护的珍稀植物有银杉、银杏、南方红豆杉、冷杉、桫椤等，二级保护珍稀植物有福建柏、黄枝油杉、长苞铁杉、白豆杉、观光木、马尾树、榉树、楠木等[22]。

漓江流域森林植被主要由常绿阔叶林演替系列上的亚热带山地落叶阔叶林和常绿阔叶混交林演替系列构成[23]。前者包括常绿阔叶林，如栲树林、银荷木林、白椎林、甜槠林；落叶阔叶林，如光皮桦林、枫香林、拟赤杨林、白叶安息香林、鹅耳枥林；枫叶林，如长苞铁杉林、南方铁杉林、银杉林、马尾松林、杉木林；竹林，如方竹林、摆竹林、毛竹林；灌丛，如波缘冬青灌木、圆锥绣球灌木、映山红灌木、笼竹灌木等；草本群落，如铁芒萁、白茅、野古草、五节芒、芒草等。常绿阔叶混交林包括有枫香、四照花、野漆、青冈栎、安息香、尾叶山茶、虎皮楠、水青冈等混交林。另外，漓江流域拥有众多石灰石山体，石灰岩山植被群落主要有四大类，即石灰岩半常绿林、石灰岩落叶阔叶林、石灰岩灌藤丛和石灰岩草丛。此外，还有人工种植的柑橘、板栗、沙田柚、桂花、泡桐林等[22]。

2. 湿地植被

漓江湿地植被的植物种类有 157 种，隶属 56 科 125 属[24]。其中，乔木 9 种，灌木 23 种，草本 125 种。藤类植物 4 科 4 属 4 种，裸子植物 1 科 1 属 1 种、被子植物 51 科 120 属 152 种，以禾本科、蓼科、菊科等的种类较多，分别占总种数的 11.46%、10.19%、7.01%。漓江湿地植被的种类组成复杂，除水生或湿生种类之外，也有一些中生性的种类。漓江湿地植被区系组成中，种子植物科的分布区有 5 个类型和 2 个亚型，属的分布区有 12 个类型和 10 个亚型。科、属的区系组成以热带分布成分为主。漓江湿地植被的群落类型较多，可划分为针叶林湿地植被型组、阔叶林湿地植被型组、灌丛湿地植被型组、草丛湿地植被型组、浅水植物湿地植被型组 5 个植被型组，落叶针叶林湿地植被型、落叶阔叶林湿地植被型、常缘阔叶林湿地植被型、落叶阔叶灌丛湿地植被型、莎草型湿地植被型、禾草型湿地植被型、杂类草湿地植被型、沉水植物型、浮叶植物型、漂浮植物型 10 个湿地植被型以及枫杨群系、细叶水团花群系、凤眼蓝群系等 28 个群系。

漓江湿地植被主要分布于漓江浅水区域、河漫滩、江心洲和河岸。浅水区域水生植物群落中以沉水植物群落为主，主要有苦草群系、马来眼子菜群系、黑藻群系、埃格草群系、亚洲苦草群系；湿生植物群落主要分布于漓江河漫滩和江心洲，主要群落有狗牙根、铺地黍等禾草类，水蜈蚣、条穗薹草等莎草类，水蓼、半边莲、破铜钱等杂草类及腺柳和细叶水团花湿生灌丛。半湿生植物群落分布在离水体较远地带，河漫滩、江心洲和河岸均见分布。河漫滩和江心洲半湿生植物群落有青葙群系、苍耳群系、石荠苎群系、牡荆群系以及枫杨群系。河岸多为乔木，但是乔木物种单一，以半湿生的枫杨为主。除此之外，河岸分布的半湿生乔木群落还有香樟群系[24]。

1.6.2 野生动物

1. 两栖爬行类

桂林漓江风景名胜区，是丰富野生动物栖息地，具有两栖动物 38 种，隶属 2 目 9 科，占广西两栖类总种数（76 种）的 50%；爬行动物 63 种，隶属 3 目 14 科，占广西爬行类总种数（157 种）的 40.1%。桂林漓江风景名胜区的野生动物列入《中国濒危动物红皮书》的珍稀濒危种类共有 54 种，其中，两栖类 5 种，爬行类 20 种。两栖类的区系组成，以东洋区的华中区及华中、华南区成分为主；爬行类的区系组成，以东洋区的华中、华南区及华南区成分为主[25]。

2006 年，蒋锝斌等对漓江上游猫儿山自然保护区的两栖类和爬行类动物进行研究发现共有两栖动物 10 科 15 属 35 种，爬行动物 9 科 32 属 38 种[26]。新发现两栖动物 10 种：猫儿山小鲵、富钟瘰螈、华西树蟾武陵亚种、日本林蛙、昭觉林蛙、挂墩角蟾、崇安髭蟾瑶山亚种、瑶山树蛙、强婚刺铃蟾、双团棘胸蛙。同时，此次调查新发现猫儿山爬行动物 17 种：南草蜥、丽棘蜥、丽纹腹链蛇、大眼斜鳞蛇、横纹斜鳞蛇、斜鳞蛇、虎斑颈槽蛇、紫灰锦蛇、铜蜓蜥、三索锦蛇、菜花原矛头蝮、方花小头蛇、崇安斜鳞蛇、颈棱蛇、山溪后棱蛇、玉斑锦蛇、环纹华游蛇，其中方花小头蛇为广西爬行动物新记录种。

2. 昆虫

据研究报道，漓江上游猫儿山地区昆虫有 26 目 3012 种[26]。其中鳞翅目、半翅目、直翅目、膜翅目、鞘翅目、同翅目和双翅目所占比例较大，螳螂目、等翅目、蜻蜓目等也有一定比例。其昆虫区系结构如下：东洋种约占 66.54%，主要分布在海拔 1300m 以下[27]；东洋古北共有种占 26.46%，主要分布在海拔 1000m 以上；古北种有 3.11%，主要分布在海拔 1500m 以上；跨 3 个区以上分布的广布种占 3.89%。昆虫种类与数量分布明显呈垂直带状，如蝗虫类主要分布在海拔 1300m 以下，蝶主要分布在海拔 350-1300m。海拔越高蝴蝶种类越少，且为中型蝶；海拔越低种类越多，各种类型的蝶都有分布；合欢黄粉蝶属广布种[28]。猫儿山天牛科有 112 属 203 种（含亚种）；其中，中国新记录属 1 属，中国新记录种 2 种，广西新记录种 47 种[29,30]。1992 年、2002 年 7 月-2003 年 12 月，科研人员对广西猫儿山蝴蝶进行系统调查，共采集标本 609 号，分属 9 科 150 属 272 种。其中，1992 年共采集蝴蝶 249 号，隶属 9 科 34 属 52 种；2002 年 7 月-2003 年 12 月共采集蝴蝶标本 360 号，隶属 11 科 121 属 220 种[31]。2006 年 3-7 月游群对猫儿山叶蜂进行调查，共采集标本 134 种，隶属 3 科 63 属，其中东洋种占总种数的 65.67%，共计有 15 种分布型，其中华中特有种所占比重最大，为 58.96%[32]。

3. 鸟类

1982 年，林吕何报道了桂林地区鸟类共计 108 种，隶属 14 目 29 科[33]。2012 年，粟通萍等对漓江流域猫儿山地区的鸟类资源调查发现共有鸟类 268 种，隶属 16 目 51 科，其中，留鸟 130 种，夏候鸟 51 种，冬候鸟 15 种，旅鸟 72 种。依据不同海拔的典型植被类型把猫儿山地区分成 7 类生境，其中低海拔的农田生境鸟类多样性最丰富，有 156 种。随着海拔的升高，猫儿山鸟类种数逐渐减少。猫儿山鸟类在区系组成上主要以东洋进行鸟类为主，在 181 种繁殖鸟中，东洋进行鸟类有 149 种，古北界鸟类有 15 种，其余为广布种。随着海拔的升高，东洋进行的鸟类所占的比例逐渐降低，而古北界的鸟类所占的比例逐渐升高[34]。

4. 兽类

2016 年，汪国海等利用红外照相机对漓江猫儿山自然保护区的兽类进行调查发现了 17 种兽类，隶属 4 目 10 科[35]。其中，食肉目种类最多（7 种），占总物种数的 41%；其次是啮齿目（5 种），占总物种数的 29.4%；偶蹄目 4 种，占总物种数的 23.5%；灵长目最少（1 种），占总物种数的 5.9%。从区系上看，以东洋进行种类占绝对优势（15 种），占总物种数的 88.2%，古北界种类 2 种（野猪、黑熊），占总物种数的 11.8%。桂林七星公园也有大量猕猴存在[36]。

1.6.3 水生生物

1. 浮游植物

2009 年，赵湘桂等对漓江流域的浮游植物进行调查发现 7 门 80 属，其中，蓝藻门 13 属，绿藻门 35 属，硅藻门 20 属，裸藻门 3 属，甲藻门 5 属，金藻门 3 种，红藻门 1 属。漓江常见浮游植物种类有：颤藻、衣藻、小球藻、栅列藻、盘星藻、新月藻、水绵、刚毛藻、直链藻、脆杆藻、小环藻、舟形藻、异端藻、卵形藻、桥弯藻、裸藻、隐藻、锥囊藻、鱼鳞藻[37]。漓江干流浮游植物种类组成的特点是：以天然河流性藻类为主，适合流水生长的硅藻门种类多；绿藻门的丝状藻类和多细胞鼓藻类多，常见水绵、水网藻附着在河床卵石上。

2014 年周振明等对漓江桂林市区段水体浮游植物进行调查分析，共观测记录浮游植物 7 门 60 属 128 种。其中，硅藻门 19 属 50 种，占种类组成的 39.06%；绿藻门 27 属 52 种，占种类组成的 40.63%；蓝藻门 8 属 16 种，占种类组成的 12.50%；裸藻门 3 属 7 种，占种类组成的 5.47%；黄藻门、金藻门和甲藻门分别为 1 属 1 种，各占种类组成的 0.78%。硅藻和绿藻为主要种类，漓江浮游植物类型为硅藻-绿藻型，其中硅藻门中异极藻属、羽纹藻属、舟形藻属、桥弯藻属、小环藻属和针杆藻属种类数居多，绿藻门中鼓藻属、新月藻属和栅藻属种类数居多[38]。

2. 浮游动物

2007 年，龚竹林等对漓江浮游动物进行调查，共发现 35 科 159 种，其中，原生动物 10 科 44 种，轮虫 10 科 68 种，枝角类 8 科 29 种，桡足类 7 科 18 种[39]。

丰水期，漓江浮游动物 29 科 118 种。其中，原生动物有 9 科 32 种，种类和数量都相对较少，常见的种类有普通表壳虫、盘状匣壳虫、球形砂壳虫。轮虫有 10 科 49 种，常见种类有盘状鞍甲轮虫、方块鬼轮虫、大肚须足轮虫、月形腔轮虫、长刺异尾轮虫、针簇多肢轮虫。枝角类有 5 科 23 种，池塘常见种类较少出现，出现的多为江河、湖泊常见的种类，特别是出现了一些少见的种类：如晶莹仙达溞、壳纹船卵溞、点滴尖额溞、吻状异尖额溞、寡刺粗毛溞、粉红粗毛溞等。桡足类有 5 科 14 种。从流域分布来看，小溶江共有 11 科 21 种，木龙渡有 16 科 38 种，榕湖有 13 科 38 种，大圩有 15 科 29 种，兴坪有 13 科 32 种，会仙湿地有 28 科 56 种。

枯水期，漓江浮游动物 28 科 109 种。其中，原生动物有 8 科 26 种，种类和数量都相对较少，常见的种类有普通表壳虫、针棘匣壳虫、球形砂壳虫。轮虫有 8 科 51 种，常见种类有盘状鞍甲轮虫、方块鬼轮虫、大肚须足轮虫、月形腔轮虫。枝角类有 5 科 17 种，池塘常见种类较少出现，出现的多为江河、湖泊常见的种类，特别是出现了一些少见的种类：如点滴尖额溞、吻状异尖额溞、粉红粗毛溞等。桡足类有 5 科 15 种。从分布上看，小溶江有 11 科 20 种，木龙渡有 13 科 34 种，榕湖有 13 科 32 种，大圩有 10 科 21 种，兴坪有 15 科 29 种，会仙湿地有 23 科 68 种。

3. 大型底栖生物

2009 年，曹艳霞等对漓江水系的大型无脊椎底栖动物进行调查，共发现底栖动物 82 科 136 属 169 种。其中昆虫纲 9 目 143 种，占所有底栖动物种类的 84.61%，个体数为 46 959 头，占所有底栖动物数量的 94.86%，甲壳纲、软体动物类、寡毛类等底栖动物个体数占底栖动物总量的 5.14%[40]。

4. 鱼类

2006 年出版的《广西淡水鱼类志》（第二版）记载了漓江鱼类 144 种，约占广西全区鱼类 290 种的 49.66%[41]。隶属 6 目 18 科，鳗鲡目、鳉形目、合鳃目各 1 种；鲤形目最多，3 科 111 种，约占漓江鱼类总量的 77.08%；鲇形目 6 科 16 种，约占总量的 11.11%；鲈形目有 6 科 14 种，约占总量的 9.72%。

2009 年蔡德所根据广西壮族自治区水产研究所于 1974-1976 年、1980-1982 年及 2006-2008 年分别对漓江进行过 3 次较为全面的水生态系统调查数据[42]，对漓江鱼类资源调查进行分析，3 次调查结果发现鱼类种类数逐年减少。1974-1976 年采集到的标本有 84 属 118 种，1980-1982 年 68 属 89 种，2006-2008 年仅为 50 属 66 种（表 1.4），2006-2008 年与 1974-1976 年相比，鱼类种的数量减少了 44.07%[43,44]。

表 1.4　漓江鱼类名录及广西水产研究所历次采样结果
Tab. 1.4　Fish list and previous sampling result by Guangxi Fishery Research
Institute in the Lijiang River

种类	调查年份		
	1974-1976 年	1980-1982 年	2006-2008 年
鳗鲡目 Anguilliformes			
鳗鲡科 Anguillidae			
日本鳗鲡 *Anguilla japonica*		+	+
花鳗鲡 *Anguilla marmorata*			+
鲤形目 Cypriniformes			
鳅科 Cobitidae			
美丽小条鳅 *Micronoemacheilus pulcher*	+	+	+
无斑南鳅 *Schistura incerta*	+	+	+
横纹南鳅 *Schistura fasciolata*	+	+	+
鳅科（沙鳅亚科 Botiinae）			
壮体沙鳅 *Botia robusta*	+	+	+
美丽沙鳅 *Botia pulchra*	+	+	
花斑副沙鳅 *Parabotia fasciata*	+	+	
点面副沙鳅 *Parabotia maculosa*	+		
漓江副沙鳅 *Parabotia lijiangensis*	+	+	+
大斑薄鳅 *Leptobotia pellegrini*	+		
斑纹薄鳅 *Leptobotia zebra*	+		
鳅科（花鳅亚科 Cobitinae）			
中华花鳅 *Cobitis sinensis*	+	+	+
大鳞副泥鳅 *Paramisgurnus dabryanus*			+
泥鳅 *Misgurnus anguillicaudatus*	+	+	+
鲤科（鲌亚科 Danioninae）			
宽鳍鱲 *Zacco platypus*	+	+	+
马口鱼 *Opsariichthys bidens*	+	+	+
瑶山鲤 *Yaoshanicus arcus*	+	+	
鲤科（雅罗鱼亚科 Leuciscinae）			
青鱼 *Mylopharyngodon piceus*	+	+	+
草鱼 *Ctenopharyngodon idellus*	+	+	+
赤眼鳟 *Squaliobarbus curriculus*	+	+	
鳡 *Ochetobius elongatus*	+		
鳡 *Elopichthys bambusa*	+		
鲤科（鲌亚科 Cultrinae）			
细鳊 *Rasborinus lineatus*	+	+	

续表

种类	调查年份		
	1974-1976 年	1980-1982 年	2006-2008 年
大眼华鳊 Sinibrama macrops	+	+	+
大眼近红鲌 Ancherythroculter lini	+	+	
银飘鱼 Pseudolaubuca sinensis	+		
海南似鲚 Toxabramis houdemeri	+	+	
鳘 Hemiculter leucisculus	+	+	+
伍氏半鳘 Hemiculterella wui	+	+	
南方拟鳘 Pseudohemiculter dispar	+	+	+
海南拟鳘 Pseudohemiculter hainanensis	+		
翘嘴鲌 Culter alburnus	+		
海南鲌 Culter recurviceps	+		
鳊 Parabramis pekinensis	+	+	
三角鲂 Megalobrama terminalis	+		
鲤科（鲴亚科 Xenocyprinae）			
圆吻鲴 Distoechodon tumirostris	+	+	+
银鲴 Xenocypris argentea	+	+	+
黄尾鲴 Xenocypris davidi	+	+	
鲤科（鲢亚科 Hypophthalmichthyinae）			
鳙 Hypophthalmichthys nobilis	+		+
鲢 Hypophthalmichthys molitrix	+		+
鲤科（鮈亚科 Gobioninae）			
唇鲭 Hemibarbus labeo	+	+	
花鲭 Hemibarbus maculatus	+	+	+
长吻鲭 Hemibarbus longirostris	+		
麦穗鱼 Pseudorasbora parva	+	+	+
长麦穗鱼 Pseudorasbora elongata	+		
华鳈 Sarcocheilichthys sinensis sinensis	+	+	
小鳈 Sarcocheilichthys parvus	+	+	
江西鳈 Sarcocheilichthys kiangsiensis			+
黑鳍鳈 Sarcocheilichthys nigripinnis	+		
银鮈 Squalidus argentatus	+	+	+
点纹银鮈 Squalidus wolterstorffi	+		+
似鮈 Pseudogobio vaillanti		+	
桂林似鮈 Pseudogobio guilinensis	+	+	
棒花鱼 Abbottina rivularis	+		
福建小鳔鮈 Microphysogobio fukiensis	+	+	+

续表

种类	调查年份		
	1974-1976 年	1980-1982 年	2006-2008 年
建德小鳔鮈 *Microphysogobio tafangensis*	+		
长体小鳔鮈 *Microphysogobio elongatus*	+		
乐山小鳔鮈 *Microphysogobio kiatingensis*	+		
片唇鮈 *Platysmacheilus exiguus*	+		
蛇鮈 *Saurogobio dabryi*	+	+	
鲤科（鳅鮀亚科 Gobiobotinae）			
桂林鳅鮀 *Gobiobotia guilinensis*	+		
南方鳅鮀 *Gobiobotia meridionalis*	+	+	
鲤科（鱊亚科 Acheilognathinae）			
须鱊 *Acheilognathus barbatus*	+	+	
短须鱊 *Acheilognathus barbatulus*	+	+	
越南鱊 *Acheilognathus tonkinensis*	+	+	+
广西鱊 *Acheilognathus meridianus*	+	+	+
高体鳑鲏 *Rhodeus ocellatus*	+	+	+
鲤科（鲃亚科 Barbinae）			
条纹小鲃 *Puntius semifasciolatus*	+	+	+
光倒刺鲃 *Spinibarbus hollandi*	+	+	+
倒刺鲃 *Spinibarbus denticulatus*	+	+	+
桂林金线鲃 *Sinocyclocheilus guilinensis*			+
单纹似鳡 *Luciocyprinus langsoni*	+		
侧条光唇鱼 *Acrossocheilus parallens*	+	+	
克氏光唇鱼 *Acrossocheilus kreyenbergii*	+	+	+
北江光唇鱼 *Acrossocheilus beijiangensis*			+
细身光唇鱼 *Acrossocheilus elongatum*	+	+	
云南光唇鱼 *Acrossocheilus yunnanensis*		+	
长鳍光唇鱼 *Acrossocheilus iridescens*	+		
白甲鱼 *Onychostoma simum*		+	
南方白甲鱼 *Onychostoma gerlachi*	+	+	
卵形白甲鱼 *Onychostoma ovale*	+		
稀有白甲鱼 *Onychostoma rarum*	+		
瓣结鱼 *Folifer brevifilis*	+	+	
叶结鱼 *Parator zonatus*	+		
鲤科（野鲮亚科 Labeoninae）			
桂华鲮 *Bangana decorus*	+		
鲮 *Cirrhinus molitorella*	+	+	+

种类	调查年份		
	1974-1976 年	1980-1982 年	2006-2008 年
纹唇鱼 Osteochilus salsburyi	+		
巴马拟缨鱼 Sinocrossocheilus bamaensis	+		
异华鲮 Parasinilabeo assimilis	+	+	
唇鲮 Semilabeo notabilis	+		
东方墨头鱼 Garra orientalis	+	+	
四须盘鮈 Discogobio tetrabarbatus	+	+	
鲤科（鲤亚科 Cyprininae）			
乌原鲤 Procypris merus	+	+	
三角鲤 Cyprinus multitaeniata	+	+	+
鲤 Cyprinus carpio	+	+	+
须鲫 Carassioides cantonensis	+		
鲫 Carassius auratus	+	+	
平鳍鳅科 Balitoridae			
平舟原缨口鳅 Vanmanenia pingchowensis	+	+	+
中华原吸鳅 Protomyzon sinensis	+	+	
贵州爬岩鳅 Beaufortia kweichowensis	+		+
伍氏华吸鳅 Sinogastromyzon wui	+	+	
鲇形目 Siluriformes			
鲇科 Siluridae			
西江鲇 Silurus gilberti	+		
越南鲇 Silurus cochinchinensis	+	+	+
鲇 Silurus asotus	+	+	+
胡子鲇科 Clariidae			
胡子鲇 Clarias fuscus	+	+	+
长臀鮠科 Cranoglanididae			
长臀鮠 Cranoglanis bouderius	+	+	+
鲿科 Bagridae			
黄颡鱼 Tachysyrys fulvidraco	+	+	+
中间黄颡鱼 Pelteobagrus intermedius		+	
瓦氏黄颡鱼 Pseudobagrus vachelli		+	
粗唇鮠 Pseudobagrus crassilabris	+	+	+
细体拟鲿 Pseudobagrus pratti	+	+	+
白边拟鲿 Pseudobagrus albomargintus			+
斑鳠 Mystus guttatus	+	+	+
大鳍鳠 Hemibagrus macropterus	+	+	+

种类	调查年份		
	1974-1976 年	1980-1982 年	2006-2008 年
鮡科 Sisoridae			
福建纹胸鮡 *Glyptothorax fokiensis*	+	+	+
钝头鮠科 *Amblycipitidae*			
修仁鉠 *Xiurenbagrus xiurenensis*	+		
鳉形目 Cyprinodontiformes			
胎鳉科 Poeciliidae			
食蚊鱼 *Gambusia affinis*	+	+	
合鳃鱼目 Synbranchiformes			
合鳃鱼科 Synbranchidae			
黄鳝 *Monopterus albus*	+	+	+
刺鳅科 Mastacembelidae			
刺鳅 *Macrognathus aculeatus*	+	+	+
大刺鳅 *Mastacembelusarmatus*	+	+	+
鲈形目 Perciformes			
鮨科 Serranidae			
漓江鳜 *Coreoperca loona*	+	+	+
斑鳜 *Siniperca scherzeri*	+	+	+
大眼鳜 *Siniperca knerii*	+	+	+
沙塘鳢科 Odontobutidae			
中华沙塘鳢 *Odontobutis sinensis*	+	+	+
海南细齿塘鳢 *Sineleotris chalmersi*	+	+	+
虾虎鱼科 Gobiidae			
子陵吻虾虎鱼 *Rhinogobius giurinus*	+	+	+
溪吻虾虎鱼 *Rhinogobius duospilus*			+
李氏吻虾虎鱼 *Rhinogobius leavelli*	+	+	+
丝足鲈科 Osphronemidae			
叉尾斗鱼 *Macropodus opercularis*	+	+	+
鳢科 Channidae			
斑鳢 *Channa maculata*	+	+	+

1.6.4　土壤与土地利用

漓江流域土壤类型主要为红壤、黄壤、水稻土、紫色土和少量裸岩，土壤肥力相对较高，土地利用程度不高。漓江流域共有各种土地 6037.786km²，陆地包括林地、荒地、耕地、难利用土地、其他土地，总面积为 5890.80km^2，内陆水域面积 147.706km^2（表 1.5）$^{[45]}$。红壤分布普遍，主要分布在海拔 800m 以下的低山、丘陵、谷地和台地，富铝化强烈，偏酸性，土层较厚；黄壤主要分布于海拔 800-1400m 的山地，是一种在温暖而温润的气候条件下形成的土壤，自然植被较好，以常绿阔叶林为主，土壤呈酸性至强酸性，富铝化作用较红壤弱；水稻土是主要的耕作土壤，分布普遍，多为潴育性水稻土，熟化程度高，养分状况及理化性状和生产性能好，并有水利保证。总体上看，漓江流域土壤肥力相对较高，土壤有机质含量多在 2%以上，全磷含量大于 0.02×10^{-6}mg/L，全钾含量大于 0.5×10^{-6}mg/L$^{[45]}$。

表 1.5　漓江流域土地利用面积统计
Table 1.5　Land use in the Lijiang River watershed

土地类型			面积（km^2）	比重（%）
流域总面积			6037.786	100
陆地总计			5890.800	97.55
陆地	林地总计		3549.718	58.79
	林地	森林 总计	3143.041	88.54
		针叶林	1191.075	33.55
		阔叶林	1251.769	35.26
		竹林	371.836	10.48
		经济林	328.361	9.25
		疏林地	9.903	0.28
		灌木林地	387.436	10.91
		无立木林地	8.590	0.24
		苗圃地	0.748	0.02
	荒地		41.286	0.68
	农地		828.08	13.7
	难利用土地		642.438	10.64
	其他土地		828.558	13.7
内陆水域			147.706	2.45
森林覆盖率			72.5	

1.7　水利工程

桂林市是国家重点旅游城市和历史文化名城，漓江自北向南穿过城区。漓江上游区为桂北暴雨中心，洪水暴涨暴落，对桂林城区的防洪安全构成较大威胁。

枯水期水资源短缺,最小月平均流量仅为 5.9m³/s,漓江两岸山体裸露、河道干涸、生物群落大量减少;从桂林至阳朔约 86km 的黄金水道,每年有 5 个月仅能通航 10-20km,严重影响漓江生态环境、旅游通航。漓江流域上游区(桂林水文站以上部分)的集水面积为 2769km²,漓江流域上游面积虽然仅为漓江流域集水面积的 48.5%,但其径流量为漓江流域总径流量的 67%,是漓江河川径流量的主要来源。漓江流域降水量大,水资源总量丰富,但降水时空分布极为不均,汛期河川径流暴涨暴落,枯水期水资源极为短缺。因此,在漓江上游修建水利工程,进行汛期蓄水和枯季补水是解决问题的关键。

漓江上游目前已建水利工程中仅位于甘棠江上的青狮潭水库具有防洪作用,通过青狮潭水库预留防洪库容对甘棠江洪水进行调节,与续建完善后的防洪堤联合运用,也只能将漓江桂林市区的防洪能力提高至 30 年一遇。根据国务院批复的《珠江流域防洪规划》(2007 年),桂林市的防洪标准应达 100 年一遇以上。鉴于此,规划在漓江上游兴建斧子口水库、川江水库和小溶江水库对漓江洪水进行调控,通过与已建的青狮潭水库联合运行,可将桂林市漓江沿岸的防洪标准由 20 年一遇提高至 100 年一遇。为充分发挥水库群蓄洪补水的效益,在确保工程安全的前提下,改变以往各自调度的模式,实施斧子口水库、川江水库、小溶江水库以及青狮潭水库的联合优化调度(表 1.6),是实现洪水资源化利用和减弱枯水资源短缺、减少漓江上游洪灾和干旱损失的有效手段[46]。

表 1.6　漓江上游各水库建设规模

Table 1.6　The reservoirs in the upper reaches of Lijiang River

水库	已建水库	在建水库		
	青狮潭(二期)	小溶江	斧子口	川江
集雨面积(km²)	474	264	325	127
设计洪水位(m)	228	268	266	274
总库容(万 m³)	60 800	16 300	21 500	9 700
正常蓄水位(m)	226	267	265	274
正常蓄水位下相应库容(万 m³)	44 390	14 587	17 280	9 300
死水位(m)	204	221	223	230
死库容(万 m³)	4 660	671	780	346
防洪高水位(m)	226	268	266	274
防洪库容(万 m³)	5 120	6 420	8 900	4 200
发电限制水位(m)	210	237	235	244
汛限水位(m)	224.2	255	252.4	262
调节库容(万 m³)	39 730	13 916	16 500	8 954

1.7.1 青狮潭水库

青狮潭水库是桂北山区漓江上游支流甘棠江上的大型水库，作为桂北最大的水库，它是一座具有多年调节性能的大型水利工程。该水库于 1960 年基本建成并开始投入运行，原以灌溉调节为主；2000 年以后，满足桂林市社会经济发展枯水期漓江的补水要求，实现桂林市经济和漓江生态环境的和谐发展，变为一座以灌溉供水为主，结合发电、漓江生态补水等综合功能的多年调节水库。水库处于中亚热带季风气候区，集雨面积约 474km^2，降水充沛，地表径流常年不断，并伴有岩溶水注入水库。该区域珍稀物种资源丰富，已被列为广西壮族自治区自然保护区，是桂北山地水源涵养与生物多样性保护区的重要组成部分[47]。

青狮潭水库地处桂林市灵川县青狮潭镇内，拦截漓江一级支流甘棠江，坝址距灵川县城 15km，距桂林市 30km。青狮潭水库是一座以城市供水、农业灌溉、城市防洪、漓江补水、能源开发、改善环境综合利用的大型水利工程。青狮潭水库属多年调节大型水库，水库集雨面积 474km^2，总库容 6.0 亿 m^3，水库按千年一遇洪水设计，正常水位 225.00m，相应库容 4.15 亿 m^3，死水位 204.0m，相应库容 0.47 亿 m^3，水库流域多年平均降水量 2400mm，多年平均蒸发量 1682mm，多年平均来水量 8.4 亿 m^3，多年平均用水量 5.9 亿 m^3，多年平均补水量 1.07 亿 m^3。水库设计灌溉面积 41.86 万亩，实际灌溉面积 35 万亩，电站装机容量 1.78 万 kW[1]。

1.7.2 斧子口水库

斧子口水利枢纽工程是国务院批准立项的《珠江流域防洪规划》（2007）的桂江重点控制性防洪工程，位于广西桂林市兴安县溶江镇司门前村附近的陆洞河下游峡谷出口河段。斧子口水利枢纽工程（在建）系桂林市防洪及漓江补水枢纽工程之一，坝址位于漓江干流陆洞河出口司门前村上游 4.6km 处，距桂黄公路 10km，距桂林市 58km，距兴安县城 28km，是一座以城市防洪和漓江生态环境补水为主、结合发电等综合利用的大型水利枢纽工程。斧子口水库属多年调节大中型水库，坝址以上流域集雨面积 314km^2，多年平均来水量 5.99 亿 m^3，多年平均流量 19m^3/s，水库正常蓄水位 267.0m，总库容 1.88 亿 m^3，其中防洪库容为 0.89 亿 m^3。工程建成后，向漓江补水年平均水量 11 141 万 m^3，与青狮潭、小溶江、川江水库联合运行后，可将桂林市区漓江河段防洪能力由现状 20 年一遇提高到 100 年一遇。目前水库坝体仍在施工中[48]。

1.7.3 川江水库

川江水库位于广西桂林市兴安县溶江镇和华江乡境内漓江上游支流川江上，距桂林市 66.1km。川江水利枢纽工程坝址以上集雨面积 127km^2，多年平均来水量 2.586 亿 m^3，多年平均流量 8.2m^3/s。设计最大坝高为 83m，总库容 0.98 亿 m^3（约为青狮潭水库的 1/6），是一座以城市防洪和漓江生态环境补水为主，结合发电、灌溉等综合利用的中型水利枢纽工程。川江水库投入运行，达到预期效果。川江水库于 2009 年 9 月开工，主体工程已建成，并于 2014 年 6 月下闸蓄水，2015 年 2 月向漓江补水，2015 年 3 月并网发电。川江水库投入运行以来，经受住了防洪度汛、拦洪错峰、蓄水保水、高水位运行、漓江补水、发电供电等考验，发挥了很好的防洪、补水、发电效益。截至 2016 年年底，共向漓江补水 9457 万 m^3，完成发电 2876 万 kW·h。在 2015 年 7 月 2-4 日强降雨过程中，川江水库 3 天共拦截洪水 2794 万 m^3，最大拦截洪峰流量 497m^3/s[49]。

1.7.4 小溶江水库

小溶江水库是桂林漓江补水枢纽工程的重要组成部分，位于漓江上游兴安县溶江镇和灵川县三街镇境内，设计总库容 1.63 亿 m^3，防洪库容 0.642 亿 m^3，正常蓄水面积为 6.6km^2，工程总投资 12.3 亿元，是一座以城市防洪和漓江生态环境补水为主、结合发电等综合利用的大型水利枢纽工程。工程建成后，每年平均将向漓江补水 9435 万 m^3，到达漓江的有效水量达到 7548 万 m^3。另外，小溶江水库与青狮潭水库、川江水库共同拦蓄洪水，再与城市堤防工程联合运用，使桂林市防洪标准达到 60 年一遇，可新增装机容量 1.66 万 kW，年平均发电量 5842 万 kW·h。小溶江水库于 2010 年 3 月开工，主体工程于 2014 年年底基本完成土建施工任务，2015 年 8 月进行了下闸蓄水阶段移民安置工作终验，2015 年 11 月完成了枢纽工程金属结构及机电设备安装，完成了大坝安全鉴定，2015 年 12 月 31 日正式下闸蓄水[50]。

1.7.5 漓江航道工程

旅游航道是一个新型的产业，已被社会认知、认可。漓江作为西江黄金水道的重要组成部分，作为桂林旅游龙头产品，近 30 年来带动了区域经济的发展，创造了巨大的经济效益和社会效益，现已成为国家山水文化的出色代表。旅游客运量是漓江的主要运量，漓江从虞山大桥至阳朔 89.2km 河段是桂林旅游的黄金水道，漓江景区是国家 5A 级旅游景区，年客运量均超过 180 万人次，属一类维护航道。然而，由于漓江枯水期水量小，航道等级低，致使漓江旅游多年来发展缓慢，与国内同级别旅游区相比，呈落后趋势，特别是与 5A 级景区不相匹配。漓江滩险众多，河道弯曲，汊流纵横，碍航特征以浅滩为主，伴随急流滩和险滩。全河段共有碍航滩险 67 处，其中，重点碍航滩险 13 处，中等碍航滩险 20 处，一般碍航滩险 34 处。滩险多、水量不足和航道等级低严重制约了漓江和桂林旅游业的发展。在 2010 年之前漓江旅游航道主要问题为航道水深不足。例如，2010 年年初，桂北地区特大干旱，受其影响，桂林游船游览漓江将全部改为由杨堤码头发船，至兴坪九马画山后返回，航程仅为 10km，较桂林至阳朔百里画廊全程 89.2km 航程缩短 89%，航道里程的缩短严重影响着桂林旅游的发展。2010 年 3 月 1 日广西壮族自治区政府正式颁布《广西西江黄金水道建设规划》，其中"桂林漓江旅游专用航道工程（桂林—平乐）"项目即漓江桂林至平乐段 118km 航道项目建设于同年 5 月开展。

桂林市整个"十五"期间以漓江为主的旅客运输完成客运量达 925 万人次，客运周转量 45 000 万人，旅客吞吐量 1745 万人次，分别为"九五"期间的 118.6%、132.3% 和 132.6%；跨省水路货运量 37 万 t，周转量 20.35 万 t/km，港口吞吐量 37 万 t，与"九五"时期基本齐平；县内短途及农资运输 280 万 t。2007 年桂林市完成水路运输客运量 338.1 万人次，同比增长 9.13%；漓江旅游境外人员 47.78 万人，同比增长 17.1%。"桂林漓江旅游专用航道工程（桂林—平乐）"项目对漓江客运量的预测结果为 2020 年 400 万人次，2030 年 650 万人次[19]。

漓江作为西江黄金水道的重要组成部分，组成了广西内河综合运输体系，具有典型的"旅游专用"特征，其通航状况及航道等级与桂林旅游业及区域经济的发展息息相关。开展桂林漓江旅游专用航道整治，在保持航行与水域生态环境协调的同时提高其航道等级，对增加游船及游客流通量、推动桂林市旅游业及区域经济的可持续发展有重要意义。

1.8 水 灾 害

漓江流域主要有漓江干流及其主要支流桃花江、甘棠江、小溶江、川江和陆洞河等。漓江各支流发源于桂林弧形构造两侧背斜的非岩溶山地上，干流则位于向斜轴部，使得地表水及地下水向干流汇集迅速。

漓江流域上游的华江、川江、砚田、上洞、高寨一带是中国高值暴雨区之一，中心区的多年平均年降水量达 2600mm，3h 最大降水量达 271.9mm，24h 最大降水量可达 425mm，是漓江洪水的主要发源地。降水量自北向南递减，灵川三街及桂林市区的多年平均年降水量为 1900mm，漓江下游则为 1600mm。研究区内的多年平均年降水量为 1872.1mm，最大年降水量 2679.1mm，最小年降水量 1362.7mm。

通常，每年 3-8 月的降水量约占全年总降水量的 80%，9 月-翌年 2 月的降水量则仅占全年总降水量的 20%；年际降水量的分布也不均匀，2001 年全年的降水量仅为 1353mm。历年平均降水天数为 174 天，历年平均蒸发量为 1482.5mm[46]。

由于漓江主要是靠降雨进行水流补给，所以其径流量的变化主要受降雨影响。降雨的年内和时空分布极不均匀性，致使漓江存在着年内不同时段的洪水和缺水问题。在汛期，漓江流域上游区域降雨丰富，河流水量增多，加上支流水量的汇集，漓江水位暴涨，导致桂林市区经常发生洪涝灾害。而在枯水期，漓江又出现严重的缺水局面，大部分的河床出现裸露状况。

1.8.1　洪水

漓江流域的洪水主要是由上游暴雨形成。漓江流域上游地处桂北暴雨区，暴雨中心常位于流域北面，越城岭南面迎风坡，即上游华江至青狮潭一带，暴雨量自上游向下游递减，暴雨强度和暴雨量均很大。干流陆洞河及上游支流川江、小溶江、黄柏江和甘棠江是使漓江发生大洪水的主要河流。这些子流域中，暴雨中心出现于陆洞河的概率最高，发生暴雨的概率最频繁。

桂林市区大部分地区处于漓江一级阶地，沿江两岸为峰林平原。桂林水文站控制断面的警戒水位和危险水位分别为 145.0m 和 146.0m。当桂林水文站水位超过 146m 时，桂林市遭洪水淹没的损失严重。据桂林水文站 1936-1998 年实测 61 年的洪水资料分析，年最大洪水主要发生在 4-7 月，占全年总数的 88.5%；其中，以 5 月、6 月为最多，占全年总数的 63.9%；年最大洪峰流量出现在 5 月的 20 次，6 月的 19 次。洪峰流量大于 3000m³/s（相应桂林水文站洪峰水位超过危险水位 146m）的洪水有 27 场，其中有 18 场出现在 5-6 月；洪峰流量大于 4850m³/s（20 年一遇洪水标准防洪堤安全泄量）的洪水有 3 场，分别为 1937 年 6 月 17 日（5720m³/s）、1952 年 6 月 6 日（5450m³/s）、1998 年 6 月 24 日（5890m³/s），均出现在 6 月，7 月中旬以后的实测值没有超过防洪堤安全泄洪量（表 1.7）。近年来，桂林漓江流域洪水出现频繁，平均每 2 年出现一次较大洪水，平均每 7 年有一次严重的洪涝灾害[9]。

表 1.7　桂林水文站最大洪水、灾害性洪水（Q>3000m³/s）统计表

Table 1.7　The maximum flood and disastrous flood at the hydrological station in Guilin City

项目		3 月	4 月	5 月	6 月	7 月			8 月	9 月	合计
						上旬	中旬	下旬			
年最大洪峰	出现次数	2	6	20	19	4	3	2	4	1	61
	出现频率（%）	3.3	9.8	32.8	31.1	6.6	4.9	3.3	6.6	1.6	100
灾害性洪水	出现次数	0	3	7	1	2	2	1	2	0	18
	出现频率（%）	0	16.7	38.8	5.6	11.1	11.1	5.6	11.1	0	100

漓江属山溪性河流，流域坡降和河道比降较大，汇流迅速，汇流时间一般为 7-13h。洪水涨率较大，桂林水文站的最大涨率为 2.16m/h，一次涨幅可达 5m，洪水暴涨暴落。洪水过程既有单峰型又有复峰型，以复峰型居多，一场洪水历时为 3-5 天，单峰型洪水的洪量主要集中在 1-2 天，复峰型洪水的洪量主要集中在 3-5 天内，一场洪水最大 24h 洪量约占 3 天洪量的 46%。

近年来，桂林市建成了一系列防洪排涝、城市防洪堤和护岸工程，解决了市区的部分洪涝灾害问题。因漓江流域上游是桂北暴雨中心区，降雨量大，洪水频繁，加之受旅游景观特殊限制要求，市区防洪能力尚达不到防御现状 20 年一遇的标准。频繁的洪水灾害给桂林市造成了巨大的经济损失，制约了桂林市的社会经济发展。

1.8.2　干旱

历史上桂林市旱灾不断发生，1951 年、1953 年、1972 年、1974 年、1979 年、1989 年和 1992 年都出现过旱灾。其中，以 1972 年的旱灾较为严重，有 23.88 万人的生活用水受影响，工厂停产 28 天，漓江停航 156 天。灾害最为严重的 1951 年，漓江几乎断流。漓江多年平均最枯流量为 10.8m³/s，最小月均流量为 5.9m³/s（1956 年 12 月），实测最小流量为 3.8m³/s（1951 年 2 月 7 日）[51]。1988 年 12 月，漓江流域上游桂林水文站的实测流量降至 13m³/s，旅游航道严重受堵，其中社公滩、螺丝滩及天鹅吊颈等风景点尤为严重，市区河段滨江和平山取水点出现取水困难，10 万多市民的生活用水告急。1989 年枯水期，漓江流域出现最小流量 7.44m³/s，是中华人民共和国成立以来的第三个干旱年（年降水量仅为 1687.8mm），桂林市境内的 66 条河流中有 34 条出现断流，枯水期延长至 6 个月。由于水位下降，漓江河道过水断面骤减，瓦窑水厂抽水站水源不足，发生供水危机，不得不紧急施工，通过挖深河道来扩大进水断面，增大水源。2004 年 1 月，桂林水文站实测流量仅为 8.5m³/s，漓江面临封航的境地。由于漓江年内径流分配极不均匀，枯水期河床大部分裸露，河道干涸，旅游航道严重受影响，致使桂林市旅游业随季节变化出现明显的淡旺季[9]。

自 1986 年，青狮潭水库在确保约 40 万亩农田灌溉用水的前提下，开始向漓江补水的 20 多年来，平均每年的补水量约为 1.24 亿 m³，补水后漓江流量可达 30m³/s。补水运行难以严格按照设计的运行调度原则进行调度，灌区工程的后续投入不足，加之桂林市工农业以及生活用水量激增等原因，补水保证率达不到设计水平[47]。

1.9　社会经济状况

漓江流域主要涉及阳朔、灵川、兴安以及桂林市区，截至 2013 年年末，总人口 184.33 万人，非农业人口 80.66 万人，其中漓江流域三县一市的地区生产总值占全市生产总值的 50% 以上。研究区中心城市桂林是中国首批国家历史文化名城、中国优秀旅游城市，享有"桂林山水甲天下"的美誉。近年来，桂林的社会经济呈快速发展的态势。据 2013 年桂林市国民经济和社会发展统计公报显示，2013 年桂林全年地区生产总值为 1657.90 亿元，比上年增长 11.0%，农业增加值 299.44 亿元，增长 5.2%，第二产业增加值 792.87 亿元，增长 15.5%，第三产业增加值 565.59 亿元，增长 7.3%（表 1.8），全社会固定资产投资 1390.32 亿元，增长 25.4%，组织财政收入增长 10.3%，为 180.37 亿元，金融机构本外币存款余额增长 13.0%，为 2067.01 亿元，城镇居民人均可支配收入增长 10.1%，为 24 552 元，农民人均纯收入增长 14.1%，为 8361 元。总体而言，桂林市的企业规模不大，布局较为分散，产业链不完善，人均地区 GDP 低于全国平均水平，经济实力较弱。流域内城镇化水平不高，桂林市区及几个主要县城规模较小，辐射带动力较弱，农村医疗、卫生、教育、文化等公共服务和基础设施建设相对滞后。生态环境保护任务重，漓江的生态保护制约着工业的发展。

表 1.8   1973-2016 年桂林市生产总值产业分布

Table 1.8   The industrial distribution of GDP in Guilin from 1973 to 2016

产业	1973 年		1986 年		2000 年		2013 年		2016 年	
	总产值（亿元）	比重(%)	总产值（亿元）	比重(%)	总产值（亿元）	比重(%)	总产值（亿元）	比重（%）	总产值（亿元）	比重（%）
第一产业	3.29	42.56	11.3	39.59	99.5	32.89	299.44	18.06	356.18	17.16
第二产业	2.73	35.32	9.31	32.62	93.57	30.93	792.87	47.82	939.48	45.26
第三产业	1.71	22.12	7.93	27.79	109.42	36.18	565.59	34.12	780.23	37.58
GDP	7.73	100	28.54	100	302.49	100	1657.9	100	2075.89	100

数据来源：桂林市社会经济统计年鉴（1973-2016）

1.10   旅游业发展状况

漓江流域是我国最早发展旅游业的地区之一，1973 年桂林旅游以外事接待为主，1986 年被列为"七五"期间全国 7 个旅游重点建设城市之一，自此桂林旅游发展进入快车道，2001 年桂林旅游总人次超千万，为 1009.22 万人次，2008 年旅游收入过百亿，为 100.26 亿元（表 1.9），2013 年漓江流域内各县（区）共接待游客 2636.21 万人次，实现旅游总收入为 279.12 亿元，占桂林旅游总收入的 80%。漓江流域旅游资源富集，包含水域风光、地文景观、古迹及建筑、生物景观、消闲求知、购物六大类，67 个基本类型，占全部 74 个基本类型中的 90.5%，常年接待海内外旅游者的主要景点 200 余处，A 级以上级别景区达 55 处，其中包括 5A 景区 3 处、4A 景区 23 处，旅游业已成为区域经济的主导产业[52]。

表 1.9 2000-2016 年桂林市旅游接待人数和总收入

Table 1.9 The tourist reception and total revenue in the Guilin from 2000 to 2016

年份	旅游人数（万人次）	增长率（%）	旅游收入（亿元）	增长率（%）
2000	963.37	7.22	45.12	23.31
2001	1009.22	4.76	45.87	1.66
2002	1095.8	8.58	49.33	7.54
2003	854.29	−22.04	34.34	−30.39
2004	1111.43	30.10	50.14	46.01
2005	1205.08	8.43	57.95	15.57
2006	1337.95	11.03	68.75	18.63
2007	1530.64	14.40	85.51	24.39
2008	1626.9	6.29	100.26	17.25
2009	1860.08	14.33	126.92	26.59
2010	2104.37	13.13	167.32	31.83
2011	2729.16	29.69	218.34	30.49
2012	3291.25	20.60	276.79	26.77
2013	3584.17	8.90	348.48	25.90
2014	3871.16	8.01	420.30	20.61
2015	4469.95	15.47	517.33	23.09
2016	5385.87	20.49	637.31	23.19

数据来源：广西统计年鉴和桂林统计公报

参 考 文 献

[1] 韩耀全, 周解, 吴祥庆. 漓江的自然地理与水质调查. 广西水产科技, 2007, (2): 8-16.

[2] 广西壮族自治区水利电力勘测设计研究院. 广西桂林市防洪总体规划报告. 桂林: 广西壮族自治区水利电力勘测设计研究院, 2001.

[3] 茹锦文. 漓江流域整治的综合研究. 桂林: 广西师范大学出版社, 1988.

[4] 邓自强, 林宝石, 张美良, 等. 桂林地质构造与岩溶地貌发育的时序关系. 中国岩溶, 1986, (4): 289.

[5] 龚兴宝. 桂林地区第三纪有孔虫的发现及其意义. 中国岩溶, 1985, 4(3): 90.

[6] 涂水源. 桂林市环境工程地质. 重庆: 重庆出版社, 1988.

[7] 黄位鸿. 广西桂林红土砾石工程研究分析. 轻工科技, 2013, 1: 83-84.

[8] 王克钧. 桂林第四纪冰川地质. 重庆: 重庆出版社, 1988.

[9] 郭纯青, 方荣杰, 代俊峰, 等. 漓江流域上游区水资源与水环境演变及预测. 北京: 中国水利水电出版社, 2011.

[10] 朱彪, 陈安平, 刘增力, 等. 广西猫儿山植物群落组成、群落结构及树种多样性的垂直分布格局. 生物多样性, 2004, 12(1): 44-52.

[11] 兴安县地方志编纂委员会. 兴安县志. 南宁: 广西人民出版社, 2002.

[12] 蓝颖春. 世界古代水利建筑明珠——灵渠. 地球, 2014, (7): 88-91.

[13] 燕柳斌, 刘仲桂, 张信贵, 等. 灵渠工程的功能分析与研究. 广西地方志, 2003, (6): 50-53.

[14] 灵川县志编纂委员会. 灵川县志. 南宁: 广西人民出版社, 1997.

[15] 刘志强, 牛魁, 苗群, 等. 桂林市桃花江流域水污染现状分析及对策. 环境工程, 2006, 24(3): 81-83.

[16] 吴倩. 桂林良丰河水环境容量在雁山新区区域发展中的应用研究. 芜湖: 安徽师范大学硕士学位论文, 2007.

[17] 文云峰. 会仙岩溶湿地水体富营养化现状及对策研究. 南宁: 广西大学硕士学位论文, 2013.

[18] 胡祎祥, 黄亮亮, 吴志强, 等. 广西会仙湿地农田沟渠鱼类群聚差异研究. 水生态学杂志, 2015, 36(5): 15-21.

[19] 广西大学. 桂林漓江旅游专用航道工程水生生物调查及影响评价报告. 南宁: 广西交通科学研究院, 2014.

[20] 喻泽斌, 王敦球. 漓江水环境质量现状评价. 桂林工学院学报, 2003, 23(1): 68-71.

[21] 陈晓波. 桂林市漓江段 2009 年度水质分析及评价. 桂林: 桂林理工大学硕士学位论文, 2010.

[22] 胡金龙. 漓江流域土地利用变化及生态效应研究. 武汉: 华中农业大学博士学位论文, 2016.

[23] 龚克. 桂林喀斯特区生态旅游资源评价与开发战略管理研究. 北京: 中国地质大学(北京)博士学位论文, 2011.

[24] 田华丽, 夏艺, 梁士楚, 等. 桂林漓江湿地植被种类组成及其区系成分. 湿地科学, 2015, 13(1): 103-110.

[25] 张玉霞. 桂林漓江风景名胜区的两栖爬行动物. 两栖爬行动物学研究, 亚洲两栖爬行动物学第四届国际学术会议专辑, 2000, 97-103.

[26] 蒋锝斌, 罗远周, 王绍能, 等. 广西猫儿山国家级自然保护区的两栖爬行动物. 四川动物, 2006, 25(2): 294-298.

[27] 陆温, 蒋正晖, 陈贻云, 等.广西猫儿山自然保护区昆虫考察报告.广西科学, 1994, 1(3): 26-31.

[28] 王缉健. 猫儿山蝴蝶的垂直分布. 广西植保, 1994, 7(2): 18-20.

[29] 黄建华, 周善义, 王绍能. 广西猫儿山自然保护区天牛科昆虫名录. 广西师范大学学报(自然科学版), 2002, 20(3): 64-68.

[30] 黄建华, 周善义. 广西猫儿山天牛科昆虫多样性研究. 广西师范大学学报(自然科学版), 2003, 21(3): 82-86.

[31] 蒋得斌, 李光平, 罗远周, 等. 广西猫儿山自然保护区蝴蝶名录. 广西植保, 2004, 17(4): 3-4.

[32] 游群. 广西猫儿山叶蜂昆虫区系及地理分布. 河南师范大学学报(自然科学版), 2007, 35(3): 123-125.

[33] 林吕何. 桂林鸟类初步研究. 东北师大学报(自然科学版), 1982, (2): 82-93.

[34] 粟通萍, 王绍能, 蒋爱伍. 广西猫儿山地区鸟类组成及垂直分布格局. 动物学杂志, 2012, 47(6): 54-65.

[35] 汪国海, 李生强, 施泽攀, 等. 广西猫儿山自然保护区的兽类和鸟类多样性初步调查——基于红外监测数据. 兽类学报, 2016, 36(3): 338-347.

[36] 周歧海, 唐华兴, 韦春强, 等. 桂林七星公园猕猴的食物组成及季节性变化. 兽类学报, 2009, 29(4): 419-426.

[37] 赵湘桂, 何安尤, 蔡德所. 漓江流域浮游植物调查及其演替. 广西师范大学学报(自然科学版), 2009, 27(2): 124-129.

[38] 周振明, 陈朝述, 刘可慧, 等. 漓江桂林区段夏季浮游植物群落特征与水质评价. 生态环境学报, 2014, (4): 649-656.

[39] 龚竹林, 杨奕祥, 雷建军. 漓江浮游动物调查. 广西水产科技, 2007, (2): 35-46.

[40] 曹艳霞, 蔡德所, 张杰, 等. 漓江水系大型无脊椎底栖动物多样性现状调查. 广西师范大学学报(自然科学版), 2009, 27(2): 118-123.

[41] 广西壮族自治区水产研究所, 中国科学院动物研究所. 广西淡水鱼类志(第二版). 南宁: 广西人民出版社, 2006.

[42] 蔡德所, 赵湘桂, 朱瑜, 等. 漓江鱼类资源调查及物种多样性分析. 广西师范大学学报(自然科学版), 2009, 27(2): 130-136.

[43] 韩耀全, 许秀熙. 漓江渔业资源现状评估与修复. 水生态学杂志, 2009, 2(5): 132-135.

[44] 广西壮族自治区水产研究所. 广西壮族自治区内陆水域渔业资源调查研究报告. 广西壮族自治区水产研究所, 1984.

[45] 喻泽斌. 漓江流域水资源可持续利用研究. 重庆: 重庆大学博士学位论文, 2004.

[46] 于晓. 变化环境下漓江流域上游水库群防汛抗旱调度研究. 桂林: 桂林理工大学硕士学位论文, 2011.

[47] 黄运才. 漓江桂林洪水与青狮潭水库泄洪关系的初步探讨. 桂林理工大学学报, 2007, 27(3): 337-342.

[48] 庞卡, 戴伟国, 杨立平. 斧子口水利枢纽主体工程开工. http://www.baju.com.cn/Web/News/NewsShow.asp?ID=7108, 2011-12-06/[2016-06-17].

[49] 蒋颖. 川江水库通过下闸蓄水验收可投入使用. http://www.gx.xinhuanet.com/dtzx/guilin/2014-03/25/c_119937531.html, 2014-03-25/[2016-06-17].

[50] 刘建设, 欧惠兰. 桂林市小溶江水库开始下闸蓄水. http://www.gx.chinanews.com/content-169-94472-1.html, 2015-12-31/[2016-06-17].

[51] 黄宗万, 陈余道, 蒋亚萍, 等. 漓江流域水资源形势分析. 广西科学院学报, 2005, 21(1): 56-60.

[52] 黄华乾. 漓江流域社区居民对生态旅游影响的感知. 桂林: 桂林理工大学硕士学位论文, 2013.

第2章　漓江鱼类及渔业资源研究概况

漓江是西江水系重要支流，据史料记载，漓江有鱼类 144 种，其鱼类品种居广西各江河之冠，占全区江河鱼类 290 余种的 50%左右。漓江鱼类鲤科占优势，比重达 60%，在渔获物组成中相对产量较高[1]。

2.1　鱼类物种研究

漓江在我国是鱼类研究开展得较早的地方。关于漓江鱼类，从 20 世纪 30 年代起有不少学者进行了研究。Wu Hsien Wen 在 1939 年发表了 *On the fishes of Li-Kiang* 的论文[2]，比较系统地研究了广西漓江的鱼类，共描记 79 种，其中 3 新属 11 新种和 1 新变种：*Parasinilabeo*、*Sinibrama*、*Aorichthys*, *Lissochilus longipinis*、*Varicorhinus lini*、*Paracheilognathus meridianus*、*Acheilognathus argenteus*、*Botia maculosa*、*B. robusta*、*B. pulchra*、*B. zebra*、*Formosania yaoshanensis*、*Siniperca loona*、*Ctenogobius filamontosus* 和 *Cyprinus carpio triangulus*。

1950 年梁启燊等在桂林良丰附近调查记录鱼类 44 种[3]。范围不广，资料零星。

1965 年湖南师范学院刘素孅等报告桂林良丰一带调查所获鱼类 43 种及亚种，其中的"奇鳞鱼 *Schizothorax* sp."是鲤科的裂腹鱼亚科在广西的首次报道，原标本已不存在，后人迄今亦未获。根据该亚种鱼类的分布，特别是在漓江水系出现，似存可疑，故不能肯定这一记录，推测有可能是金线鲃属鱼类[3]。

1981 年出版的《广西淡水鱼类志》记载了漓江鱼类 118 种[3]。

1982 年广西壮族自治区水产研究所承担的《漓江受污染对渔业资源的影响》课题中记载了漓江桂江鱼类 8 目 20 科 86 属 141 种[4]。另记载通漓江暗河金线鲃属鱼类一新种——桂林金线鲃。

1989 年出版的《珠江鱼类志》记载了漓江鱼类 75 种，并描述了采自桂林的新种桂林鳅鮀 *Gobiobotia guilinensis* Chen[5]。

1994 年陈宜瑜和刘焕章合作，在《动物学研究》杂志上发表了英文文章 *Phylogeny of the Sinipercine Fishes with Some Taxonomic Notes*，确立了 1939 年 Wu Hsien Wen 命名采自广西阳朔的 *Siniperca loona* 有效种的地位[6]。

1998 年出版的《中国动物志·硬骨鱼纲·鲤形目（中卷）》[7]和 2000 年出版的《中国动物志·硬骨鱼纲·鲤形目（下卷）》[8]，描述采自漓江的标本分别为 30 种和

24 种。

1999 年出版的《中国动物志·硬骨鱼纲·鲇形目》记载了漓江鲇类 10 种[9]。

2003 年，李红敬对猫儿山自然保护区淡水鱼类资源进行调研发现淡水鱼类共计 23 种，隶属于 3 目 8 科 18 属。其中，鲤形目鲤科有 5 亚科 7 属 8 种，鳅科有 3 亚科 3 属 4 种，腹吸鳅科 3 属 3 种；鲇形目鲇科有 1 属 2 种，鮡科 1 属 1 种；鲈形目虾虎鱼科有 1 属 3 种，鮨科有 1 属 1 种，刺鳅科有 1 属 1 种。鲤形目最多（15 种），占总数的 65.2%；其次是鲈形目（5 种），占 21.7%；最后是鲇形目（3 种），占 13.0%。在所有 8 个科中，鲤科是最大的类群（8 种），占总数的 34.8%；其次是鳅科（4 种），占 17.4%；第三是腹吸鳅科与虾虎鱼科，均为 3 种，各占 13.0%；其余 4 科共 5 种，占 21.7%[10]。

2006 年出版的《广西淡水鱼类志》（第二版）记载了漓江鱼类 144 种（表 1.4），约占广西全区鱼类 290 种的 49.66%[11]，隶属 6 目 18 科，鳗鲡目、鳉形目、合鳃目各 1 种；鲤形目最多，3 科 111 种，约占漓江鱼类总量的 77.08%；鲇形目 6 科 16 种，约占总量的 11.11%；鲈形目有 6 科 14 种，约占总量的 9.72%。

2009 年蔡德所根据广西壮族自治区水产研究所于 1974-1976 年、1980-1982 年及 2006-2008 年分别对漓江进行过 3 次较为全面的水生态系统调查数据[11]，对漓江鱼类资源调查进行分析，3 次调查结果发现如下。

（1）鱼类种类数逐年减少。1974-1976 年采集到的标本有 84 属 118 种，1980-1982 年 68 属 89 种，2006-2008 年仅为 52 属 66 种（表 1.4），2006-2008 年与 1974-1976 年相比，鱼类种的数量减少了 44.07%（图 2.1）。

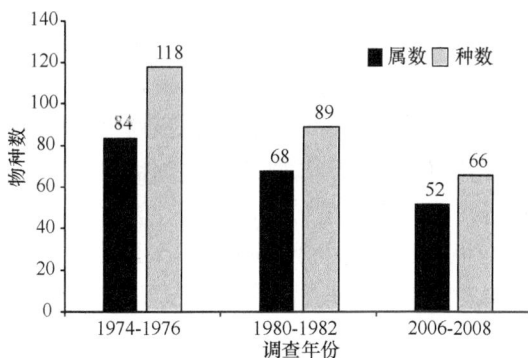

图 2.1 广西壮族自治区水产研究所 3 次调查结果比较

Figure 2.1 Comparison of three sampling results by Guangxi Fishery Research Institute

（2）大型经济鱼类种类数量明显减少，少数小型鱼类成为优势种。3 次调查结果比较，大型经济鱼类种类数量明显减少。雅罗鱼亚科多为大型鱼类，1974-1976 年记载有 5 种，1980-1982 年有 3 种，2006-2008 年仅为 2 种，种类减少了 60%；

鲌亚科鱼类 1974-1976 年记载有 13 种，1980-1982 年有 7 种，2006-2008 年仅有 3 种，减少了 76.9%。以往大型的经济种类，如翘嘴鲌、海南鲌、鳊、三角鲂等，已不见踪影，而只有个体不大、经济价值不高的种类，如大眼华鳊、䱗、南方拟䱗，这些鱼类适应性广，生活能力强，繁殖快，1 冬龄性成熟，怀卵量大，因此产量较高，成为漓江的优势鱼类，常占渔获物的 30% 以上；鲃亚科鱼类 1974-1976 年有 13 种，1980-1982 年有 10 种，2006-2008 年仅有 6 种，与 1974-1976 年相比减少了 53.8%，白甲鱼属和结鱼属鱼类在 20 世纪 70 年代曾是漓江常见的经济鱼类，但 2006-2008 年没得到这两个属鱼类的标本，条纹小鲃为会仙湿地的常见鱼类；野鲮亚科鱼类更是急剧减少，1974-1976 年记载有 8 种，1980-1982 年有 4 种，2006-2008 年仅见鲮 1 个种。鲤亚科鱼类仅见鲤和鲫两个常见种，比 1974-1976 年记载的 5 个种减少了 60%。无经济价值的小个体鱼类越南鱊为漓江和会仙湿地的习见种和优势种。

（3）大多数名贵鱼类已经不见踪影。名贵鱼类单纹似鳡、桂华鲮、叶结鱼、乌原鲤、长臀鮠、斑鳠等，个体较大，肉味鲜美，20 世纪 70 年代产量较高，曾是漓江的常见经济鱼类，2006-2008 年调查发现大多数种类已经不见踪影，在大圩采样点偶见长臀鮠，而斑鳠仅见年幼个体。

（4）渔获物中鱼类个体低龄化。草鱼 I$^+$个体占 35%，II$^+$个体占 40%，III$^+$个体占 25%；光倒刺鲃 I$^+$个体占 72%，II$^+$个体占 28%；大眼华鳊 I$^+$个体占 43.8%，II$^+$个体占 56.2%；渔获物中的斑鳠全为 I$^+$个体。I$^+$个体和 II$^+$个体占抽样种类的大多数，即漓江渔获物中鱼类呈现低龄化。渔获物中大量低龄化的鱼被捕获，表明资源已呈衰退状况。可见，漓江鱼类资源呈下降趋势。

在漓江鱼类中，大型个体的种类，如单纹似鳡、桂华鲮、叶结鱼、唇鲮、长臀鮠、斑鳠等寿命长、生殖周期相对较长，后代数量不多，据《广西壮族自治区内陆水域渔业自然资源调查研究报告》[12]报道，斑鳠性成熟最早为 6 龄，大多数要在 7 龄以后，唇鲮和长臀鮠的第一次性成熟时间需要 5 年。可见这些大型鱼类在生活史上属于 k-选择种类。而小型种类，如鲫、大眼华鳊、鲤等繁殖力强，属于 r-选择种类。所以当种群长久处于不利条件下，其数量会出现持久性下降即种群衰落，尤其是 k-选择种类最容易出现这种情况。近年来，随着河鱼减少，生产者为了提高渔获量，盲目增大捕捞强度，使用密眼网捕鱼，甚至是电、毒、炸鱼，一年四季都捕鱼，尤其是产卵季节，严重地破坏鱼类的生长和繁殖，尤其是 k-选择种类，种群不能及时补充，数量日益减少，以至于灭绝。所以漓江中由于无度无序的捕捞，鱼类资源下降，种类和数量减少，大型鱼类和名贵鱼类几乎不见踪影，而 r-选择种类由于繁殖力强，个体小，种群得到及时补充，而成为优势种。

2011 年李高岩等对广西第一个国家级水产种质资源保护区——漓江光倒刺鲃金线鲃国家级水产种质资源保护区开展了一次较为全面的野生鱼类资源现状调

查。发现该保护区现有野生鱼类 74 种，较之前（2006-2008 年）的 66 种增加了 8 种，分别隶属于 6 目 17 科 62 属[13]。其中，鲤形目种类最多（48 种），占全部种类的 64.86%；鲈形目 14 种，占 18.92%；鲇形目 9 种，占 12.16%；鳗鲡目、鳉形目、合鳃鱼目各 1 种，各占 1.35%。从科级水平看，鲤科种类最多（共 33 种），占全部种类的 44.59%；平鳍鳅科共 8 种，占 10.81%；鳅科 7 种，占 9.46%，鳘科、鮨科各 5 种，各占 6.76%，其余各科种类均较少。

2011 年，施军对会仙喀斯特湿地鱼类资源进行调研，共发现鱼类 46 种，隶属于 6 目 16 科 39 属[14]。会仙喀斯特湿地仅有江海洄游鱼类日本鳗鲡一种，另有引进鱼类 5 种，原产于北美的食蚊鱼、斑点叉尾鮰，原产于非洲的革胡子鲇、莫桑比克罗非鱼、尼罗罗非鱼在会仙喀斯特湿地也有出现。会仙喀斯特湿地常见的鱼类有条纹小鲃、草鱼、鲫、海南拟鳘、鳘、斑鳢、中华沙塘鳢、鲢、鳙、鲤、鲇、刺鳅、黄颡鱼、斑鳜、胡子鲇。目前，鲤、鲫、斑鳢、中华沙塘鳢、鲇、黄颡鱼、胡子鲇等为当地的主要捕捞对象。

2012 年，朱瑜等结合广西壮族自治区水产研究所 2006-2012 年在漓江干流及其支流采集鱼类标本发现漓江鱼类 101 种，其中，分别隶属于 6 目 19 科 73 属[15]。与历史数据比较，新发现鱼类新记录 8 种：花鳗鲡、后鳍薄鳅、瓦氏黄颡鱼、鳠、青鳉、大眼鳜、侧扁小黄黝鱼和月鳢。

2.2　鱼类区系研究

李思忠将中国淡水鱼类分为北方区、华西区、宁蒙区、华东区和东洋区五大区系。其中北方（山麓）区包括额尔齐斯、蒙古西部与黑龙江 3 个亚区；宁蒙（高原）区的两个亚区，为世界淡水鱼类地理分布中蒙古高原亚区的两个分区；华西（中亚高原）区包括碱海亚区、巴尔喀什亚区、印度河上游亚区、准噶尔盆地亚区、塔里木盆地亚区、青藏高原亚区、康藏山麓亚区、川西山麓亚区和陇西山麓亚区；华东（江河平原）区是包括辽河亚区、朝鲜亚区、河海亚区和江淮亚区；东洋区的北界在阿富汗与巴基斯坦之间，喜马拉雅山和我国南岭山脉，西界位于伊朗与巴基斯坦之间，东界为我国台湾与菲律宾、加里曼丹及帝汶岛东侧，南界为印度洋，将斯里兰卡包含在内。东洋区可分为南亚-东南亚亚区和华南亚区。华南亚区在我国淡水鱼类分布中相当于华南（山麓）区，其中怒澜亚区和南海诸岛分区属于东洋区的南亚-东南亚亚区[16]。

陈景星等根据东亚鱼类区系特征及各类群的分布规律，以秦岭山脉作为东洋区与古北区在我国中部地区的分界线[17]。陈宜瑜等对珠江淡水鱼类区系的组成、形成原因及其在动物地理区划中的位置进行讨论，结果否定了前人将南岭山脉作为东洋区和古北区在东亚的分界线，他们认为这两大区的界限应向北推移到秦岭山脉，并将东洋区划分为南亚亚区和南东亚亚区，进而又指出可将南岭武夷山作为分界线将南东亚亚区划分为华东小区和华南小区，在他们看来，似乎整个长江中下游地区位于东洋区南东亚亚区的华东小区内[18]。张鹗和陈宜瑜结合赣东北地区鱼类区系特征，从历史时空的角度分析其区系形成和演化，进而对我国东部地区淡水鱼类动物地理区划进行讨论并指出：赣东北以及整个长江中下游地区应隶属于东洋区；南岭—武夷山—天台山—仙霞岭可构成东洋区南东亚亚区区内次一级地理区划的分界线，即华东小区和华南小区的分界线[19]。杜合军对华南大陆西部沿海 6 个独立水系淡水鱼类区系及动物地理学进行研究探讨发现该区域与海南岛的淡水鱼类关系较为密切而与西江水系淡水鱼类关系较为疏远，进而推测该区域的水系是首先与西江水系分离之后再与海南岛水系分离的地史过程[20]。

从地理位置看漓江流域位于华南区，从鱼类区系组成看，漓江鱼类以暖水性的鲃亚科、野鲮亚科较多，鳅科以沙鳅亚科和条鳅亚科为主，鲇科、鳢科、爬鳅科鱼类为常见种，符合华南区鱼类区系特点。史为良认为中国的淡水鱼类主要由 8 个区系复合体构成，即中国平原区系复合体、南方平原区系复合体、南方山地区系复合体、中亚山地区系复合体、北方平原区系复合体、晚第三纪早期区系复合体、北方山地区系复合体和北极淡水区系复合体[21]。2012 年朱瑜等对漓江鱼类区系组成进行分析发现漓江鱼类现存的 101 种鱼类大致可以归入如下 5 个区系复合体[15]。

（1）中国平原区系复合体：特点是产漂流性卵，如"四大家鱼"、赤眼鳟等；或产黏性不强的卵，如沙鳅亚科、鲃亚科、鲴亚科、鲤亚科、鮈亚科（除麦穗鱼）鱼类等。有 31 种为我国特有鱼类，区系存在度高，占漓江鱼类总数的 30.7%。

（2）南方平原区系复合体：鱼体有保护色和辅助呼吸器官，如鳢科，鳢属，黄鳝，青鳉，胡子鲇，虾虎鱼科，丝足鲈科，刺鳅属，长臀鮠科，沙塘鳢科，鮨科，鲮等，有 26 种，占漓江鱼类总数的 25.7%，为常见种。

（3）南方山地区系复合体：有吸盘，生活在急流里，如爬鳅科、鮡科等，分布区多底质、多岩石或石砾，有 9 种，占漓江鱼类总数的 8.9%，为偶见种。

（4）北方平原区系复合体：如麦穗鱼等，种类不多。

（5）晚第三纪早期区系复合体：如鳡亚科、鲃亚科、野鲮亚科、鲤亚科、花鳅亚科、条鳅亚科、鲇科，有一定的经济价值，为常见鱼类，区系存在度不高，共有 33 种，占漓江鱼类总数的 32.7%。

可见，漓江鱼类主要由晚第三纪早期区系复合体、中国平原区系复合体和南方平原区系复合体共同构成。

此外，朱瑜等还根据蒋学龙的无量山哺乳动物区系存在度概念来计算漓江鱼类区系的存在度[15]。

$$某一类群在某地的区系存在度（VFP）=\frac{某地出现的次级单位数目}{次级分类单位总数}\times100\%$$

目级水平：漓江土著鱼类隶属于 5 目，即鲤形目、鲇形目、鳉形目、鲈形目、合鳃鱼目。按所含科的绝对数排序，鲇形目有 6 科，排第 1 位；鲈形目有 5 科，排第 2 位；第 3 位是鲤形目 3 科；第 4 位是合鳃鱼目 2 科；最后是鳉形目 1 科。而按区系存在度的分析方法排序，合鳃目排第 1 位，第 2 位是鲤形目，第 3 位是鲇形目，第 4 位是鳉形目，最后是鲈形目，与绝对数排序有明显不同。合鳃鱼目是世界分布的鱼类，鲤形目的分布中心在亚洲，可见，漓江鱼类从目级水平看体现亚洲鱼类分布区的特点。

科级水平：漓江土著鱼类隶属于 17 科，按所含属的绝对数排序，最大的科为鲤科，有 38 属 49 种，其物种占漓江土著鱼类总数的 50.0%；其次为鳅科，8 属 12 种，占漓江土著鱼类总数的 12.1%；第 3 位是爬鳅科，6 属 7 种，占总数的 7.1%；鲿科 4 属 6 种，占总种数的 6.1%；鮨科 2 属 5 种，占 5.1%；虾虎鱼科 1 属 4 种，占 4.1%；沙塘鳢科 2 属 2 种，鲇科、鳢科和刺鳅科各为 1 属 2 种，各占 2.1%；胡子鲇科、长臀鮠科、鲱科、钝头鮠科、鳉科、丝足鲈科、合鳃鱼科 7 科均以单属单种形式存在，共占漓江土著鱼类的 7.1%。

科级水平区系存在度排序与绝对数排序有明显的差别，长臀鮠科为单属科，分布在亚洲，是中国华南地区-越南特有科，在漓江有分布，其区系存在度为 100%，排名第 1；沙塘鳢科全世界有 3 属，主要分布在亚洲东部和俄罗斯，漓江有 2 属，说明在该地区分化程度很高，区系存在度为 66.7%，排列第 2 位；鳢科主要分布在亚洲南部和非洲，有 2 属，在漓江有 1 属；钝头鮠科主要分布区在亚洲，有 2 属，在漓江有 1 属，区系存在度排第 3 位；鳅科有 18 属，主要分布于欧亚大陆，漓江分布有 8 属，绝对数排序为第 2 位，按存在度排序为第 4 位，说明在漓江有较高的分化；刺鳅科、合鳃鱼科和鳉科各有 4 属，但在漓江均为单属科，科存在度相同，其中合鳃鱼科为世界性分布，刺鳅科分布在亚洲南部和非洲的热带，鳉科分布于亚洲；鲤科在绝对数排序中排第 1 位，在区系存在度中排列第 8 位；第三大科爬鳅科排列第 9 位，这两科主要分布在欧亚大陆，分化程度高，属较多，区系存在度不高，说明这两科在漓江分布的属偏少；鲿科主要分布在亚洲和非洲，在漓江的存在度排第 10 位；虾虎鱼科、鮨科、丝足鲈科主要分布在热带水域中，鲇科分布在欧洲和亚洲，鲱科主要分布在东南亚，这 5 科在漓江的存在度较低。科级水平存在度说明：一些单属科和中国华南地区-越南特有科长臀鮠科在漓江有分布，体现其热带性；分化程度较低、分布广泛且耐受性强的沙塘鳢科、鳢科和钝头鮠科，在漓江有较高的存在度，具有亚洲河流相似的特点；鳅科是底栖鱼类，其绝对数排序和区系存在度排序都较前，在漓江有较高的分化，这可能与漓江底质复杂，有利于鳅科鱼类生存有关。其余科的存在度不高，在漓江的分化程度不高。

属级水平：漓江土著鱼类有 71 属，按所含种的绝对数目排序，最大的属为吻虾虎鱼属，有 4 种，占漓江土著鱼类的 4.0%；排列第 2 的是鲴属、薄鳅属，各有 3 种，占漓江鱼类总数的 3.0%；接着为黄颡鱼属、少鳞鳜属、沙鳅属、异华鲮属、倒刺鲃属、鳍属、鲹属、鲇属、盘鮈属、银鮈属、鳅鲍属、鲦鲅属、小鳔鮈属、鲤属、原缨口鳅属、鳢属、鳈属、鳠属、刺鳅属、南鳅属，各有 2 种，占漓江鱼类总数的 40.8%，其余 48 属均为单种属，占漓江鱼类的 49.0%。

从存在度的排序结果来看，有 8 个单种属，主要分布区在中国，在漓江的鱼类区系存在度为 100%，排列在前；区系存在度为 50% 的有 5 属，为小条鳅属、圆吻鲴属、鲢属、黄颡鱼属和少鳞鳜属，主要分布区也在中国；其余 58 个属的区系存在度均小于 50%，占总属数的 81.7%，绝对数排列第 1 的吻虾虎鱼属区系存在度仅为 6.6%[15]。可见属级水平区系存在度与绝对数排序有明显的差别，表明主要分布区在中国，分化程度较低、种数较少的属类在漓江有分布；一些分化程度高、种类多的属，在漓江分布的种类少，多为单种，区系存在度小。属的均匀性高，但属内分化程度不高，间接表现为生态环境的多样性不高。

2.3　鱼类物种多样性研究

G-F 指数最早用于分析鸟兽和两栖爬行动物的物种多样性，现今已经延伸到研究鱼类多样性等领域[22-24]。根据区域内鱼类的物种组成，分别计算 G 指数和 F 指数，然后用 G/F 进行标准化。G-F 指数值既可以为正也可以为负。F 指数 D_F（科的多样性）计算式为

$$D_F = \sum_{k=1}^{m} D_{F_k} = -\sum_{k=1}^{m} \sum_{i=1}^{n} p_i \ln p_i$$

式中，$p_i = S_{ki}/S_k$，S_{ki} 为名录中 k 科 i 属中的物种数，S_k 为名录中 k 科中的物种数；n 为 k 科中的属数；m 为名录中鱼类的科数。

G 指数 D_G（属的多样性）计算：

$$D_G = -\sum_{j=1}^{p} D_{G_i} = -\sum_{j=1}^{p} q_j \ln q_j$$

式中，$q_j = S_j/S$，S_j 为 j 属中的物种数，S 为名录中鱼类的物种数；p 为名录中鱼类的属数。

多样性 D_{G-F} 指数计算：

$$D_{G-F} = 1 - D_G/D_F$$

2009 年蔡德所等[1]和 2010 年广西壮族自治区水产研究所韩耀全[25]利用多样

性 $D_{G\text{-}F}$ 指数对 1974-1976 年、1980-1982 年及 2006-2008 年漓江 3 次较为全面的水生态系统调查数据进行鱼类物种多样性的系统分析,漓江历次调查的鱼类多样性指数见表 2.1。与其他地区淡水鱼类多样性状况相比,漓江鱼类的多样性指数处于较高水平[12]。

表 2.1   漓江鱼类多样性指数变化
Table 2.1   Variation of fish diversity index in the Lijiang River

时期	科的多样性	属的多样性	物种多样性
1974-1976 年	8.171	4.293	0.475
1980-1982 年	7.384	4.087	0.446
2006-2008 年	6.960	3.880	0.443

（1）1974-1976 年,在漓江鱼类目数为广西淡水鱼类总目数的 33.33%,科数为广西淡水鱼类总科数的 48.65%,属数为广西淡水鱼类总属数的 56.95%,种数仅为广西淡水鱼类总种数的 40.69% 的情况下,漓江鱼类科的多样性指数、属的多样性指数及生物多样性指数分别达到全广西水平的 60.78%、96.08% 和 71.11%。漓江是属于鱼类多样性指数水平较高的河流,特别是鱼类属的多样性水平极高。

（2）1980-1982 年,在漓江鱼类目数仅为广西淡水鱼类总目数的 40.00%,科数仅为广西淡水鱼类总科数的 48.65%,属数仅为广西淡水鱼类总属数的 45.83%,种数仅为广西淡水鱼类总种数的 30.69% 的情况下,漓江鱼类科的多样性指数、属的多样性指数及生物多样性指数分别达到全广西水平的 54.92%、91.47% 和 66.77%。该时期的漓江还是属于鱼类多样性指数水平较高的河流,鱼类属的多样性水平亦极高。

（3）2006-2008 年,在漓江鱼类目数仅为广西淡水鱼类总目数的 33.33%,科数仅为广西淡水鱼类总科数的 45.95%,属数仅为广西淡水鱼类总属数的 36.11%,种数仅为广西淡水鱼类总种数的 22.76% 的情况下,漓江鱼类科的多样性指数、属的多样性指数及生物多样性指数分别达到全广西水平的 51.77%、75.83% 和 66.32%。漓江在鱼类种数从原来占广西淡水鱼类的 40.69% 大幅减少到仅占广西淡水鱼类的 22.76% 的情况下,漓江鱼类多样性指数还是处于较高的水平,鱼类属的多样性水平还是相当高。

与广西其他江河相比,漓江鱼类的多样性指数处于较高水平。广西的漓江和黔江是 2 条记录鱼类较多的河流。黔江共记录鱼类 11 目 24 科 80 属 103 种,单种属 62 个,2 种属 15 个,3 种属 1 个,4 种属 2 个。其中,共有 19 个单科单属单种或单科单属种。相对广西其他江河,黔江鱼类多样性已处于较高水平。按 $D_{G\text{-}F}$ 指数计算,黔江鱼类科的多样性指数 D_F 为 7.504,属的多样性 D_G 指数为 4.293,多样性指数 $D_{G\text{-}F}$ 为 0.428。比较发现:①1974-1976 年,漓江与黔江鱼类的科、属、种数大概相当，漓江鱼类的多样性指数高于黔江；②1980-1982 年，漓江鱼类比黔江总属数少 17.5%、总种数少 13.6%，漓江鱼类的科多样性 F 指数、属多样性 G 指数分别为黔江的 98.4%、95.2%，多样性 $D_{G\text{-}F}$ 指数尚高于黔江，表明漓江鱼类的生物多样性仍处于较高水平；③2006-2008 年，漓江鱼类在科、属、种数分别比黔江少 29.17%、35%、35.92%的情况下，鱼类的多样性指数 0.443 仍然高于黔江的 0.428，这也说明漓江是鱼类多样性水平较高的地区[25]。

2011 年李高岩等对漓江光倒刺鲃金线鲃国家级水产种质资源保护区进行调查研究，发现保护区范围内鱼类的科多样性指数 D_F 为 10.029，属多样性指数 D_G 为 4.054，$G\text{-}F$ 指数 $D_{G\text{-}F}$ 为 0.596。与历史上 3 次较大规模的水生生物自然资源调查相比，他们的调查 D_F 和 $D_{G\text{-}F}$ 都最高[13]。

2012 年朱瑜等在灵川、桂林、大圩、草坪、阳朔、平乐设采样点，并结合市场调查分析漓江鱼类多样性，发现漓江鱼类的科多样性指数 D_F 为 9.574，属多样性指数 D_G 为 4.297，$G\text{-}F$ 指数 $D_{G\text{-}F}$ 为 0.551。D_G 最高，表明 2012 年记录的鱼类单种属最多[26]。

2.4 鱼类"三场"研究

鱼类繁殖是维持鱼类种群和物种延续最关键的生活史阶段，而鱼类早期资源调查是以鱼类早期生活史阶段为对象进行的资源量调查研究工作，是进行鱼类生态学和渔业生物学研究的一个重要手段，不仅可以推算繁殖群体的数量，预测鱼类种群数量变动规律，还可以获取大量的基础性资料，还可为如何开展生态调度和减缓水利水电工程对鱼类资源的影响以及鱼类资源的开发利用和保护提供科学依据[27,28]。鱼类产卵场、索饵场和越冬场（简称"三场"）为鱼类生活、繁殖的重要场所。

漓江河床地质结构是中盆系以后的碳酸盐建造，河道以沙卵石为多，两岸峰林发育，石壁陡峭，河况十分复杂，在船民中流传的"三潭、五峡、十淀、三十六基、七十二角、三百六十条半滩"因近 20 年来的河道疏浚已变化很大。但漓江优越的生态环境，确是由形态各异的急流险滩小生境构成，是漓江鱼类生殖、索饵、越冬、洄游的必经之路和良好的栖息地，也造就了大小不等的产卵场地。

2007 年周解和雷建军历时半年，经沿江测量踏勘，访问了数十名专业渔民，对漓江从桂林市木龙渡下行至阳朔县 84km 河段主要的鱼类产卵场进行系统的调查。经勘查，漓江桂林以下河段，自桂林市到阳朔段，共有比较典型的礁石、卵石滩 50 个[29]，按顺序排列如下：虞山桥-新码头、半边街、木龙渡、净瓶山、油麻滩、柘木、龙门村、鲤鱼虾公滩、横山滩、横山滩Ⅱ、上下狗肉滩、大宝滩、小宝滩、棺材滩、三滩、黄牛甲、社公滩、斗米滩、站滩、冠岩滩、冠岩滩下-新娘滩、鸳鸯滩、闹滩、双全-锣鼓滩、锣鼓滩下、下鲤鱼滩、上浪石滩、下浪石滩、鸡笼听滩、大爽滩、小爽滩、九马画山滩、冷水滩、黄步滩头、猪皮滩、乞儿滩、兴坪滩、两颈滩、螺丝滩、元宝塘滩头、沙弯滩、同滩、苞米滩、牛尿塘滩、天鹅吊颈滩、青草基滩、老寨滩、鱼梁滩、龙头山和阳朔滩。

　　周解等根据 2006 年 3-12 月 5 次对漓江进行实地考察认证，并结合对当地渔民的访问了解，漓江自桂林至阳朔河段共有半边街、净瓶山、油麻滩、鲤鱼虾公滩、狗肉滩、黄牛甲、斗米滩、鸳鸯滩、锣鼓滩、螺丝滩等 11 处较大规模的鱼类产卵场，以及冠岩潭-浪洲潭大型鱼类越冬场。漓江主要鱼类产卵场详细位置示意图见图 2.2。

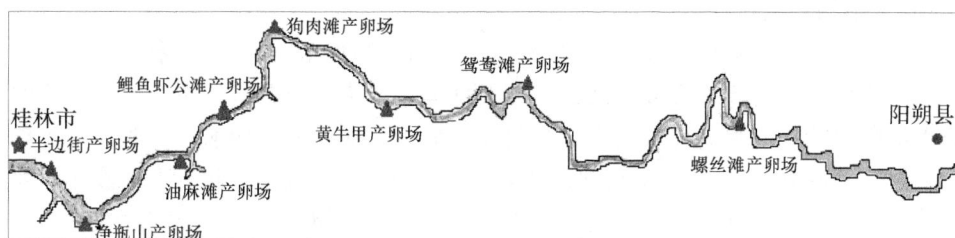

图 2.2　漓江鱼类产卵场位置示意图（改自文献[29]）

Figure 2.2　Location of fish spawning ground in the Lijiang River

　　（1）半边街鱼类产卵场（25°16′45.9″N，110°17′48.4″E）：位于伏波山旁，至解放桥上游河段，长约 1.5km，该河段河面开阔，水草丰富，河床落差 1m 左右，枯水期水深仅 1.2m，因此水浅流急，是综合性的产卵场，许多鱼都喜在此产卵，漓江常见的青鱼、草鱼、鲤、鲮鱼、大眼华鳊、鲴类、倒刺鲃、光倒刺鲃、白甲鱼、光唇鱼的都在这里产卵。

　　（2）净瓶山鱼类产卵场（25°16′39.7″N，110°18′10.0″E）：由净瓶山下行 1km 开始，至净瓶山大桥附近河段，长度约为 2km。该段上游净瓶山下为一深潭，水深可达 10 余米，水流平缓，交配前的亲鱼可在此养精蓄锐待产；往下游为两条河叉交汇处，两股不同水流带来丰富饵料，且水面宽阔，水深在 0.8-1.2m，水流平缓，除鲤、鲫等经济类外，还有大眼华鳊、黄颡鱼等小型无鳞、产黏性卵的鱼类在此产卵，适逢繁殖季节，可见到鱼卵一团团附着在水草卵石上，犹如水中盛开的花朵，煞是好看。

　　（3）油麻滩鱼类产卵场（25°12′51.3″N，110°20′33.5″E）：由桂海铁路桥下至良丰河口河段，总长约 4km。这个产卵场跨度大，水域所经地形复杂，河床以卵石底为主，河右岸为大片沙洲，左岸暗礁怪石遍布，分层突兀，鳞次栉比，地况复杂，深浅不一，最深可达 5m，最浅仅为 0.8-1.5m，洪水季节，弯曲下泻的江水冲击礁石，形成多样、不同层面向上翻滚的泡旋水，此起彼伏，这正是产漂流性卵鱼类繁殖时期卵子受精发育所需的水文条件。因此鳊鱼和银飘鱼集中在这里繁殖。

（4）鲤鱼虾公滩鱼类产卵场（25°11′27.2″N，110°22′32.4″E）：位于龙门村下游，长约为 3km，该滩面积大，长年裸露，沙洲上植被丰茂，长满各种旱草、小树，郁郁葱葱，只有在洪水期才被淹没，加上水浅流缓，原生态环境极佳，是各种小型鱼类如鳘、南方白甲鱼、鮈、桂林似鮈的产卵场。

（5）狗肉滩鱼类产卵场（25°10′35.6″N，110°24′19.5″E）：始于毛洲岛岛头，一直延伸到下游的朝天河口，河水被毛洲岛一分为二，左右各自成形，河滩总长达到 4km，河岸以岩石为主，经水流长期冲刷，形成规则不一的峰丛及岩洞。河水深浅不一，最深处可达 10m 多，位于朝天河口段，是一些大型经济鱼类青鱼、鳡、鲤、鲫、斑鳠、大眼红鲌等的产卵场，渔人黄师傅曾在此捕过重达 70 余斤①鳡，30-40 斤重的青鱼和草鱼。

（6）黄牛甲鱼类产卵场（25°06′18.9″N，110°25′06.8″E）：由晒禾坪开始至上明村河段结束，总长约 2km，河床以卵石底为主，夹杂有各种形态的礁石，河面被大块礁石分隔，形成许多叉道，水流经过后有大面积的泡旋水；河面开阔，丰水期可达 300-400m，而枯水期河面却只有 20-30m 的宽度，因此有大片裸露的卵石滩，长满各种旱草，为丰水期产卵鱼类提供大量食物。这是一个综合性的产卵场，条件优越，因此在此产卵的鱼类很多，据当地老渔民介绍，漓江上的各种鱼类都有在此产卵的，每年七八月，涨大水的时候，可以看到成熟的鱼儿在此追逐交配；20 世纪 80 年代曾在此捕获一尾重达 20kg 的花鳗鲡。黄牛甲滩下沉香潭水深 20 余米，这里斑鳠最多，是这种鱼的主要产卵场。

（7）社公滩鱼类产卵场（25°05′40.2″N，110°25′40.3″E）：始于上明村，于明村潭结束，河流长约 1.2km，却有将近 1m 的落差，因此水流湍急；而明村潭潭深6-7m，水面宽度 100m，下层水流平缓，该河段是一个典型的上窄下宽、上急下缓的河况，满足鱼类交配产卵的水文条件，是一个自然条件优越的产卵场。

（8）斗米滩鱼类产卵场（25°04′56.6″N，110°25′39.3″E）：位于明村潭与望夫石之间，长约 600m，由斗米洲将河面一分为二而形成，河床心卵石为主，河水浅，枯水期仅为 0.4-0.6m，丰水期为 1.5-2m，河况简单，是一些小型鱼类如纹唇鱼、鮈类、虾虎鱼、鳑鲏类的产卵场所。

（9）冠岩潭-浪洲潭鱼类越冬、产卵场由冠岩洞口（25°03′07.8″N，110°27′07.6″E）开始，至浪洲潭结束（25°02′21.0″N，110°26′39.7″E）：长 3.5-4km，是一个典型的两头深，水流平缓，中间浅，水流急的河况，是漓江目前发现条件最优越、保存最好的一个越冬场。冠岩潭长约 800m，河面宽 100 多米，右岸是一片长满水草的平坦沙滩，左岸则紧贴陡峭的山崖，河况复杂，暗流丰富，有地下河出口，怪石嶙峋，突矶峰丛。据广西壮族自治区水产研究所科考队的实地测量，

---

① 1 斤=500g

最深处达 27m，平均深度在 20m 左右，一年四季都有渔民在此处下网捕鱼，各种鱼类都有捕获，是鱼类集中的地方。浪洲潭与冠岩潭相隔约 2km，是这个大型越冬产卵场的另一端，最深处为 24m，平均深度在 10 余米，两岸皆为岩石结构，正处在河流的一个拐角处，水流平缓，潭深水静，与冠岩潭一起构成了漓江最大的鱼类越冬产卵场，有人曾在此捕获 1 尾 49kg 重的鳡鱼、22.5kg 重的鲤、3kg 重的鳜。20 世纪 80 年代冬天，渔民黄富中在此一网就捕获各种鱼类 150kg。

（10）鸳鸯滩鱼类产卵场（25°02′0.0″N，110°27′17.9″E）：位于桃源村附近，长度约 400m，河面宽 80m，河床以卵石底为主，水草较少，水深平均在 1.5m，最深处有 4-5m，落差大，水流急。据当地老渔民回忆，此处原是漓江上的一个传统的鱼类产卵场，是鳜鱼主要的产卵场，其他如光倒刺鲃、赤眼鳟、鲮也在这里产卵繁殖，但是现在由于人为电、毒、炸等酷渔滥捕的破坏，该滩已经再也捕不到这些鱼了。

（11）双全-锣鼓滩鱼类产卵场：由双全-锣鼓滩（25°00′35.8″N，110°27′22.0″E）、锣鼓滩下（25°00′29.8″N，110°27′21.7″E）两部分组成，前一部分从双全村渡口至月光岛尾结束，全长 400m 左右，此处河面狭窄，仅为 25m，丰水期为 50m 左右，水深在 2-3m，上半段河况简单，以卵石底为主，从锣鼓滩头开始出现大块的明礁于河中央，形成一个河叉，当地人称为锣鼓传，此处落差大，水流湍急，以前曾在此建有水轮泵，用于灌溉。后一部分则为锣鼓滩下约 1km 的河段，该处右侧是沙洲，左侧是陡峭石壁，雨季山洪瀑布直泻而下，有 50-60m 高，是各种急流型鱼类的产卵场，如赤眼鳟、倒刺鲃、光倒刺鲃、南方白甲鱼等。

（12）螺丝滩鱼类产卵场（24°55′04.8″N，110°31′01.6″E）：由兴坪渔业队码头开始，至螺丝山下结束，因此得名螺丝滩。该滩长约 2km，河面宽度 50-60m，落差 1m，水流较急；上游以卵石沙滩为主，下游则以岩石暗礁为主，水流由上急转而下，在岩石暗礁之间形成大面积的泡旋水，是各种产黏性卵鱼类赤眼鳟、倒刺鲃、光倒刺鲃、南方白甲鱼、鲤、鲫的理想繁殖场所。

漓江鱼类产卵场的自然条件优越，有以下共同特点：①水域生态环境多样，水质理化因子优良，水文条件十分优越；②急滩之下有深潭，具良好的待产鱼类栖息环境；③险滩之下有宽缓的水域或支流小河汊和溪流坑沟，饵料资源十分丰富；④岩基、沙基在洪水漫滩时淹没，平水期、枯水期时消落干枯显露，滩面既长水草也长旱草，丰富的维管束植物既是草食性鱼类的饵料，也是产黏性卵鱼类重要的黏附基质；⑤丰水期、枯水期水位变化大，涨水时河水能在 12h 内上涨 1-3m。河面宽阔，水流一边水急、一边水缓，能形成面积较大的泡旋水，但无大的旋涡；产卵场向阳，光照充足，水质清澈，水草生长茂盛。

然而，尽管漓江有很优越的水质和水文自然条件，各产卵场基本保存完好，功能齐全，但由于漓江鱼类自然资源已极度枯竭，鱼类产卵场几乎都处于闲置无用状态，繁殖季节已形不成产卵渔汛，渔获物中能重复产卵的鱼类群体所剩无几，第 1 次产卵的鱼类补充群体亦越来越小[30]。

2.5　鱼类生物完整性研究

20 世纪 80 年代以来，人们对河流健康的概念有了新的理解，逐渐把生态健康的理念加入河流评价的指标之中，不仅是生物之间的机构和功能得到完整保护，又能使河流为人类持续服务[31]。河流健康反映了人们对河流环境的期望，或者增强了河流服务功能的发挥[32]。河流健康所涉及的群落结构、物种多样性以及生物个体健康状况等反映了生态系统完整性的要求。河流健康评价先由欧美等发达国家提出，随后以生物完整性指数（index of biological integrity，IBI）评价河流健康的方法逐渐完善，并在各国逐渐发展。目前，河流健康管理得到广泛应用，从简单的理化因子到生物生态因子，从单纯的污水治理向多单元生态系统完整性发展。根据我国和谐发展观的要求，未来河流健康评价可能慢慢主导河流管理的主要方向，最终达到人与环境的和谐相处。

生物完整性最早提出时是以鱼类为指示生物[33]，随后用于评价渠道硬质化、农业污染、城镇化建设等人类活动对水生生态系统的干扰[34]。最初，IBI 评价指标从鱼类种类组成和丰度、营养结构和健康状况等方面筛选 12 个指标，进行赋值后得出河流健康等级，一般分为"健康"、"一般"、"较差"、"极差"和"无鱼"5个等级[35-37]。利用鱼类生物完整性指数进行评价的优点有：①鱼类鉴定相对简单，专业人员在野外能现场鉴定，之后可以将鱼类放回水体，避免对鱼类造成损害；②大多数鱼类生活史较长，能够反映长期的水质变动等对水生生态系统的影响；③由于鱼类在水体中分布较广，对鱼类聚群的分析可以综合反映流域的生境变动及其趋势；④鱼类聚群中包含各种食性（杂食性、草食性、昆虫食性、浮游生物食性及鱼食性）的鱼类，因此能够反映食物网中不同营养级别消费者的状况；⑤鱼类对其所受各方面的压力会在形态、生理或行为上有所反映，并且鱼类具有较强的活动能力，受到不利影响时会表现出一定的规避行为，因此可以较为准确地推测影响因子在研究区域内产生的影响程度。此外，生物完整性指数评价相比化学评价标准或其他普通城市河流评价方法具有更广阔的前景，因为它能让人们了解河流生物完整性的重要性，并且可以为河流健康诊断、最小化地防止河流退化提供最有效的工具[38]。

2012 年周解等[39]和朱瑜等[40]以历史数据为参照点，根据国内外 IBI 研究的经验，拟定了 3 个指标筛选标准：①种类指标，若采样值和对比值小于 5，应取消；百分比指标，若采样值与对比值差距小于 5，应取消。②取消因研究水平不足和资料收集不全，没有得出调查结果的指标。③对高度相关的指标，只保留信息包含量最大的一个指标。

指标赋值参照 Karr 的方法[35]，将各指标分为 1 分、3 分、5 分 3 个层次，5 分表示采样点所得数据与期望值十分接近，3 分属于中等，1 分表示与期望值相差大。依据鱼类完整性划分的 6 个等级对河流进行评价（表 2.2），具体为没有鱼（0），极差（12-22），差（28-34），一般（40-44），好（48-52），极好（58-60）。若河流的 IBI 总分介于两个评价等级的分值之间，则该河流的鱼类完整性评价为处于两个评价等级之间的水平。为消除指标数量造成的 IBI 总分差异，采用 Moyle 和 Randall[41]的 IBI 总分计算方法，即 IBI 总分=各指标总分/指标个数×12。

表 2.2　生物完整性等级划分及特征

Table 2.2　The integrity classes and attributes of index of biological integrity（IBI）

IBI 值	特征	等级
58-60	相对而言没有人类干扰，依地理区系、河流大小和生境特点，所有期望出现的种类，包括耐受性极差的种类都存在，并具有完整的年龄级；平衡的营养结构，极少有天然杂交和感染疾病的个体；极少或没有引进种	极好
48-52	由于耐受性极差的种类消失，种类丰度略低于期望值；某些种类的数量、年龄结构和大小分布低于期望值；营养结构显示出某种压力讯号，但仍极少有天然杂交和感染疾病的个体；引进种个体数量比例通常很低	好
40-44	环境恶化的讯号增加，表现在耐受性差的种类丧失；杂食性和耐受性强的种类频度增加使营养结构高于一般水平；引进种个体数量比例上升	一般
28-34	少数种类，主要是杂食性种类占据优势；极少顶级肉食者；年龄级缺失，数量、生长和体质等指标下降；天然杂交和感染疾病个体出现较多	差
12-22	除引进种和耐受性极强的杂食性外，鱼类较少；天然杂交个体很普遍，感染疾病和寄生虫，鳍损坏和其他外形异常的个体的比例很高	极差
0	重复采样，没有发现鱼	没有鱼

周解等[39]根据指标筛选结果，确定了 12 个 IBI 评价指标，以历史记录为期望值，划分赋分标准。并根据指标的调查结果和评分标准，通过计算，得出了评价漓江的鱼类完整性分值，按评价等级和评价内容，漓江鱼类完整性为一般与好之间，与历史相比下降了近 2 个层次，反映漓江耐受性差的种类丧失，较少的种类和数量下降，杂食性和耐受性强的种类的频度增加，使营养结构高于一般水平，引进种个体数量比例极低，有一定环境压力。

2.6　渔业资源研究概况

2.6.1　不同水体渔业资源概况

1. 漓江干流

漓江历史渔获物：资料记载 2006 年漓江沿岸有渔村（渔业队）16 个，有无田无地的专业渔民 608 户 2288 人；在漓江捕鱼的农民、居民、运输旅游船员总数达万人以上。2010 年桂林市有专业渔船 823 艘（其中漓江作业渔船 566 艘）。渔具主要有单层刺网、双层刺网、底拖网、罩网、撒网、虾笼、地笼等各型渔具。一般专业渔民的网具在 10 张左右，但许多群众、船运、旅游每条船的船员也置办了不少网具，少的 10-20 张，多的 46 张，一般每张网长度 30-60m。

漓江有用竹排鸬鹚灯光捕鱼的传统。因鸬鹚捕鱼属有害渔法，为《中华人民共和国渔业法》所禁止。漓江因旅游需要从 1998 年开始限养鸬鹚，每艘船可养鸬鹚不能超过 10 只，并需办理专项捕捞许可证，目前漓江夜游船只养殖的鸬鹚有 200 只左右。

2005-2006 年是历史上捕获量最低的年份，每天最多一条船（排）能捕获 1.0-3.0kg 鱼，少的一天就是 0.5kg 左右，还有"空网"的时候。数十年来，漓江大型经济鱼类种类数及产量均呈现明显减少趋势，小型鱼类由于适应性及生活能力较强、繁殖快，逐渐成为漓江的优势鱼类，常占渔获物的 30%以上。

漓江现有常见渔获品种：大眼华鳊、鳘、鳅科鱼类、中华沙塘鳢、虾虎鱼、小鳔鮈等小型鱼类，以及光倒刺鲃等经济鱼类的小型个体。而以前常见的经济鱼类如鳊鱼、鲌鱼、白甲鱼、桂华鲮、鳡鱼、鳤鱼、唇鲮、西江鲇、鳜鱼、倒刺鲃等都日益鲜见，或已多年不见踪迹。像乌原鲤、桂华鲮、鳤鱼等已 20 多年不见踪影，可能已经在漓江绝迹。漓江经济鱼类唯光倒刺鲃仅存。另据渔民反映，漓江过去盛产水鱼（中华鳖）和水龟（黄喉水龟），现在还能有时捕获一些，但数量已非常稀少。漓江河里现有较多虾、蟹、螺，大型鱼类对它们的捕食量下降是主要原因之一。

根据沿河的大圩、草坪、杨堤、兴坪、阳朔、福利 6 个江段采样点的渔访和鱼类出现的频率，对专业渔民、收鱼老板的访问，以及了解到的当地近期捕获鱼类的品种、数量和收购价格进行综合分析，黄颡鱼、大眼华鳊、中华沙塘鳢、大鳍鱊已成为漓江中下游目前种群数量最多、渔产量最大的鱼类种群。

漓江增殖放流：桂林市 1998 年开始开展人工增殖放流，放流有渔业主管部门组织和民间自行组织两种方式，每年在漓江投放各类鱼苗大约 100 万尾，投放品种有：草鱼、鲤、黄颡鱼、光倒刺鲃、鳜鱼、斑鱊等。

水产种质资源保护区渔获量：漓江光倒刺鲃金线鲃国家级水产种质资源保护区总面积 2.555km², 其中核心区面积 0.5km², 特别保护期为全年，实验区面积为 2.055km²。保护区位于广西壮族自治区桂林市的漓江，由漓江干流冠岩河段及支流桃花江河段两部分组成。该保护区的主要保护对象为光倒刺鲃、金线鲃以及冠岩潭、浪洲潭 2 个鱼类越冬场，黄牛甲、社公滩、斗米滩、鸳鸯滩 4 个鱼类产卵场，其他保护物种包括漓江鳜、黄喉拟水龟、花鳗鲡、多瘤丽蚌、大鲵、长麦穗鱼等。

根据 2010 年报道的水产种质资源保护区渔获量调查结果，结合对 10 位渔民的渔获物和农贸市场上所售野生鱼类的调查分析，共发现野生鱼类 74 种，分别隶属 6 目 17 科 62 属。其中，鲤形目种类最多，共 48 种，占全部种类的 64.86%；鲈形目 14 种，占 18.92%；鲇形目 9 种，占 12.16%；鳗鲡目、鳉形目、合鳃鱼目各 1 种，各占 1.35%。从科级水平看，鲤科种类最多，共 33 种，占全部种类的 44.59%；平鳍鳅科共 8 种，10.81%；鳅科 7 种，占 9.46%；鲿科、鮨科各 5 种，各占 6.76%，其余各科种类均较少。

2009 年 9 月-2010 年 9 月，从 10 位渔民处共收集了一个年周期的渔获物数据。共收集渔获物数据 830 份，包含了 299 天的捕捞记录，渔获物总质量为 1373.5kg，共有 64 种鱼类。据了解，目前调查范围内的专业渔民总数 300 多人，如果按照每年有 300 天适于捕捞来计算，则每年的渔获量可以达到 41 205kg。从渔民们每月的渔获量来看，在 7 月之前，每月的渔获量逐步升高，8 月、9 月略有下降，在 10 月、11 月渔获量达到最高峰，12 月的渔获量最少。2010 年 5-9 月，对桂林市 3 个大型农贸市场所售的野生鱼类进行 16 次抽样调查，共发现野生鱼类 68 种，多于渔民们渔获的 64 种，其中有 10 种鱼类在渔民渔获物中没有出现，平均每个市场每天出售的野生鱼类总质量约为 18kg。桂林市一共有 8 个较大型的农贸市场均有野生鱼类出售，如果按照每年有 300 天适于捕捞来计算，则每年桂林市（市区）所售的野生鱼类总质量可以达到 43 200kg。

2. 青狮潭水库

20 世纪 70 年代，青狮潭水库每年放养 300 万尾鱼种，随着养殖技术的提高和捕捞队伍的健全（鱼种场 22 人，捕捞队 27 人）产量也逐年提高，1975 年捕获 18 万多斤；1976 年增到 26 万斤；1977 年第三季度已达 29 万斤（12 月 18 日止达 38.8 万斤）。1974 年又附建了鱼种场，面积 45 亩，设有产卵池、孵化池，排灌方便。1977 年还培育了鱼苗 340 万尾，入库 100 万尾，并开展了库义和网箱养鱼。库义 300 亩左右，网箱养鱼两个，共培育了 20 余万大规格鱼种，为满足水库放养量奠定了有利的基础[42]。曾经创下单网次捕捞 8.5 万 kg 的最高记录，水库渔业得到空前的发展。1983 年以后由于渔政管理困难，成立了由灌区、灵川县水库移民搬迁办公室及公平乡、青狮潭乡和兰田乡政府组成的联合养鱼管理委员会，后因多种原因经营难以为继，渔业生产处于半荒状态。1994-1996 年，桂林水利局、灵川县水库移民搬迁办公室为充分利用水库资源，促进水利管理单位综合经营业发展，解决库区移民生活出路，增加库区移民经济收入，连续 3 年共同引进、移植、投放太湖新银鱼受精卵，1997 年试捕 30t，1998-2000 年连续 3 年丰产，共捕捞银鱼 264t，创产值 400 万元，仅此项为库区移民每年增加人均收入 490 元，成为当时广西银鱼移植取得社会效益最好的水库之一。2001 年银鱼产量骤减为 3t，冬季继续补放银鱼受精卵 1160 万粒，2002-2003 年产量分别恢复到 30t 左右，2004 年产量又骤减至 7t。银鱼资源继续出现空前的衰退[43-45]。

对近几年该库水文及银鱼产量的变化比较（表 2.3）发现，该库近几年降水量出现大幅变化，在灌溉放水、漓江补水既定用量以及既定捕捞强度下，该库水位大起大落的年份，库容随之涨落，银鱼产量也呈现相应涨落的趋势。另据有关研究，随着库容的减少，放水量加剧，银鱼顺水外逃流失严重，因而进一步加剧银鱼资源的衰退[43]。

表 2.3   1997-2005 年青狮潭水库 10 月水文及银鱼捕捞量统计情况
Table 2.3   Hydrology and whitebait catch in October in the Qingshitan
Reservoir from 1997 to 2005

年份	年降水量（mm）	水位（m）	库容（万 m³）	银鱼捕捞量（t）
1997	1 865.4	219.46	27 460	30
1998	2 868.1	218.25	24 845	114
1999	2 533.8	221.36	31 900	80
2000	2 145.5	213.95	16 630	70
2001	1 769.0	208.49	9 239	3
2002	2 584.8	217.32	22 953	20
2003	1 844.4	209.40	10 280	35
2004	1 836.0	215.70	19 795	7
2005	1 936.0	212.77	14 775	12

3. 会仙湿地

会仙湿地的渔业养殖始于 20 世纪 70 年代，会仙喀斯特湿地九头山附近所在的临桂区水利局督龙塘水管所就已开挖 900 亩池塘。2000 年以后，督龙塘周围陆续开发了 400 亩左右的连片池塘。2006 年，九头山附近也陆续开发了 400 亩左右的连片池塘。至 2009 年，睦洞湖周边的群众自有池塘有 600 多亩。这些池塘主要养殖鲢、鳙、草鱼、青鱼、鲤、罗非鱼及斑点叉尾鮰。根据《中华人民共和国渔业法》和《中国水生生物资源养护行动纲要》有关规定和要求，农业部渔业局 2008 年 4 月制定了《国家重点保护经济水生动植物资源名录（第一批）》，会仙喀斯特有国家重点保护经济鱼类 11 种：鳗鲡、"四大家鱼"、鲫、鲤、赤眼鳟、黄颡鱼、黄鳝和斑鳢[14]。

目前会仙喀斯特湿地所在的池塘养殖方式主要有 3 种，一种是群众自有池塘采用粗养的方式，主要投放草鱼，投喂水草，套养鲢、鳙，养殖密度低，粗放管理，年平均产量约 200kg/亩；第二种是鱼鸭混养，九头山附近、督龙塘周围的池塘主要采用这种养殖方式，养殖鱼类的品种除鲢、鳙和草鱼外，还套养部分罗非鱼，放养密度较粗放养殖的大，平均每年 400kg/亩左右；第三种是采用投饵精养的方式，采用这一养殖方式的是临桂区水利局督龙塘水管所九头山养殖场，养殖池塘共 900 亩，除养殖常规鱼类鲢、鳙和草鱼外，还精养罗非鱼和斑点叉尾鮰，

2008 年共生产常规鱼 60 万斤,罗非鱼 13 万斤,斑点叉尾鮰12.3 万斤,合计 85.3 万斤,平均亩产 948 斤,全年水产品收入 388.5 万元[14]。

2.6.2 渔业网箱养殖情况

青狮潭库区从 1997 年开始出现少量网箱养殖户,近几年发展快速,在整个库区已呈星火燎原之势。桂林水利局、灌区、电厂、公平乡、青狮潭乡和兰田乡政府组成的联合养鱼管理委员会等单位联合对青狮潭水库网箱养鱼情况的调查表明,截至 2004 年 10 月库区共有网箱养殖户 112 户,网箱 1145 只,网箱养鱼面积 18 320m²,初步评估年总产成鱼 1592t,年投喂饲料 3184t。网箱分布于库区东西两湖及坝首水域,绝大部分靠单纯投喂颗粒饲料。到 2005 年 11 月再次调查,整个库区共有网箱养殖户 169 户,网箱 1593 箱,面积 31 616m²[43]。漓江养殖网箱约 200 箱,主要分布在阳朔(县城)至平乐江段,其中以阳朔至福利河段分布较集中,按每箱产鱼量 1000kg 计,年产量约 20 万 kg,养殖品种主要为草鱼、黄颡鱼、光倒刺鲃、倒刺鲃等。

2.6.3 渔业发展现状及趋势

2014 年,桂林市水产养殖面积 1.46 万 hm²,占总水面面积的 20.28%,占可养水域面积的 67.6%;水产品产量 11.39 万 t,其中捕捞产量 1.24 万 t;养殖产量 10.15 万 t,平均单产 6953kg/hm²。全市现有池塘面积 0.67 万 hm²,2014 年产量 5.59 万 t,平均单产 8290kg/hm²;水库面积 0.75 万 hm²,产量 3.05 万 t,平均单产 4054kg/hm²;河沟面积 180hm²,产量 3865t,平均单产 21 472kg/hm²;其他养殖面积 136hm²,产量 1780t,平均单产 13 088kg/hm²。稻田养鱼面积 3.01 万 hm²,产量 9367t,平均单产 313kg/hm²。渔业产值 12.11 亿元,占农业总产值的 2.37%。在养殖品种上,草鱼、鲤、鲢、鳙是桂林的传统养殖品种,其产量可占养殖产量的 82.79%,2014 年产量分别为 3.13 万 t、2.8 万 t、1.58 万 t 和 0.89 万 t,其他品种主要有斑点叉尾鮰 3097t,鲫鱼 2690t,青鱼 2743t,黄颡鱼 1172t,罗非鱼 1059t,鲇 551t,鲟鱼 473t,虹鳟 219t,银鱼 102t,鳖 891t。

全市现有水产苗种繁殖场 34 个,其中,市级 3 个,县级 31 个,拥有池塘水面 345hm²,主要繁殖草鱼、鲤(含建鲤、禾花鲤)、鲢、鳙等,2014 年鱼苗产量为 10.19 亿尾,鱼种产量 1.13 万 t。除上述常规品种外,漓江有天然的光倒刺鲃、倒刺鲃、斑鳠等经济鱼类苗种,可以用于养殖生产。虹鳟鱼等冷水性鱼类于 2000 年引入桂林、2003 年成功实施人工繁殖,目前已经在资源县建立了稳定的冷水鱼苗种繁育基地,年繁殖能力超过 500 万尾,可基本满足桂林本地养殖需要。

2014 年，桂林市养殖水域面积超过 666.67hm^2 的县（区）依次为临桂（2458hm^2）、灵川（2262hm^2）、全州（1812hm^2）、兴安（1328hm^2）、永福（1137hm^2）、荔浦（1036hm^2）、平乐（1033hm^2）、阳朔（951hm^2）、恭城（910hm^2）。养殖产量超过 3000t 的县（区）依次为全州（20 009t）、临桂（13 764t）、兴安（10 328t）、平乐（9345t）、灵川（8540t）、阳朔（8247t）、荔浦（6564t）、恭城（6318t）、永福（5610t）、灌阳（4540t）。

2.6.4 渔业发展规划

在传统养殖基础上，按照水产养殖业的发展趋势，进行区域布局规划，桂林市将全市水域划分成 7 类养殖区：池塘养殖区、水库养殖区、河沟养殖区、稻田养殖区、山区流水养殖及冷水性鱼类开发养殖区、临时养殖区和禁养区，桂林市"十三五"水产养殖水域规划见表 2.4-表 2.9[46]。

表 2.4 池塘养殖功能区规划表 （单位：hm^2）

Table 2.4 Function area planning in the pond culture

单位	养殖面积			主要品种及养殖模式
	2014 年	2020 年	2025 年	
阳朔	465	480	500	草鱼、鲢、鳙、鲤、光倒刺鲃、黄颡鱼，单养、混养
临桂	1904	1920	1960	"四大家鱼"、叉尾鮰、禾花鲤、中华鳖，传统养殖、高密度养殖、鱼鸭混养
灵川	616	630	650	草鱼、鲤、鲢、鳙、叉尾鮰、黄颡鱼，套养、单养
全州	731	760	800	禾花鲤、青、草、鲢、鳙、叉尾鮰，精养
兴安	301	310	330	草鱼、鳙、鲢、鲤、鲫，单养、混养
永福	289	320	340	草鱼、鲤、鲢、鳙、叉尾鮰、黄颡鱼、鳖，生态养殖
灌阳	251	300	300	"四大家鱼"、叉尾鮰、鲤，精养
龙胜	48	55	65	鲟鱼、光倒刺鲃等，混养、高密度流水养殖等
资源	171	180	195	草鱼、鲤、冷水性鱼类，粗放型养殖、流水养殖
平乐	416	440	440	草鱼、鲤等，混养
荔浦	336	350	350	草鱼、鲤、鲢、鳙，混养
恭城	413	435	450	"四大家鱼"，传统养殖
秀峰	90	90	90	鲤、青鱼、草鱼、鲢、鳙、鲫、叉尾鮰等，精养、混养
叠彩	36	40	40	鲤、青鱼、草鱼、鲢、鳙、鲫、叉尾鮰等，精养、混养
象山	155	160	160	鲤、青鱼、草鱼、鲢、鳙、鲫、叉尾鮰、鳖等，精养、混养
七星	144	150	150	鲤、青鱼、草鱼、鲢、鳙、鲫、叉尾鮰等，精养、混养
雁山	375	380	380	鲤、青鱼、草鱼、鲢、鳙、鲫、叉尾鮰等，精养、混养
合计	6741	7000	7200	

表 2.5　桂林市水产苗种生产功能区规划表　　（单位：hm²）

Table 2.5　Production function area planning for aquatic fingerlings in Guilin

单位	名称	水域面积			主要品种
		2014 年	2020 年	2025 年	
临桂	临桂鱼种场等 12 个苗种繁育场	136	140	150	草鱼、鲢、鳙、鲤、斑点叉尾鮰
灵川	灵川鱼种场等 4 个	65.3	68	75	草鱼、鲢、鳙、鲤、斑点叉尾鮰
全州	全州鱼种场等 4 个	25.6	28	36	草鱼、鲢、鳙、禾花鲤、斑点叉尾鮰
兴安	兴安镇八仙坪水产养殖场等 4 个	12	15	23	草鱼、鲢、鳙、禾花鲤、斑点叉尾鮰
永福	永福县鱼种场（含罗锦分场）、桂龙养殖场	10	12	15	草鱼、鲤、鲢、鳙、鲟鱼
灌阳	灌阳县鱼种场	1.9	2	5	草鱼、鲢、鳙、禾花鲤
资源	资源县鱼种场、桂林市冷水鱼良种繁育中心	3.4	5	10	草鱼、鲤、虹鳟等冷水鱼
荔浦	许广明鱼苗孵化场	1.8	2	3	草鱼、鲢、鳙、鲤
秀峰	桂林市水产养殖场	28	28	28	草鱼、鲢、鳙、鲤、斑点叉尾鮰
象山	桂林市第二水产养殖场、桂林市水产研究所	55	55	55	草鱼、鲢、鳙、鲤、斑点叉尾鮰
合计	34 个	339	355	400	

表 2.6　水库养殖功能区规划表　　（单位：hm²）

Table 2.6　Function area planning for reservoir culture

单位	养殖面积			主要品种及养殖模式
	2014 年	2020 年	2025 年	
阳朔	466	466	466	草鱼、鲢、鳙、鲤、鲫，混养、网箱养殖
临桂	529	529	529	鲢、鳙、鲤，传统养殖、混养
灵川	1571	1945	1945	草鱼、鲢、鳙、鲤、鲫，混养、网箱养殖
全州	1001	1001	1001	草鱼、鲢、鳙、鲤、鲫，混养、网箱养殖
兴安	1012	2507	2507	草鱼、鲢、鳙、鲤、鲫，混养、网箱养殖
永福	836	836	836	草鱼、鲤、鲢、鳙、叉尾鮰、黄颡鱼等，生态养殖、网箱养殖、流水养殖、混养等
灌阳	199	199	199	"四大家鱼"、鲤、叉尾鮰，混养、网箱养殖、流水养殖
龙胜	14	14	14	草鱼、鲤、鲟鱼等，混养、网箱养殖
资源	65	65	65	鲢、鳙、草鱼、鲤，粗放型养殖
平乐	572	572	572	鲢、鳙、黄颡鱼、光倒刺鲃、草鱼、鲤等，混养、网箱养殖
荔浦	685	685	685	草鱼、鲤、鲢、鳙等，混养
恭城	491	491	491	草鱼、鲢、鳙、鲤、鲫，混养、网箱养殖
雁山	90	90	90	草鱼、鲤、鲢、鳙，混养
合计	7531	9400	9400	

表 2.7　稻田养殖功能区规划表　　　　　　（单位：hm²）

Table 2.7　Function area planning for paddy field culture

单位	养殖面积			主要品种
	2014 年	2020 年	2025 年	
全州	17 852	19 000	23 500	禾花鲤
兴安	6 087	6 800	8 300	禾花鲤
永福	3	8	15	鲤、鲫、泥鳅、黄鳝
灵川	1	2	5	鲤
灌阳	4 133	4 500	5 750	鲤及部分草鱼种
龙胜	300	350	400	禾花鲤
资源	1 444	1 650	1 800	鲤
平乐	99	120	150	鲤
荔浦	50	70	80	草鱼、鲤
合计	29 969	32 500	40 000	

表 2.8　河沟养殖功能区规划表　　　　　　（单位：hm²）

Table 2.8　Function area planning for river and ditch culture

单位	养殖面积			主要品种
	2014 年	2020 年	2025 年	
阳朔	16	20	30	草鱼、鲤、光倒刺鲃
临桂	10	15	25	草鱼、鲤等
灵川	34	40	50	草鱼、鲤、黄颡鱼
全州	64	80	100	草鱼、鲤、光倒刺鲃、黄颡鱼
兴安	5	10	20	草鱼、鲤、鲇、黄颡鱼
永福	6	20	50	鲤、光倒刺鲃、黄颡鱼、鲇
灌阳	14	20	30	草鱼、鲤
资源	4	5	10	草鱼、鲤
平乐	8	30	80	鲤鱼、光倒刺鲃、倒刺鲃、黄颡鱼
荔浦	12	15	20	草鱼、鲤、黄颡鱼
恭城	4	10	30	草鱼、鲤
雁山	3	5	5	草鱼、鲤
合计	180	270	450	

表 2.9　桂林市主要水产养殖品种规划表　　　　　　（单位：t）

Table 2.9　The main aquaculture species in the Guilin

鱼类名单	2014 年	2020 年	2025 年	鱼类名单	2014 年	2020 年	2025 年
禾花鲤	8 750	12 000	20 000	鲢/鳙	24 726	28 000	30 000
斑点叉尾鮰	3 090	4 500	9 000	鲑鳟鱼	284	500	1 500
光倒刺鲃	4 315	5 500	7 000	鲟鱼	720	1 500	3 000
青鱼	2 743	3 500	5 000	鳖	891	1 200	1 800
草鱼	31 276	35 000	40 000	银鱼	210	350	350
鲤	28 025	32 000	4 000	观赏鱼（万尾）	12	30	100

参 考 文 献

[1] 蔡德所, 赵湘桂, 朱瑜, 等. 漓江鱼类资源调查及物种多样性分析. 广西师范大学学报(自然科学版), 2009, 27(2): 130-136.

[2] Wu H W. On the fishes of Li-Kiang. Sinensia, 1939, 10(1/6): 92-142.

[3] 广西壮族自治区水产研究所, 中国科学院动物研究所. 广西淡水鱼类志. 南宁: 广西人民出版社, 1981.

[4] 广西壮族自治区水产研究所. 漓江受污染对渔业资源的影响调查研究报告. 南宁: 广西壮族自治区水产研究所, 1982.

[5] 郑慈英. 珠江鱼类志. 北京: 科学出版社, 1989.

[6] 刘焕章, 陈宜瑜. 鳜类系统发育的研究及若干种类的有效性探讨(英文). 动物学研究, 1994, 15(S1): 1-12.

[7] 陈宜瑜. 中国动物志·硬骨鱼纲·鲤形目(中卷). 北京: 科学出版社, 1998.

[8] 乐佩琦. 中国动物志·硬骨鱼纲·鲤形目(下卷). 北京: 科学出版社, 2000.

[9] 褚新洛. 中国动物志·硬骨鱼纲·鲇形目. 北京: 科学出版社, 1999.

[10] 李红敬. 猫儿山自然保护区淡水鱼类资源调查. 江苏农业科学, 2003, (4): 78-79.

[11] 广西壮族自治区水产研究所, 中国科学院动物研究所. 广西淡水鱼类志. 第二版. 南宁: 广西人民出版社, 2006.

[12] 广西壮族自治区水产研究所. 广西壮族自治区内陆水域渔业自然资源调查研究报告. 南宁: 广西壮族自治区水产研究所, 1984.

[13] 李高岩, 韩松霖, 梁士楚, 等. 漓江光倒刺鲃保护区鱼类资源现状调查. 广西师范大学学报(自然科学版), 2011, 29(1): 66-71.

[14] 国家林业局中南林业调查规划设计院. 广西桂林会仙喀斯特国家湿地公园总体规划(2012-2020). 2011.

[15] 朱瑜, 蔡德所, 周解, 等. 漓江流域鱼类区系组成分析. 广西师范大学学报(自然科学版), 2012, 30(4): 136-145.

[16] 李思忠. 中国淡水鱼类的分布区划. 北京: 科学出版社, 1981.

[17] 陈景星, 许涛清, 方树淼, 等. 秦岭地区的鱼类区系及其动物地理学特征. 鱼类学论文集(第五辑). 北京: 科学出版社, 1986.

[18] 陈宜瑜, 曹文宣, 郑慈英. 珠江的鱼类区系及其动物地理区划的讨论. 水生生物学报, 1986, 3(10): 228-236.

[19] 张鹗, 陈宜瑜. 赣东北地区鱼类区系特征及我国东部地区动物地理区划. 水生生物学报, 1997, 21(3): 254-261.

[20] 杜合军. 华南大陆西部沿海六独立水系淡水鱼类区系及动物地理. 广州: 华南师范大学硕士学位论文, 2003.

[21] 史为良. 鱼类动物区系复合体常说及其评价. 水产科学, 1985, 4(2): 42-45.

[22] 陈小荣, 许大明, 鲍毅新, 等. G-F 指数测度百山祖兽类物种多样性. 生态学杂志, 2013, 32(6): 1421-1427.

[23] 蒋才云, 曾小飚. 广西百色 11 个自然保护区两栖动物多样性研究. 湖北农业科学, 2015, 54(6): 1425-1429.

[24] 史赟荣, 李永振, 艾红, 等. 西沙群岛珊瑚礁海域鱼类分类学多样性. 水产学报, 2010, 34(11): 1753-1761.

[25] 韩耀全. 漓江鱼类物种多样性及其演变态势. 水生态学杂志, 2010, 31(1): 22-28.

[26] 朱瑜, 蔡德所, 周解, 等. 漓江鱼类生态类型及生物多样性变化情况. 广西师范大学学报 (自然科学版), 2012, 30(4): 146-151.

[27] Gao X, Li M, Lin P, et al. Environmental cues for natural reproduction of the Chinese sturgeon, *Acipenser sinensis* Gray, 1835, in the Yangtze River, China. Journal of Applied Ichthyology, 2013, 29(6): 1389-1394.

[28] 段辛斌, 田辉伍, 高天珩, 等. 金沙江一期工程蓄水前长江上游产漂流性卵鱼类产卵场现状. 长江流域资源与环境, 2015, 24(8): 1358-1365.

[29] 周解, 雷建军. 漓江鱼类产卵场、越冬场专项调查. 广西水产科技, 2007, (2): 17-25.

[30] 广西壮族自治区水产研究所. 漓江水生态系统自然资源调查研究与保护研究报告. 南宁: 广西壮族自治区水产研究所, 2008.

[31] 周上博, 袁兴中, 刘红, 等. 基于不同指示生物的河流健康评价研究进展. 生态学杂志, 2013, 32(8): 2211-2219.

[32] 黄亮亮. 东苕溪鱼类环境生物学及河流健康评价指标体系研究. 上海: 同济大学博士学位论文, 2012.

[33] 廖静秋, 黄艺. 应用生物完整性指数评价水生态系统健康的研究进展. 应用生态学报, 2013, 24(1): 295-302.

[34] Oberdorff T, Hughes R M. Modification of an index of biotic integrity based on fish assemblages to characterize rivers of the Seine Basin, France. Hydrobiologia, 1992, 228(2): 117-130.

[35] Karr J R. Assessment of biotic integrity using fish communities. Fisheries, 1981, 6(6): 21-27.

[36] 黄亮亮, 吴志强, 蒋科, 等. 东苕溪鱼类生物完整性评价河流健康体系的构建与应用. 中国环境科学, 2013, 33(7): 1280-1289.

[37] 刘恺, 周伟, 李凤莲, 等. 广西河池地区河流基于鱼类的生物完整性指数筛选及其环境质量评估. 动物学研究, 2010, 31(5): 531-538.

[38] Karr J R, Chu E W. Sustaining living rivers. Hydrobiologia, 2000, 422-423(4): 1-4.

[39] 周解, 朱瑜, 蔡德所. 漓江水生态系统鱼类健康监测与评价. 广西水产科技, 2012, (3): 15-34.

[40] 朱瑜, 蔡德所, 周解, 等. 应用鱼类完整性指数评价漓江水生态环境健康状况. 广西师范大学学报: 自然科学版, 2012, 30(4): 130-135.

[41] Moyle P B, Randall R J. Evaluating the biotic integrity of watersheds in the Sierra Nevala, California. Conservation Biology, 1998, 12(6): 1318-1326.

[42] 陆代荣. 青狮潭水库渔业生产调查报告. 广西水产科技, 1978, (1): 42-44.

[43] 文衍红, 何安尤. 青狮潭水库银鱼产业现状及其发展对策. 当代水差, 2007, 31(1): 11-13.

[44] 胡小宁. 关于青狮潭等3座水库银鱼养殖的调查报告. 广西水产科技, 1999, (3): 33-36.

[45] 文衍红, 何安尤. 青狮潭水库银鱼资源衰退的主要原因分析及对策. 广西水产科技, 2005, (2): 17-22.

[46] 桂林市水产畜牧兽医局. 桂林市养殖水域规划(2016-2025 年). http: //www.guilin.gov. cn/ghjh/fzgh/201512/t2015122 8_557235.htm. [2015-12-28].

第3章 漓江流域鱼类物种组成及区系特征

漓江是珠江上游重要支流,位于"山水甲天下"的桂林,是桂林市发展旅游业的黄金水道。漓江上游支流众多,水质清澈,人类活动干扰相对较少,栖息着众多珍稀生物。其源头猫儿山为国家级自然保护区,研究该区域的生物多样性意义重大。虽然许多研究者对漓江流域进行了深入研究,但大多集中于漓江的桂林至平乐段,对于漓江上游鱼类研究和河流健康评价未见报道。近年来,随着人类活动的不断加剧,漓江鱼类物种数呈下降趋势,多样性指数也不断降低,渔业资源日益枯竭,加之上游正在修建 3 座水利工程(斧子口水库、小溶江水库和川江水库)将给鱼类资源及区域生态环境造成怎样的影响不得而知。

漓江流域河流纵横交错,具有适宜珍稀、濒危和特有物种繁衍生息的栖息环境,水生生物物种资源十分丰富[1-4]。北部山区河流多为溪流,但溪流是地球上受影响最严重的生态系统之一,溪流生态系统及其生物区受多种危害的影响,如栖息地改变、外来物种入侵、水体污染、森林过度采伐和气候因素改变等[5]。本章以珠江流域的重要支流漓江流域为研究区域,研究该区域的鱼类物种组成、优势种及鱼类生物多样性的时空变化特征,构建基于鱼类生物完整性评价漓江上游河流健康的指标体系,对漓江的河流健康进行客观评价,为漓江流域鱼类资源的可持续利用、水生态系统管理、鱼类多样性保护等提供科学依据。

3.1 漓江上游鱼类物种组成及区系特征

漓江发源于桂林市兴安县越城岭主峰猫儿山(海拔 2141.5m),由北向南流,干流依次流经兴安、灵川、桂林、阳朔,最后在平乐与荔浦河、恭城河汇流后称为桂江。发源地河段名为集水河,在升坪村与华江汇合后称陆洞河,在司门前村纳川江和黄柏江后称大溶江,至溶江镇东纳古运河灵渠,西受小溶江后始称漓江,全长 214km,流域面积 6050km²。其中,猫儿山至桂林市为上游(98km),桂林市至阳朔县为中游(86km),阳朔县至平乐县为下游(30km)。由于东南季风的影响,漓江流域上游降雨量年内分布极不平均,地势陡涨陡落,属于典型的雨源型河流。

漓江上游区域(25°16′32″N-26°02′42″N,110°17′24″E-110°35′42″E)位于桂林

市北部三县（灵川县、资源县和兴安县），属亚热带季风气候区，雨量充沛，多年平均气温为 16.5-20.2℃，水质清澈本底值较好，基本接近原生水质，呈微酸性[6]，河流底质以卵石为主。研究区域内的漓江上游大部分属于溪流，水流湍急，水力坡降大（31.7‰），两岸植被类型复杂，多为针叶林、阔叶林及竹林等。江出斧子口进入溶江盆地，河流总落差小（25m），水力坡降小（1.78‰）[7]。

近些年，随着旅游业的发展、污染的加剧、人类的大肆捕捞、栖息地的减少等，漓江鱼类生物多样性呈明显下降趋势。20 世纪 70 年代至今漓江鱼类科的多样性指数下降约 14.82%[8]。前人研究漓江鱼类多样性多聚焦于漓江的中下游河段，有关漓江上游区域的鱼类物种组成鲜有报道。而且，漓江上游的华江、川江和小溶江 3 条支流上均规划修建水坝，以期在丰水期拦蓄地表径流，在枯水季节对漓江进行补水。因此，本节通过大量的野外采样，研究漓江上游区域的鱼类物种组成、分布情况及多样性的时空变化，填补近年该区域有关鱼类学研究的空白，为该区域的野生淡水鱼类资源的可持续利用和鱼类多样性保护提供基础理论。

3.1.1　材料与方法

1. 样品采集

2013 年 4 月、8 月、11 月和 2014 年 1 月，共 4 次对漓江上游区域进行鱼类标本采集。自桂林市灵川县自下而上逆流至各支流，共设置 22 个采样点（图 3.1），以背负式捕鱼器（功率 2kW，6 场管）对每个采样点进行采样，每个采样点自下而上采样约为 500m 的距离，约 30min，根据采样点生境不同，综合考虑急流区、缓流区、水草覆盖度、深潭等因素选取具有代表性的栖息生境。采集的鱼类标本用 10%的福尔马林溶液固定带回实验室进行分类鉴定，现场记录采样点位置及海拔。对采到的体长大于 20mm 的鱼类标本鉴定到种，鉴定后用 5%的福尔马林溶液保存[9,10]。

2. 数据处理

鱼类的相对多度（relative density，RD）[8]：

$$RD = \frac{鱼类A的尾数}{总渔获物尾数} \times 100\%$$

相对多度等级划分：>10%为优势种；1%-10%为常见种；<1%为偶见种。大型多元统计软件 Primer 5.0，现已被广泛应用于生物群落结构、功能组成的相似性研究等，利用图形表达形式反映样品生物之间的相关关系，具有更直接、更简便的作用。漓江上游各采样点鱼类原始数据经 lg(x+1)转换后，使用 Bray-Curtis

相似性系数构建相似性矩阵，再采用非加权组聚类平均法（UPGMA）进行聚类分析，将上游区划分成不同的聚类组，此过程采用 Primer 5.0 软件分析[5,11,12]。

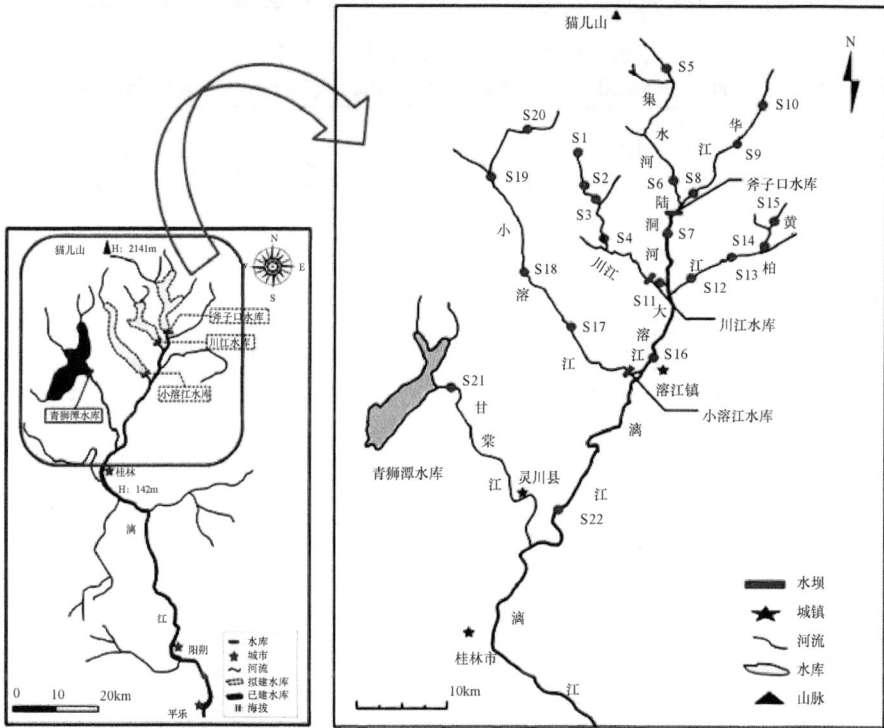

图 3.1　漓江上游采样点分布图

Figure 3.1　Sampling sites in the upper reaches of Lijiang River

3.1.2　研究结果

1. 鱼类物种组成

2013 年 4 月至 2014 年 1 月，在漓江上游共采集鱼类 9508 尾，经鉴定共计野生淡水鱼类 72 种，隶属于 4 目 15 科 53 属，其中，鲤形目 3 科 45 种，占总物种数的 62.50%；鲇形目 5 科 12 种，占总物种数的 16.67%；合鳃鱼目 2 科 3 种，占总物种数的 4.17%；鲈形目 5 科 12 种，占总物种数的 16.67%（表 3.1）。该区域由鲤科、平鳍鳅科、虾虎鱼科、鳅科等鱼类组成（图 3.2）；漓江上游区域鲤科鱼类共由 9 个亚科组成，主要包括：鲌亚科、鲃亚科、鮈亚科和鲭亚科等，分别占鲤科鱼类的总个体数的 71.70%、10.12%、7.69% 和 4.19%（图 3.3）；在 72 种鱼类中，22 种为中国特有鱼类，共有 5 个科组成：鲤科、鳅科、平鳍鳅科、鲿科和钝头鮡科（图 3.4），分别占特有鱼类物种数的 45.45%、27.27%、13.64%、9.09% 和

4.55%。区域内的中国特有鱼类中的鲤科鱼类由 6 个亚科组成：由鲃亚科、鲇亚科、雅罗鱼亚科、鲌亚科、野鲮亚科和鲴亚科；另外，1 种广西特有种为漓江副沙鳅；2 种易濒危物种为波纹鳜、小口白甲鱼；1 种广西新记录物种为中华细鲫。

表 3.1　漓江上游鱼类名录及其分布

Table 3.1　List of fish and its distribution from the upper reaches of Lijiang River

种类	分布				
	小溶江	川江	陆洞河	黄柏江	上游干流
鲤形目 Cypriniformes					
鳅科 Cobitidae					
条鳅亚科 Noemacheilinae					
美丽小条鳅 *Micronoemacheilus pulcher*（Nichols & Pope，1927）[a]		+	+	+	+
平头平鳅 *Oreonectes platycephalus* Günther，1868			+		
无斑南鳅 *Schistura incerta*（Nichols，1931）	+	+	+		+
横纹南鳅 *Schistura fasciolata*（Nichols & Pope，1927）	+	+	+	+	+
沙鳅亚科 Botiinae					
壮体沙鳅 *Botia robusta*（Wu，1939）[a]					+
漓江副沙鳅 *Parabotia lijiangensis*（Chen，1980）[a,b]					+
后鳍薄鳅 *Leptobotia posterodorsalis* Lan & Chen，1992[a]	+		+		
斑纹薄鳅 *Leptobotia zebra*（Wu，1939）[a]	+		+	+	+
花鳅亚科 Cobitinae					
中华花鳅 *Cobitis sinensis*（Sauvage & Dabry de Thiersant，1874）		+	+		+
大鳞副泥鳅 *Paramisgurnus dabryanus* Dabry de Thiersant，1872[a]			+	+	+
泥鳅 *Misgurnus anguillicaudatus*（Cantor，1842）	+	+	+	+	+
鲤科 Cyprinidea					
鲌亚科 Danioninae					
宽鳍鱲 *Zacco platypus*（Temminck & Schlegel，1846）	+	+	+	+	+
马口鱼 *Opsariichthys bidens* Günther，1873	+	+	+		+
中华细鲫 *Aphyocypris chinensis* Günther，1868[d]		+			
雅罗鱼亚科 Leuciscinae					
草鱼 *Ctenopharyngodon idellus*（Valenciennes，1844）[a]					+
鲌亚科 Cultrinae					
鳘 *Hemiculter leucisculus*（Basilewsky，1855）					+

续表

种类	分布				
	小溶江	川江	陆洞河	黄柏江	上游干流
伍氏半𫚒 Hemiculterella wui（Wang，1935）[a]					+
大眼华鳊 Sinibrama macrops（Günther，1868）		+			+
鲴亚科 Xenocyprinae					
细鳞鲴 Xenocypris microlepis（Bleeker，1871）[a]					+
鮈亚科 Gobioninae					
唇𩾃 Hemibarbus labeo（Pallas，1776）					+
花𩾃 Hemibarbus maculatus（Bleeker，1871）	+	+	+		+
麦穗鱼 Pseudorasbora parva（Temminck & Schlegel，1846）	+	+	+	+	+
华鳈 Sarcocheilichthys sinensis sinensis（Bleeker，1871）					+
黑鳍鳈 Sarcocheilichthys nigripinnis（Günther，1873）[a]		+	+		+
银鮈 Squalidus argentatus（Sauvage & Dabry de Thiersant，1874）[a]	+	+	+		+
胡鮈 Huigobio chenhsienensis Fang，1938[a]		+	+		+
棒花鱼 Abbottina rivularis（Basilewsky，1855）		+			+
乐山小鳔鮈 Microphysogobio kiatingensis（Wu，1930）[a]	+			+	+
鳑亚科 Acheilognathinae					
短须鳑 Acheilognathus barbatulus（Günther，1873）		+	+		+
越南鳑 Acheilognathus tonkinensis（Vaillant，1892）					+
高体鳑鲏 Rhodeus ocellatus（Kner，1866）	+	+			+
鲃亚科 Barbinae					
条纹小鲃 Puntius semifasciolatus（Günther，1868）		+	+		+
侧条光唇鱼 Acrossocheilus parallens（Nichols，1931）[a]	+	+	+	+	+
克氏光唇鱼 Acrossocheilus kreyenbergii（Regan，1908）[a]					+
台湾白甲鱼 Onychostoma barbatulum（Pellegrin，1908）	+	+	+		
小口白甲鱼 Onychostoma lini（Wu，1939）[c]			+		
野鲮亚科 Labeoninae					
异华鲮 Parasinilabeo assimilis Wu & Yao，1977	+	+	+	+	+
长体异华鲮 Parasinilabeo longicorpus Zhang，2000			+		
四须盘鮈 Discogobio tetrabarbatus（Lin，1931）[a]	+		+	+	
鲤亚科 Cyprininae					
鲤 Cyprinus carpio Linnaeus，1758		+		+	+
鲫 Carassius auratus（Linnaeus，1758）	+	+	+		+
平鳍鳅科 Balitoridae					
腹吸鳅亚科 Gastromyzoninae					
平舟原缨口鳅 Vanmanenia pingchowensis（Fang，1935）[a]	+	+	+	+	+

续表

种类	分布				
	小溶江	川江	陆洞河	黄柏江	上游干流
线纹原缨口鳅 *Vanmanenia lineata*（Fang，1935）	+	+			
中华原吸鳅 *Protomyzon sinensis*（Chen，1980）[a]	+	+	+	+	+
方氏品唇鳅 *Pseudogastromyzon fangi*（Nichols，1931）[a]	+	+	+	+	
鲇形目 Siluriformes					
鲇科 Siluridae					
西江鲇 *Silurus gilberti*（Hora，1938）	+	+	+	+	+
越南鲇 *Silurus cochinchinensis*（Valenciennes，1840）	+	+	+		+
鲇 *Silurus asotus* Linnaeus，1758					+
胡子鲇科 Clariidae					
胡子鲇 *Clarias fuscus*（Lacépède，1803）			+		
鲿科 Bagridae					
黄颡鱼 *Tachysurus fulvidraco*（Richardson，1846）			+		+
长脂拟鲿 *Tachysurus adiposalis*（Oshima，1919）[a]	+	+	+	+	+
细体拟鲿 *Pseudobagrus pratti*（Günther，1892）[a]			+		+
白边拟鲿 *Pseudobagrus albomargintus*（Rendahl，1928）	+	+	+		+
斑鳠 *Mystus guttatus*（Lacépède，1803）					+
大鳍鳠 *Hemibagrus macropterus*（Bleeker，1870）			+		+
鮡科 Sisoridae					
福建纹胸鮡 *Glyptothorax fokiensis*（Rendahl，1925）	+	+	+		+
钝头鮠科 Amblycipitidae					
鳗尾鮁 *Liobagrus anguillicauda*（Nichols，1926）[a]			+		
合鳃鱼目 Synbranchiformes					
合鳃鱼科 Synbranchidae					
黄鳝 *Monopterus albus*（Zuiew，1793）				+	+
刺鳅科 Mastacembelidae					
大刺鳅 *Mastacembelus armatus*（Lacépède，1800）					+
刺鳅 *Macrognathus aculeatus*（Bloch，1786）				+	+
鲈形目 Perciformes					
鮨科 Serranidae					
中国少鳞鳜 *Coreoperca whiteheadi*（Boulenger，1900）	+		+	+	
波纹鳜 *Siniperca undulata*（Fang & Chong，1932）[c]			+		
斑鳜 *Siniperca scherzeri*（Steindachner，1892）		+			+
大眼鳜 *Siniperca knerii* Garman，1912					+
沙塘鳢科 Odontobutidae					
中华沙塘鳢 *Odontobutis sinensis*（Wu，Chen & Chong，2002）		+	+	+	+

续表

种类	分布				
	小溶江	川江	陆洞河	黄柏江	上游干流
虾虎鱼科 Gobiidae					
子陵吻虾虎鱼 *Rhinogobius giurinus*（Rutter，1897）		+		+	+
溪吻虾虎鱼 *Rhinogobius duospilus*（Herre，1935）	+	+	+		
丝鳍吻虾虎鱼 *Rhinogobius filamentosus*（Wu，1939）	+	+	+		+
李氏吻虾虎鱼 *Rhinogobius leavelli*（Herre，1935）	+	+	+	+	+
丝足鲈科 Osphronemidae					
叉尾斗鱼 *Macropodus opercularis*（Linnaeus，1758）				+	+
鳢科 Channidae					
斑鳢 *Channa maculata*（Lacépède，1801）					+
月鳢 *Channa asiatica*（Linnaeus，1758）					+

a. 中国特有种；b. 广西特有种；c. 易濒危物种；d. 广西新记录物种；+. 表示存在

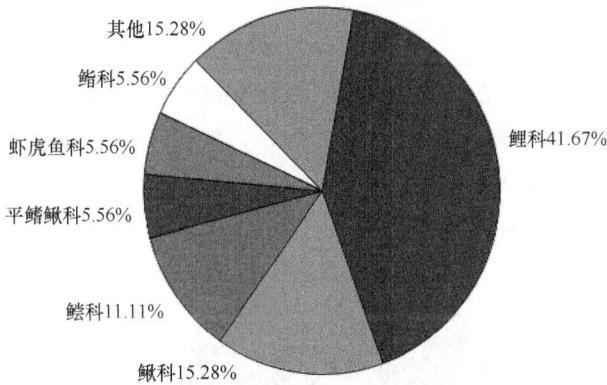

图 3.2　漓江上游主要各科鱼类比例

Figure 3.2　Percent of species number of the most species-rich families to the total species in the upper reaches of Lijiang River

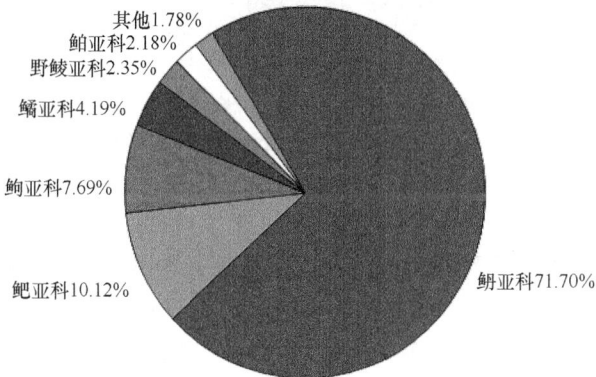

图 3.3　漓江上游鲤科鱼类各亚科鱼类个体数比例

Figure 3.3　Percent of species number of each sub-family to the total of Cyprinidate in the upper reaches of Lijiang River

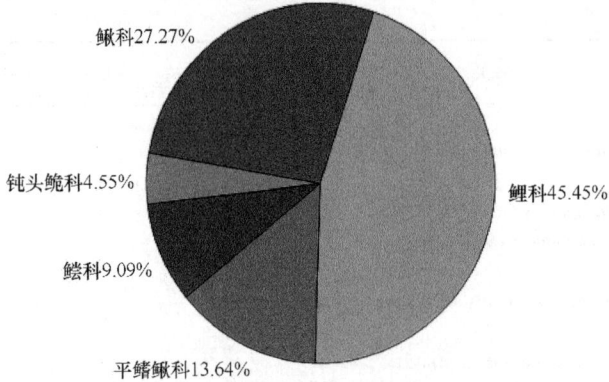

图 3.4　漓江上游中国特有鱼类各科比例

Figure 3.4　Percent of endemic species in China of each fimily in the upper reaches of Lijiang River

在 72 种鱼类物种中,优势种为宽鳍鱲(2544 尾)、方氏品唇鳅(*Pseudogastromy-zon fangi*)(1133 尾)和马口鱼(998 尾),RD 值分别为 26.76%、11.92%和 10.50%。个体数最少的物种为平头平鳅、漓江副沙鳅、小口白甲鱼、鲇、胡子鲇、斑鳢和鳗尾鮡,分别只发现 1 尾（图 3.5）。

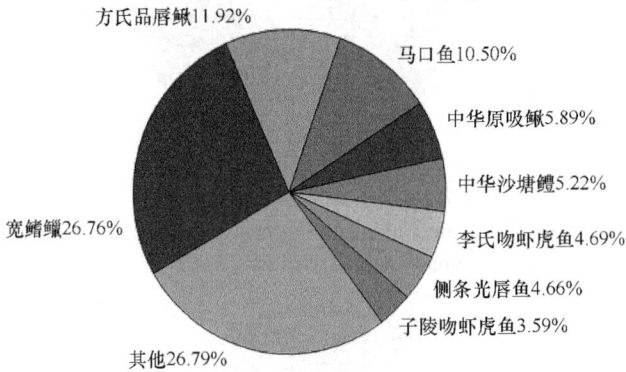

图 3.5　漓江上游鱼类个体数组成

Figure 3.5　Fish abundance in the upper reaches of Lijiang River

2. 鱼类物种的时空变化

漓江上游鱼类个体数和物种数季节变化明显（图 3.6），全年鱼类个体数在夏季最多，占总量的 32.63%，秋季最少，占总量的 17.43%，为夏季的 53.42%，随后呈上升趋势。春季出现鱼类个体数量最多的物种是方氏品唇鳅和宽鳍鱲，分别占该季度鱼类总个体数的 24.68%和 18.03%；夏季出现鱼类个体数量最多的物种是宽鳍鱲、方氏品唇鳅和马口鱼，分别占该季度鱼类总个体数的 16.28%、13.19%和 12.31%；秋季出现鱼类个体数量最多的物种是宽鳍鱲，占该季度鱼类总个体数的 48.70%；冬季出现鱼类个体数量最多的物种是宽鳍鱲、马口鱼和子陵吻虾虎鱼，分别占该季度鱼类总个体数的 35.79%、13.00%和 10.92%；宽鳍鱲在四季大量出现，成为季度的优势物种。鱼类物种数夏季最高，是物种数最少的冬季的 1.82 倍。

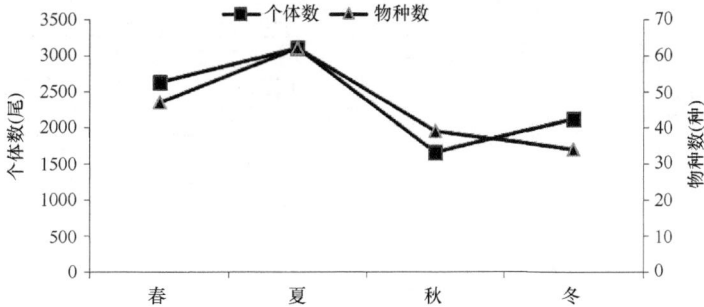

图 3.6　漓江上游鱼类个体数和物种数的季节变化

Figure 3.6　Seasonal variation of fish richness and abundance in the upper reaches of Lijiang River

上游区域各支流鱼类个体数差异明显（图 3.7）。黄柏江最少，其次为川江，上游干流最多，较黄柏江为 4.01 倍。春季、夏季、冬季漓江上游干流鱼类物种数均最多，黄柏江均最少，分别在该季度的出现频率为 68.09%和 29.79%，70.97%和 29.03%，73.53%和 20.59%；秋季川江鱼类物种数最多，黄柏江最少，分别在该季度的出现频率为 43.59%和 12.82%。

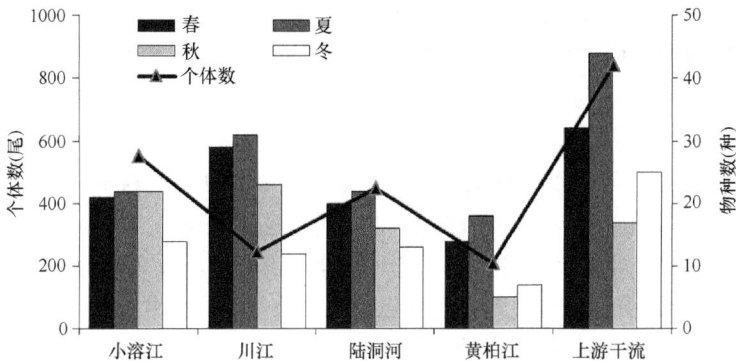

图 3.7　漓江上游各支流鱼类个体数和物种数分布

Figure 3.7　Distribution of fish abundance and richness in the tributaries of Lijiang River

3. 鱼类分布特征

根据相似性聚类分析结果显示，漓江上游区域从各支流源头到桂林市可以分为 3 个聚类组（图 3.8）：组 1 为各支流河源处包括 S1、S2 等 4 个采样点，主要代表性鱼类为溪流性鱼类，如方氏品唇鳅、中华原吸鳅等；组 2 为各支流中部及与干流汇合处包括 S3、S4、S6 等 15 个采样点，主要代表性鱼类为鲌亚科鱼类，如宽鳍鱲、马口鱼等；组 3 为上游干流包括 S16、S21、S22，主要代表性鱼类为江河性鱼类，如中华沙塘鳢、鳘等。漓江上游鱼类群落结构呈明显的纵向分布特征，即自各支流河源至上游干流地区的鱼类组成呈逐渐变化趋势。

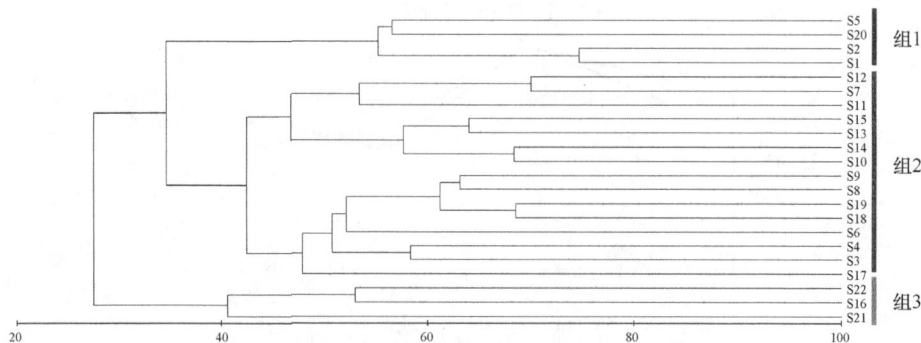

图 3.8　漓江上游河段划分-利用 Jaccard 相似性指数

Figure 3.8　The classification of sampling sites using Jaccard similarity measure in
the upper reaches of Lijiang River

4. 鱼类生态类型

在漓江上游区鱼类物种中，根据鱼类生活习性所划分的 4 种，本次所采 72 种中均属于江河湖泊定居型鱼类和溪流型鱼类，未采集到洄游型鱼类和洞穴型鱼类。根据鱼类栖息水层的不同，将鱼类划分为 4 种生态位：上层鱼类，如伍氏半鳘、鲢等，以浮游植物或藻类为食物，共 1 种，占 1.39%；中上层鱼类，如宽鳍鱲、中华细鲫等，以草食性鱼类较多且游泳力较强，共 9 种，占 12.50%；中下层鱼类，如短须鱊、黑鳍鳈等，食鱼性鱼类居多或以底栖生物和水草为食物，共 28 种，占 38.89%；底层鱼类，如泥鳅、黄颡鱼等，以底栖生物或者固着藻类为食物，共 34 种，占 47.22%。从食性分析，该区域鱼类可以分为植食性、肉食性、杂食性和无脊椎动物或昆虫食性。植食性鱼类如草鱼、高体鳑鲏等，以高等植物、藻类等为食，占总鱼类物种数的 8.33%；肉食性鱼类如中国少鳞鳜、鲇等，主要以小鱼、小虾等游泳生物为食，占总鱼类物种数的 20.83%；杂食性鱼类如泥鳅、鲫等，主要以水中浮游生物、昆虫、摇蚊幼虫、藻类、底栖动物、动植物碎屑等为食，占总鱼类物种数的 37.50%；无脊椎动物或昆虫食性如美丽小条鳅及拟鳘属和虾虎鱼属等，主要以河流底部的摇蚊科幼虫、寡毛类、毛翅目、蜉蝣目等昆虫为食，占总鱼类物种数的 33.33%。

3.1.3　分析与讨论

1. 鱼类物质组成变化

本次采样调查共发现鱼类 4 目 15 科 51 属，共 72 种，优势种为宽鳍鱲、方氏品唇鳅和马口鱼。研究表明，在漓江上游区域鱼类大部分为体积较小的溪流鱼类，以鲤形目、鲇形目、鲈形目和合鳃鱼目为主，鲤科鱼类的物种数和个体数均占较大比例。与 2009 年相比，本研究鱼类物种数增加 9.10%，与 2012年相比减少 28.71%，与历史记录的 144 种相比减少 50.00%，鱼类物种数量总体呈下降趋势[8,13,14]（图 3.9）。主要减少鱼类包括：①洄游型鱼类，如日本鳗鲡等；②大型经济鱼类，如鳡、"四大家鱼"等；③敏感型鱼类，如小鳔鮈属等。④洞穴鱼类，如季氏金线鲃等。此外，本研究也发现一些新记录鱼类，如中华细鲫、鳗尾鿃等。

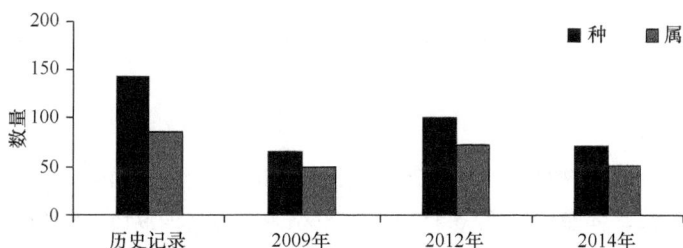

图 3.9　漓江历年调查鱼类属、种数量对比图

Figure 3.9　Comparison diagram of fishes of different genus and species in the Lijiang River

从鱼类物种数分析，本研究未见有鳗鲡目和鲱形目鱼类，如日本鳗鲡、青鳉等，鱼类物种数呈下降趋势；从科级层面分析，漓江鱼类在科数量上变化不大，但鲤科鲢亚科和鳅鲛亚科鱼类已少见踪影；从属级层面分析，漓江鱼类在属的数量及分布上变化明显。属的数量由 1974-1976 年的 82 属下降到 1980-1982 年的 66属再下降到 2014 年的 51 属。单种属在所有属中的比例有所下降，由 1974-1976年的 69.51%，到 1980-1982 年的 74.24%，再到 2014 年的 68.63%，下降 5.61%，4 种属也仅存有吻虾虎鱼属。

由于溪流鱼类对栖息环境有较高的要求，故较容易受到人类的干扰，逐渐受到人们的高度关注。在广西区内相对于其他保护区或者山区鱼类，漓江上游区域鱼类物种数量较多（表 3.2）。漓江上游鲤形目、鲈形目和鲇形目鱼类占广西区内鲤形目、鲈形目和鲇形目的 22.06%、44.83% 和 48.15%，可见漓江上游鱼类生物多样性是构成广西区内鱼类物种多样性不可或缺的一部分。广西区内记载鳗鲡目有日本鳗鲡和花鳗鲡两种，但在漓江早已难觅踪影，在本次采样中均未发现。鲱形目的食蚊鱼为了防治疟疾而被广泛引入世界各地，造成大量繁殖形成生物入侵。此种鱼在漓江中下游及农田沟渠大量出现，但在上游采样中也未发现，说明此种外来入侵物种暂时并未对漓江上游的鱼类群落组成造成破坏。

表 3.2　漓江上游和广西区内其他保护区各目鱼类物种数
Table 3.2　Species number of each order in the upper reaches of Lijiang River and other Nature Reserve of Guangxi Region

	漓江上游	光倒刺鲃金线鲃保护区	广西金钟山保护区	猫儿山自然保护区	广西
鳗鲡目	—	1	—	—	2
鲤形目	45	48	38	15	204
鲇形目	12	9	5	3	27
合鳃鱼目	3	2	2	1	3
鳉形目	—	1	1	—	1
鲈形目	12	13	6	4	27

2. 鱼类分布特征

漓江上游区优势物种宽鳍鱲、方氏品唇鳅和马口鱼，共 4675 尾，占总个数的 49.17%，其体长、体重分别为 6.45cm±1.78cm 和 5.05g±4.94g、5.19cm±1.05cm 和 3.52g±2.08g、6.84cm±2.13cm 和 6.71g±8.46g，表明该区域以小型鱼类为主，也符合漓江上游水深较浅、流速较快的特点，且这些鱼类都是山区溪流常见物种[15-18]。同时，调查发现该渔获物中的杂食性鱼类较多，表明该区域各种鱼类饵料丰富，水生植被、浮游生物、底栖生物、昆虫等较多，能为各种鱼类提供较好的栖息环境[11]。此外，该区域以鳅科、平鳍鳅科和鲿科为代表的底栖鱼类较多，此类鱼类大多对栖息环境要求较高，喜水质清澈的流水环境。但由于水流较快、河道较窄等加大了觅食的难度，一些鱼类的器官根据环境的特征而发生了相应的改变，如体色、体型、口唇位置以及吸盘等[12-15]，如福建纹胸鲱、异华鲮和细鳞鲴等。由于食性、栖息环境等不同造成鱼类的逐渐迁徙以及自身生理特征的改变，逐渐形成了漓江上游鱼类组成的纵向分布。小溶江、川江、陆洞河、黄柏江以及上游干流鱼类总物种数分别为 30 种、42 种、44 种、25 种和 50 种，中国特有物种数分别为 10 种、10 种、14 种、10 种和 18 种。因此，为了有效保护漓江上游区域鱼类生物多样性及特有物种，建议将陆洞河设置为优先保护区域。

3.2　漓江中下游鱼类物种组成及区系特征

漓江流经生境高度复杂的岩溶地貌地区，具有适宜多种水生生物繁衍生息的生态环境，水生生物质资源十分丰富，渔业产量较高，种类繁多，鱼类物种数占广西全区鱼类之首。对漓江鱼类的科学研究开始于 20 世纪 30 年代。1939 年，伍献文第一次对漓江鱼类进行了系统研究，并详细记录了 79 种；《广西淡水鱼类志》（第二版）在前人的基础上系统地整理了广西淡水鱼类，记录了漓江鱼类 144

种[14]。但随着旅游业的发展、污染的加剧、人类的大肆捕捞、栖息地的减少、水利工程的建设等，鱼类的种类和数量在减少，漓江鱼类生物多样性岌岌可危。本节通过对漓江中下游干流进行全年的周期性的采样调查，分析中下游流域鱼类的物种组成、鱼类生物多样性、群落的时空变化格局，为漓江的鱼类多样性保护工作提供强有力的科学依据。

3.2.1　材料与方法

1. 样品采集

2014 年 4 月、7 月、10 月和 2015 年 1 月，共 4 次对漓江中下游的桂林市、大圩镇、草坪乡、杨堤乡、兴坪乡、高洲村、阳朔县、福兴镇、平乐县设采样点（图 3.10）进行鱼类标本采样，走访渔民和市场，掌握渔获物情况。共设置 9 个采样点。采用地笼、拖网、撒网等渔具捕鱼或到市场收集鱼类标本，采集的鱼类标本现场用 10%的福尔马林固定带回实验室进行鉴定[19,20]。

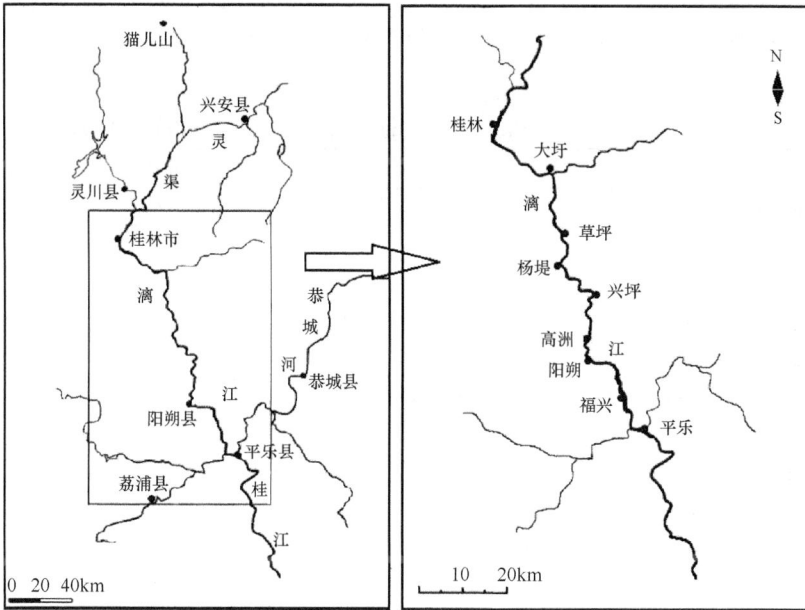

图 3.10　漓江中下游采样点分布图
Figure 3.10　Sampling sites in the middle and lower reaches of Lijiang River

2. 数据处理

鱼类的相对多度采用 3.1.1 节中公式计算。利用 PRIMER 5.0 软件对采集到的鱼类个体数据进行处理，经 lg（*x*+1）转换后使用 Bray-Curtis 相似性系数构建相似性矩阵，采用相似性分析（ANOSIM）和无度量多维排序（NMDS）分析鱼类群落结构的时空变化。运用相似性分析（ANOSIM）检验鱼类群落结构在采样点、季节之间的差异，若 *P*<0.05 则说明差异具有统计学意义。

采用无量山区系存在度来计算漓江鱼类区系的存在度[21]：

$$某一群落在某地的区系存在度（VFP）= \frac{某地出现的次级单位数目}{次级分类单位总数} \times 100\%$$

其中，次级单位总数数据以 Fishbase 数据库为基础，把刺鳅科归入合鳃目。

3.2.2　研究结果

1. 鱼类物种组成

漓江中下游共采集 10 166 尾鱼类样本，隶属于 5 目 15 科 57 属，共计 74 种（表 3.3）。其中，鲤形目 3 科 50 种，占总物种数的 67.57%；鲈形目 6 科 12 种，占总物种数的 16.22%；鲇形目 3 科 8 种，占总物种数的 10.81%；鳉形目 1 科 1 种，占总物种数的 1.35%；合鳃鱼目 2 科 3 种，占总物种数的 4.05%（图 3.11）。

表 3.3　漓江中下游鱼类名录

Table 3.3　Fish list in the middle and lower reaches of Lijiang River

物种名	物种数	属
鲤形目 Cypriniformes	50	
鳅科 Cobitidae	9	
条鳅亚科 Noemacheilinae	3	
美丽小条鳅 *Micronoemacheilus pulcher*（Nichols & Pope，1927）[a]		小条鳅属
无斑南鳅 *Schistura incerta*（Nichols，1931）		南鳅属
横纹南鳅 *Schistura fasciolata*（Nichols & Pope，1927）		
沙鳅亚科 Botiinae	3	
壮体沙鳅 *Botia robusta*（Wu，1939）[a]		沙鳅属
后鳍薄鳅 *Leptobotia posterodorsalis* Lan & Chen，1992 [a]		薄鳅属
斑纹薄鳅 *Leptobotia zebra*（Wu，1939）[a]		
花鳅亚科 Cobitinae	3	
中华花鳅 *Cobitis sinensis*（Sauvage & Dabry de Thiersant，1874）		花鳅属
大鳞副泥鳅 *Paramisgurnus dabryanus* Dabry de Thiersant，1872[a]		副泥鳅属
泥鳅 *Misgurnus anguillicaudatus*（Cantor，1842）		泥鳅属
鲤科 Cyprinidea		
鲌亚科 Danioninae	2	
宽鳍鱲 *Zacco platypus*（Temminck & Schlegel，1846）		鱲属

续表

物种名	物种数	属
马口鱼 *Opsariichthys bidens*（Günther，1873）		马口鱼属
雅罗鱼亚科 Leuciscinae	2	
青鱼 *Mylopharyngodon piceus*（Richardson，1846）		青鱼属
草鱼 *Ctenopharyngodon idellus*（Valenciennes，1844）[a]		草鱼属
鲌亚科 Cultrinae	6	
鳘 *Hemiculter leucisculus*（Basilewsky，1855）		鳘属
伍氏半鳘 *Hemiculterella wui*（Wang，1935）[a]		半鳘属
细鳊 *Rasborinus lineatus*（Pellegrin，1907）		细鳊属
南方拟鳘 *Pseudohemiculter dispar*（Peters，1880）		拟鳘属
翘嘴鲌 *Culter alburnus*（Basilewsky，1855）		鲌属
大眼华鳊 *Sinibrama macrops*（Günther，1868）		华鳊属
鲴亚科 Xenocyprinae	1	
细鳞鲴 *Xenocypris microlepis*（Bleeker，1871）[a]		鲴属
鲢亚科 Hypophthalmichthyinae	2	
鲢 *Hypophthalmichthys molitrix*（Valenciennes，1844）		鲢属
鳙 *Hypophthalmichthys nobilis*（Richardson，1845）		
鮈亚科 Gobioninae	11	
花鲭 *Hemibarbus maculatus*（Bleeker，1871）		鲭属
唇鲭 *Hemibarbus labeo*（Pallas，1776）		
麦穗鱼 *Pseudorasbora parva*（Temminck & Schlegel，1846）		麦穗鱼属
黑鳍鳈 *Sarcocheilichthys nigripinnis*（Günther，1873）[a]		鳈属
银鮈 *Squalidus argentatus*（Sauvage & Dabry de Thiersant，1874）[a]		银鮈属
胡鮈 *Huigobio chenhsienensis*（Fang，1938）[a]		胡鮈属
棒花鱼 *Abbottina rivularis*（Basilewsky，1855）		棒花鱼属
乐山小鳔鮈 *Microphysogobio kiatingensis*（Wu，1930）[a]		小鳔鮈属
福建小鳔鮈 *Microphysogobio fukiensis*（Nichols，1926）		
桂林似鮈 *Pseudogobio guilinensis*（Yao & Yang，1977）		似鮈属
蛇鮈 *Saurogobio dabryi*（Bleeker，1871）		蛇鮈属
鳑亚科 Acheilognathinae	4	
广西鳑 *Acheilognathus meridianus*（Wu，1939）		鳑属
短须鳑 *Acheilognathus barbatulus*（Günther，1873）		
越南鳑 *Acheilognathus tonkinensis*（Vaillant，1892）		
高体鳑鲏 *Rhodeus ocellatus*（Kner，1866）		鳑鲏属
鲃亚科 Barbinae	4	
条纹小鲃 *Puntius semifasciolatus*（Günther，1868）		小鲃属
光倒刺鲃 *Spinibarbus hollandi*（Oshima，1919）		倒刺鲃属

续表

物种名	物种数	属
侧条光唇鱼 Acrossocheilus parallens（Nichols，1931）[a]		光唇鱼属
克氏光唇鱼 Acrossocheilus kreyenbergii（Regan，1908）[a]		
野鲮亚科 Labeoninae	4	
桂华鲮 Sinilabeo decorus（Peters，1880）		华鲮属
异华鲮 Parasinilabeo assimilis（Wu & Yao，1977）		异华鲮属
长体异华鲮 Parasinilabeo longicorpus Zhang，2000		
四须盘鲴 Discogobio tetrabarbatus（Lin，1931）[a]		盘鲴属
鲤亚科 Cyprininae	3	
三角鲤 Cyprinus multitaeniata（Fellegrin & Chevey，1936）		鲤属
鲤 Cyprinus carpio Linnaeus，1758		
鲫 Carassius auratus（Linnaeus，1758）		鲫属
平鳍鳅科 Balitoridae		
腹吸鳅亚科 Gastromyzoninae	2	
平舟原缨口鳅 Vanmanenia pingchowensis（Fang，1935）[a]		原缨口鳅属
线纹原缨口鳅 Vanmanenia lineata（Fang，1935）		
鲇形目 Siluriformes	8	
鲇科 Siluridae	1	
鲇 Silurus asotus Linnaeus，1758		鲇属
胡子鲇科 Clariidae	1	
胡子鲇 Clarias fuscus（Lacépède，1803）		胡子鲇属
鲿科 Bagridae	6	
黄颡鱼 Tachysurus fulvidraco（Richardson，1846）		黄颡鱼属
长脂拟鲿 Tachysurus adiposalis（Oshima，1919）[a]		
瓦氏黄颡鱼 Pseudobagrus vachelli（Richardson，1846）		拟鲿属
细体拟鲿 Pseudobagrus pratti（Günther，1892）[a]		
斑鳠 Mystus guttatus（Lacépède，1803）		鳠属
大鳍鳠 Hemibagrus macropterus（Bleeker，1870）		
合鳃鱼目 Synbranchiformes	3	
合鳃鱼科 Synbranchidae	1	
黄鳝 Monopterus albus（Zuiew，1793）		黄鳝属
刺鳅科 Mastacembelidae	2	
大刺鳅 Mastacembelus armatus（Lacépède，1800）		大刺鳅属
刺鳅 Macrognathus aculeatus（Bloch，1786）		刺鳅属
鲈形目 Perciformes	12	
鮨科 Serranidae	2	
漓江鳜 Coreoperca loona（Wu，1939）		少鳞鳜属

续表

物种名	物种数	属
斑鳜 Siniperca scherzeri（Steindachner，1892）		鳜属
沙塘鳢科 Odontobutidae	2	
中华沙塘鳢 Odontobutis sinensis（Wu，Chen & Chong，2002）		沙塘鳢属
侧扁小黄黝鱼 Hypseleotris compressocephalus（Chen，1985）		小黄黝鱼属
虾虎鱼科 Gobiidae	4	
子陵吻虾虎鱼 Rhinogobius giurinus（Rutter，1897）		
溪吻虾虎鱼 Rhinogobius duospilus（Herre，1935）		
丝鳍吻虾虎鱼 Rhinogobius filamentosus（Wu，1939）		吻虾虎鱼属
李氏吻虾虎鱼 Rhinogobius leavelli（Herre，1935）		
丝足鲈科 Osphronemidae	1	
叉尾斗鱼 Macropodus opercularis（Linnaeus，1758）		斗鱼属
鳢科 Channidae	2	
斑鳢 Channa maculata（Lacépède，1801）		
月鳢 Channa asiatica（Linnaeus，1758）		鳢属
丽鱼科 Cichlidae	1	
尼罗罗非鱼 Oreochromis niloticus（Linnaeus，1758）		罗非鱼属
鳉形目 Cyprinodontiformes		
胎鳉科 Poeciliidae	1	
食蚊鱼 Gambusia affinis（Baird & Girard，1855）		食蚊鱼属

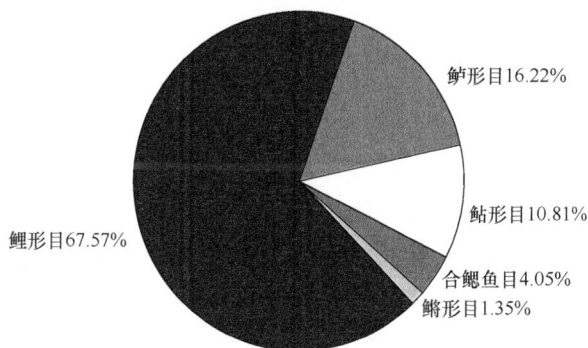

图 3.11　漓江中下游各目鱼类比例

Figure 3.11　Percent of species number of the species-rich order to the total species in the middle and lower reaches of Lijiang River

鲤形目鱼类个体数最多，为 6532 尾，占总个数的 64.29%；鲇形目为 1878 尾，占总个数的 18.48%；鳉形目 1 尾，占总个体数的 0.01%；合鳃鱼目为 26 尾，占总个数的 0.26%；鲈形目为 1729 尾，占总个数的 17.02%。鲤形目由 10 个亚科组成，分属于鳅科、鲤科、平鳍鳅科。主要由鳊亚科、鲌亚科、鲂亚科、鮈亚科组成，其中又以鳊亚科和鲌亚科鱼类个体数居多，分别为 1719 尾和 1312 尾（图 3.12）。

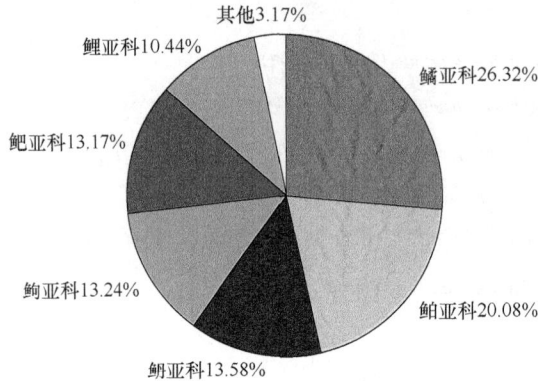

图 3.12　漓江中下游鲤科鱼类各亚科鱼类个体数比例

Figure 3.12　Percent of species number of each sub-family to the total of Cyprinidate in the middle and lower reaches of Lijiang River

在 74 种鱼类物种中，各物种 RD 均未超过 10%，优势种不明显。个体数最多的宽鳍鱲（826 尾）、中华沙塘鳢（865 尾）和黄颡鱼（851 尾），RD 值分别为 8.13%、8.51%和 8.38%，均为常见种。"四大家鱼"虽有捕获，但数量较少，其中青鱼 2 尾、鲢 2 尾、鳙 1 尾（图 3.13）。

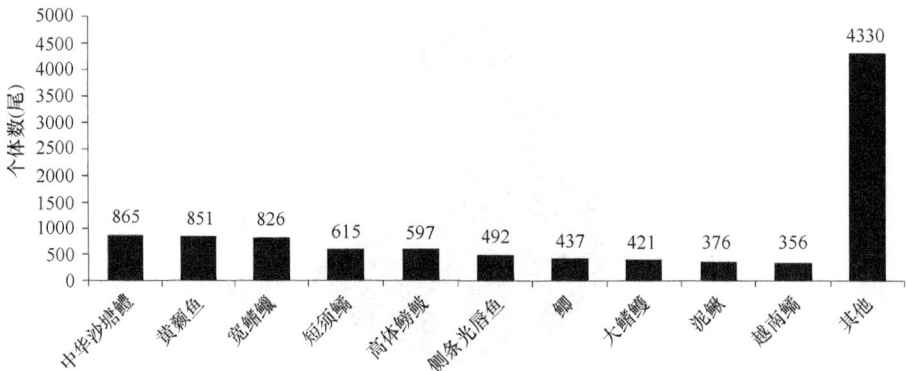

图 3.13　漓江中下游鱼类个体数

Figure 3.13　Fish abundance in the middle and lower reaches of Lijiang River

2. 鱼类分布特征

结合朱召军等在漓江上游的结果[9,10]分析，根据鱼类物种组成的差异，利用相似性矩阵分析可将漓江分为 3 个不同河段，即上游支流、上游干流、中下游（图 3.14）。漓江鱼类组成呈显著的纵向分布特征，即由上游源头至下游桂江源头地区鱼类的种类组成变化明显。A 区域为各个支流，包括小溶江、川江、陆洞河、黄柏江，主要代表鱼类为江河性鱼类，如宽鳍鱲、马口鱼等鲴亚科类鱼类；B 区域为上游干流流域，包括甘棠江、灵川县，主要代表鱼类为中华沙塘鳢、鳌等江河性鱼类；C 区域为漓江中下游流域，即桂林至平乐县间的漓江河段，主要代表鱼类为伍氏半鳘、中华沙塘鳢、黄颡鱼等鱼类。

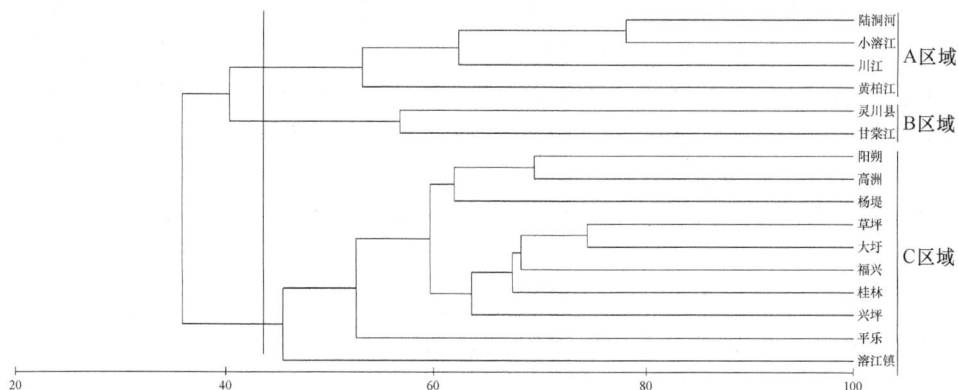

图 3.14　利用 Jaccard 相似性指数划分的漓江河段图
Figure 3.14　The classification of sampling sites using Jaccard similarity measure in the Lijiang River

3. 鱼类区系存在度

区系存在度（VFP）分析时去除外来物种，如食蚊鱼和尼罗罗非鱼，则漓江土著鱼类有 72 种，隶属于 4 目 13 科 53 属。以下将分别从目、科、属的区系存在度进行描述。

漓江土著鱼类由 4 目组成。按所含科的绝对数排序，排在第 1 位的是所含科数最多的鲈形目，有 5 科，分别为鮨科、沙塘鳢科、虾虎鱼科、丝足鲈科、鳢科；鲤形目和鲇形目各有 3 科，并列第 2 位；合鳃鱼目仅有 2 科，排在第 3 位。目级水平采用区系存在度方法排序，4 个目的排序依次为合鳃鱼目，鲤形目，鲇形目，最后是鲈形目。

在科级水平上，漓江中下游鱼类隶属于 13 科。按传统绝对数排序法分析，结果为鲤科鱼类含 32 属 50 种，以其物种数量占总种数的 69.44%排在第 1 位，远远高于其他科鱼类；排在第 2 位的是鳅科，包含 7 属 9 种（包含小条鳅属、南鳅属、沙鳅属、薄鳅属、花鳅属、副鳅属、泥鳅属），占中下游鱼类总种数的 12.5%；鲿科排第 3 位，包含 3 属 6 种（包含黄颡鱼属、拟鲿属、鳠属），其物种数占总物种数的 8.33%。虾虎鱼科包含 1 属 4 种（只包含吻虾虎鱼属），排在第 4 位，在总物种数中占到了 5.56%。沙塘鳢科包含 2 属 2 种，但其物种数量仅占到总物种数的 2.78%。平鳍鳅科、刺鳅科、鮨科、鳢科则以单属双种的形式存在，各占物种总数的 2.78%。其他科鱼类（合鳃鱼科、鲇科、胡子鲇科、丝足鲈科）均以单属单种形式存在，其物种数量总和仅占总物种数的 5.56%。

然而依据科级区系存在度的分析结果显示，鲤科、鳅科和鲿科在该研究区域分布的属种最多，但区系存在度只有鳅科大于 30%。综合数据得出：沙塘鳢科、鳢科等分布广泛、分化程度低、耐受性强的鱼类在漓江的存在度较高，达到了 50.00%以上，如沙塘鳢科全世界仅有 3 属，主要分布在亚洲东部及俄罗斯地区[2]，在漓江发现有 2 属（包括沙塘鳢属和小黄黝鱼属），区系存在度达到了 66.67%，具有典型的亚洲鱼类河流分布的特点；鳅科在漓江的区系存在度达到了 38.89%，排在第 3 位，按属种绝对数目排列，鳅科排在第 2 位，分化程度相对较高，这可能是漓江复杂的生态环境、独特的地貌导致；合鳃鱼科、刺鳅科、鲤科等其他科分化程度不高。

在属级水平上，吻虾虎鱼属包含 4 个物种，约占漓江鱼类总物种数的 5.56%，所含种的绝对数目最高；其次是鳠属所含种的绝对数目为 3 种，占漓江鱼类总物种数的 4.17%。原缨口鳅属、黄颡鱼属、鲤属、异华鲮属、鳠属、鳅属、光唇鱼属、鰼属、薄鳅属、小鳔鮈属、鳢属、南鳅属、拟鲿属、刺鳅属各含 2 种，排在第 3 位，约为漓江鱼类总物种数的 2.78%。其余 37 个属均为单种属，共占漓江鱼类总物种数的 51.39%。

根据区系存在度分析结果显示，在漓江中下游的区系存在度排序中排在首位的 5 个属（副泥鳅属、草鱼属、青鱼属、鳙属和胡鮈属）均为单种属，这也表明漓江流域鱼类特有种较多；小条鳅属、鲢属、黄颡鱼属 3 个属的区系存在度达到 50%，排在前 10 位，并且黄颡鱼属所包含种的绝对数目大于等于 2，可以看出这 8 个属的鱼类主要分布地在中国。区系存在度小于 20%的有 36 属，占属总数目的 67.92%，所含种的绝对数目最高的吻虾虎鱼属在区系存在度排序中排在第 41 位，区系存在度仅为 6.6%。可以看出属级水平的两种排序分析方法之间存在显著差别。

通过以上分析可以得出 72 种鱼类中主要分布区在中国、属所含种数较少的鱼类在漓江的分布较为广泛，这也印证了漓江鱼类物种多样性较为丰富这一结论；并且一些分化程度较高、包含鱼类物种数较多的属，在漓江分布较少；属的均匀性高，但属内分化较低，单属单种所占比例较大，间接表明漓江生态环境较为单一，多样性较差，相比于历史数据，漓江鱼类多样性出现了下降趋势。

4. 鱼类生态类型

本次所采集的 74 种鱼类的生活习性可以划分为两种，即江河湖泊定居型鱼类和溪流型鱼类。根据鱼类栖息水层的不同，将鱼类划分为 4 种生态位：上层鱼类，如伍氏半鳘、鲢、鳙等，植食性或无脊椎动物性食性的鱼类共 7 种，占 9.46%；中上层鱼类，如宽鳍鱲、马口鱼等，以草食性鱼类较多且游泳力较强，共 10 种，占 13.51%；中下层鱼类，如短须鳔、黑鳍鳈等，食鱼性鱼类居多或以底栖生物和水草为食，共 24 种，占 32.43%；底层鱼类，如泥鳅、黄颡鱼等，以底栖生物或者固着藻类为食物，共 33 种，占 44.60%。从食性分析，该区域鱼类可以分为植食性、肉食性、杂食性和无脊椎动物或昆虫食性。植食性鱼类如草鱼、高体鳑鲏等，以高等植物、藻类和其他生长在水中的植物等为食，占鱼类总物种数的 14.87%；肉食性鱼类如黄颡鱼、鲇等，主要以小鱼、小虾等游泳生物为食，占鱼类总物种数的 22.97%；杂食性鱼类如泥鳅、鲫等，主要以水中浮游生物、昆虫、藻类、底栖动物、动植物碎屑等为食，占鱼类总物种数的 39.19%；无脊椎动物或昆虫食性如美丽小条鳅、吻虾虎鱼属等，主要以河流底部的摇蚊科幼虫、寡毛类、毛翅目、蜉蝣目等昆虫为食，占鱼类总物种数的 22.97%。

5. 漓江的鱼类区系

漓江中下游流域物种数最多的为鮈亚科鱼类，有 11 种；鲌亚科、鳅科、鲿科等鱼类也较为常见，共有 21 种，在物种总数中占到了 28.38%。根据科级区系存在度的结果显示，沙塘鳢科、鳢科等分布广泛、分化程度低、耐受性强的鱼类在漓江的存在度较高，如沙塘鳢科全世界仅有 3 属，区系存在度达到了 66.67%，具有典型的亚洲鱼类河流分布的特点；鳅科鱼类的绝对数排序和区系存在度排序分别为第 2 和第 3，排名均比较靠前，在漓江表现出较高的分化程度。

根据中国淡水鱼类的分布区划的划分标准[22]，该流域鱼类符合华南区系鱼类区系特征，应属于华南鱼类区系。1985 年史为良在总结前人研究结果的基础上，将中国的淡水鱼类划分为 8 个区系复合体[23]，即中国平原、南方平原、南方山地、中亚山地、北方平原、晚第三纪早期、北方山地和北极淡水八大区系复合体。其中，中亚山地区系复合体、北方山地区系复合体和北极淡水区系复合体所包含的物种及鱼类生态学特征与本研究区域内鱼类不符，通过对漓江的鱼类物种和生态学特征分析，大致可以归为以下 5 个大区系复合体。

（1）中国平原区系复合体：该区系鱼类特点为产漂浮性或黏性不大的鱼卵，且对河流水位水量的变动极其敏感，代表性鱼类为"四大家鱼"、马口鱼、鱲等产漂流性卵的鱼类；以及沙鳅亚科、鲌亚科、鲴亚科、鮈亚科（除麦穗鱼）等产黏性较差卵的鱼类。在对该区域鱼类的统计中发现，中国特有种为 22 种，区系存在度高，占鱼类总数的 29.73%，符合中国平原区系复合体特点。

（2）南方平原区系复合体：代表性鱼类有鳢科、刺鳅、黄鳝、沙塘鳢科、鳠科等，这类鱼具有拟草色保护色躲避天敌和吸收游离氧的辅助呼吸器官。这类鱼适合炎热气候，广泛分布在东亚。据本次调查数据显示，这类鱼共有 22 种，占该研究区域内鱼类总数的 29.73%，属于较常见种。

（3）南方山地区系复合体：由于长期在南方山区的河流中生活，这类鱼进化出了特殊的吸附构造（如吸盘等），以便可以更好地在激流中生存，如平鳍鳅科、腹吸鳅科、鮡科等，在我国主要分布于南方山区的河流中，本次共发现 2 种，占总数的 2.70%。

（4）北方平原区系复合体：典型鱼类有鮈属、狗鱼、雅罗鱼、麦穗鱼、银鲫等耐寒、耐盐碱的鱼类。在漓江中下游仅出现有麦穗鱼 1 种，属于偶见种。

（5）晚第三纪早期区系复合体：该复合体代表性鱼类物种较多，代表鱼类有条鳅亚科、花鳅亚科、鲃亚科、鲤亚科、野鲮亚科等。共采集 25 种，占总数的 33.78%。这类鱼经济价值较高，人工养殖也比较多，为常见种。

综上所述，该研究区域内的鱼类构成是以南方平原区系复合体、晚第三纪早期区系复合体为主体的 5 个复合体共同构成。

3.2.3 分析与讨论

1. 鱼类物种组成

据朱召军等 2015 年对漓江上游的鱼类多样性调查结果显示，共捕集鱼类样本 72 种，隶属 4 目 15 科 51 属。而本次对中下游的采样中共采集 74 种鱼类样本，隶属 5 目 15 科 57 属。2 次调查研究共有种为 56 种，中下游特有种为 18 种。与上游相比，鲤形目鱼类所占总物种数有所上升；上游的鱼类组成多为能适应激流的溪流性鱼类，如方氏品唇鳅、中华原吸鳅、宽鳍鱲等；下游河段则多为喜好平缓水体的鱼类，如"四大家鱼"、鲫、黄颡鱼等。

综合以上数据得出 2014-2015 年共采集鱼类样本 91 种。漓江鱼类的物种数与历史记录的 144 种相比减少了 53 种，减少了 36.81%，渔获物中主要经济鱼类物种减少严重，大型鱼类在渔获物中所占比例极小，漓江鱼类物种总数呈现出显著的下降趋势。漓江鱼类物种组成的变化不仅在物种数量方面。本次调查结果显示，9 种属的鱼类在本次调查中没有采到。鱼类基因资源的不断丢失，致使水生生物不断向单种属方向发展，将对漓江生态安全造成巨大的潜在威胁，保护鱼类物种多样性迫在眉睫，应引起相关部门的足够重视。

2. 鱼类区系存在度

合鳃鱼目的区系存在度达到了 66.7%，在目级区系存在度排名中排到了第 1 位，合鳃鱼目的合鳃鱼科和刺鳅科分列在第 4 位和第 5 位，且存在度均为 25%，在该研究区域内存在度较高。目级中排第 2 位的鲤形目所含的鳅科、鲤科、平鳍鳅科，在科级存在度中分别排在第 3、第 6、第 11 位。鲇形目排在第 3 位，其包含的鲿科、鲇科、胡子鲇科 3 个科，分别排在第 7、第 8 和第 9 位。目级水平中排在最后 1 位的是鲈形目，其中包含沙塘鳢科、鳢科、丝足鲈科、鲐科、虾虎鱼科分别排在第 1、第 2、第 10、第 12 和第 13 位。综合上述结果可以看出，目级存在度高（低），其次级单位（科级）存在度不一定高（低），二者之间相关性不高。

绝对数排序和区系存在度排序有很大差别。在 57 个属的漓江土著鱼类中鲤形目占了 60.38%，属级前 10 位中，属于鲤科鱼类的有青鱼属、草鱼属、鳙属、胡鮈属、小条鳅属、鲢属、鳤属、异华鲮属、细鳊属 9 个属，并且这 9 个属种的绝对数目均不超过 2 种；属物种数目最多的吻虾虎鱼属区系存在度仅为 6.60%，在属级区系存在度排序中排在第 41 位。说明漓江鱼类属内包含的物种数较少，属内分化程度较低，多样性较差。从科级水平来看，鱼类科级所含属数最多的鲤科区系存在度相对较低，而包含属数较少的科，如沙塘鳢科、鳢科区系存在度均大于 50.00%，在漓江的区系存在度较高，体现了亚洲热带地区独有的区系组成特征；鳅科鱼类的绝对数排序和区系存在度排序均比较靠前，在漓江表现出较高的分化程度。由于鳅科鱼类属于底栖鱼类，可以推测漓江河流复杂的地质地貌可以为鳅科鱼类的生存繁衍提供良好的环境基础。

3.3　青狮潭水库鱼类物种组成特征研究

我国水库鱼类资源调查可追溯到 20 世纪 60 年代，当时主要为了提高水库渔业捕捞效率以及渔业生产力。随着水库渔业资源面临枯竭以及环境问题的凸显，进入 21 世纪逐步关注水库水生生物与环境关系、水利开发建设对水生态的影响。

青狮潭水库是桂北山区漓江上游支流甘棠江上的大型水库，该区域珍稀物种资源丰富，已被列为广西壮族自治区自然保护区，是桂北山地水源涵养与生物多样性保护区的重要组成部分[24]。近年来，随着水库功能的调整，一系列的人为活动，如库区鱼类过度捕捞、鱼类随意放生、水上旅游开发等活动，鱼类生态面临威胁。以往对该水库研究多从水利工程、库区消落带生态修复、水环境污染等角度[25-27]，对库区鱼类生态鲜有研究。本研究通过对水库鱼类资源现状调查，分析鱼类多样性及其时空变化，为流域水库水生生物资源保护及流域水环境管理提供必要依据。

3.3.1 材料与方法

1. 样品采集

2015年4月、7月、10月和2016年1月，分季度对研究区鱼类资源进行调查。根据《内陆水域渔业自然资源调查手册》[28]，采用多网目刺网（2cm、4cm）及地笼在指定区域（图 3.15）进行鱼样采集。渔获物现场分类鉴定、测量计数。难鉴定的渔获物用10%的福尔马林固定后带回实验室分析，统计后用5%的福尔马林保存[29]。

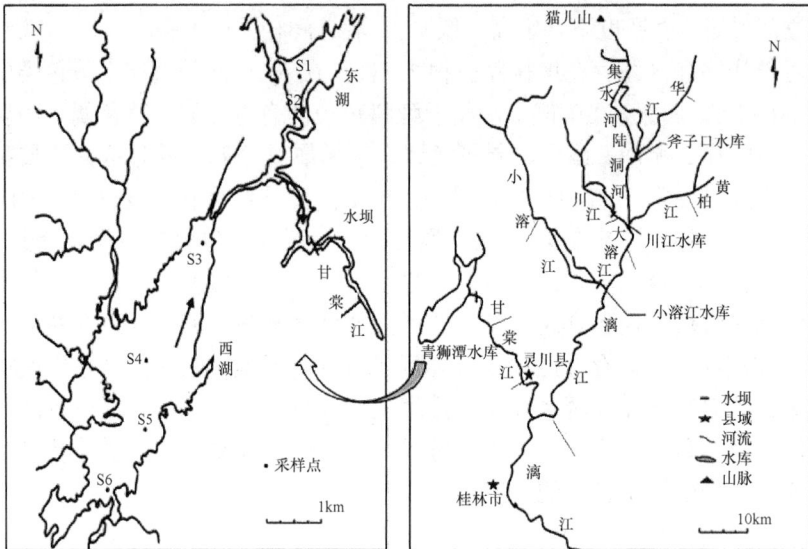

图 3.15　青狮潭库区采样点分布图

Figure 3.15　Sampling sites in the Qingshitan Reservoir

2. 数据处理

相对重要性指数：IRI＝$(P_i + W_i) \times F_i \times 100$。相对重要性指数（IRI）等级划分：IRI≥10 为优势种；1≤IRI＜10 为常见种；IRI＜1 为稀有种。其中，P_i 表示种 i 的个体数 n_i 在样本全部个体 N 中所占的比例；W_i 为种 i 的个体重量在样本全部个体总重量 W 中所占的比例；F_i 为种 i 出现的频率。

3.3.2 研究结果

1. 鱼类物种组成

该研究共采集鱼类3750尾，共计32种，隶属于5目12科26属，其中，鲤形目 2 科 17 种，占总物种数的 53.13%；鲈形目 4 科 9 种（28.13%）；鲇形目 3 科 3 种（9.38%）；合鳃鱼目 2 科 2 种（6.25%）；鲑形目 1 科 1 种（3.13%）。其中，易濒危物种长身鳜 1 种；引进物种有太湖新银鱼、团头鲂及尼罗罗非鱼 3 种。根据相对重要性指数（IRI）划分，鱼类优势种有鲫（38.59）、鳘（33.18）和鲤（23.75）3 种，其 IRI＞20，均为显著优势种；常见种有大眼华鳊、太湖新银鱼等 10 种；稀有种有马口鱼、长身鳜等 19 种（表 3.4）。

表 3.4 青狮潭水库鱼类物种组成、相对重要值与生态类型
Table 3.4 Species compsosition，IRI value and ecological types of fishes
in the Qingshitan Reservoir

种类	数量	重量（g）	频率（%）	相对重要值	生态类型
鲑形目 Salmoniformes					
银鱼科 Salangidae					
太湖新银鱼*Neosalanx taihuensis	1 061	1 395	8.33	2.43	C，L
鲤形目 Cypriniformes					
鳅科 Cobitidae					
泥鳅 Misgurnus anguillicaudatus	91	1 038	20.83	0.65	O，De
鲤科 Cyprinidea					
马口鱼 Opsariichthys bidens	5	230	8.33	0.02	C，U
青鱼 Mylopharyngodon piceus	2	2 350	8.33	0.13	C，L
草鱼 Ctenopharyngodon idellus	13	9 526	33.33	2.19	H，L
鳘 Hemiculter leucisculus	1 086	8 686	95.83	33.18	O，U
伍氏半鳘 Hemiculterella wui	7	57	8.33	0.02	O，U
团头鲂*Megalobrama amblycephala	2	412	4.17	0.01	H，L
大眼华鳊 Sinibrama macrops	210	3 794	91.67	7.40	C，U
圆吻鲴 Distoechodon tumirostris	9	321	12.50	0.06	O，L
鳙 Hypophthalmichthys nobilis	11	12 024	33.33	2.71	C，U
鲢 Hypophthalmichthys molitrix	4	6 030	16.67	0.67	H，U
唇鲭 Hemibarbus labeo	25	2 079	33.33	0.67	C，L
间鲭 Hemibarbus medius	6	232	16.67	0.05	O，L
花鲭 Hemibarbus maculatus	7	118	16.67	0.04	C，L
棒花鱼 Abbottina rivularis	1	9	4.17	0.00	O，L
鲤 Cyprinus carpio	272	26 872	95.83	23.75	O，L
鲫 Carassius auratus	571	35 817	100.00	38.59	O，L
鲇形目 Siluriformes					
鲇科 Siluridae					
鲇 Silurus asotus	35	14 230	41.67	4.26	C，De
胡子鲇科 Clariidae					

种类	数量	重量（g）	频率（%）	相对重要值	生态类型
胡子鲇 *Clarias fuscus*	39	5 057	45.83	1.99	O，De
鲿科 Bagridae					
黄颡鱼 *Tachysurus fulvidraco*	137	6 429	66.67	5.23	C，De
合鳃鱼目 Synbranchiformes					
合鳃鱼科 Synbranchidae					
黄鳝 *Monopterus albus*	5	1 149	20.83	0.18	O，De
刺鳅科 Mastacembelidae					
大刺鳅 *Mastacembelus armatus*	3	400	8.33	0.03	O，De
鲈形目 Perciformes					
鮨科 Serranidae					
中国少鳞鳜 *Coreoperca whiteheadi*	2	142	8.33	0.01	C，L
漓江鳜 *Coreoperca loona*	49	2 465	62.50	1.82	C，L
长身鳜 *Coreosiniperca roulei*	1	42	4.17	0.00	C，L
斑鳜 *Siniperca scherzeri*	9	424	16.67	0.09	C，L
大眼鳜 *Siniperca knerii*	4	339	8.33	0.03	C，L
丽鱼科 Cichlidae					
尼罗罗非鱼* *Oreochromis niloticus*	18	7 810	29.17	1.63	O，L
沙塘鳢科 Odontobutidae					
中华沙塘鳢 *Odontobutis sinensis*	10	130	8.33	0.03	C，De
鳢科 Channidae					
斑鳢 *Channa maculata*	53	3 516	62.50	2.32	C，L
月鳢 *Channa asiatica*	2	155	8.33	0.01	C，L

注：*. 外来种；H. 植食性；C. 肉食性；O. 杂食性；U. 中上层；L. 中下层；De. 底栖

鱼类食性组成分析显示，杂食性鱼类生物量（57.05%）最大，肉食性鱼类（32.53%）次之，植食性鱼类（10.42%）最少；种类上以肉食性鱼类最多（17 种），杂食性鱼类（12 种）次之；植食性鱼类最少，仅 3 种（表 3.4）。

2. 鱼类物种时空分布

水库鱼类季节分布，春季物种数最大，占全年的 75%；秋季最小，只占全年的 56%，鱼类物种数从春季到秋季呈下降趋势（图 3.16）。各季节鱼类均以鲫、鲤、鳘为主，秋冬季节太湖新银鱼个体数较多。水平空间上，物种数在采样点 S1 处最大，占整个水库的 75%；采样点 S3 处最小，占比不到 44%。物种数在空间上的分布呈现一定的规律性（图 3.17）。采样点 S1、S6 处鱼类物种数最多，S2、S4、S5 处次之，S3 处最少。其中，采样点 S1、S2、S3 处鱼类以鳘、鲤、鲫为主，S4

处太湖新银鱼较多，S5 处以鲫、黄颡鱼为主，S6 处以鲤、鲫、鳙为主。水库鱼类垂直分布以中下层鱼类为主，个体数及生物量分别占鱼类总数的 56.18%及 61.34%；上层鱼类次之，个体数及生物量分别占总数的 35.28%及 20.11%；底栖鱼类最少，个体数及生物量分别占总数的 8.53%及 18.55%。其中上层鱼类以鲹、大眼华鳊为主，中下层鱼类以鲤、鲫为主，底层鱼类以黄颡鱼、鲇为主。

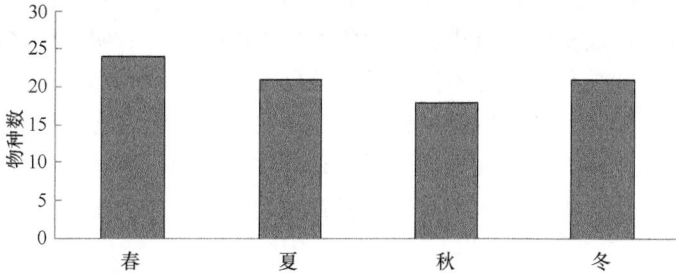

图 3.16　青狮潭水库不同季节的鱼类物种数

Figure 3.16　Fish species in different seasons in the Qingshitan Reservoir

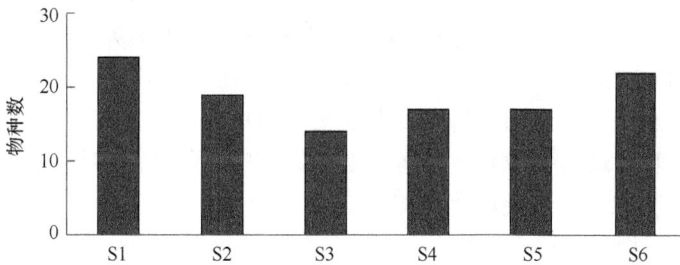

图 3.17　青狮潭水库不同采样点的鱼类物种数

Figure 3.17　Fish species in different sampling sites in the Qingshitan Reservoir

3.3.3　分析与讨论

1. 鱼类组成变化

　　青狮潭水库位于漓江上游流域，水库鱼类以喜缓流性的鲫、鲹和鲤鱼为主。朱召军等[9]研究表明，漓江上游河流鱼类以宽鳍鱲、方氏品唇鳅等溪流性鱼类为主。同一区域的两种水域鱼类组成差异明显，可能是河流受水库大坝的拦截，水流、水位等水文条件改变造成。水库中的太湖新银鱼、团头鲂在漓江河流中比较少发现，这可能与过去库区水产养殖外来种引进[30]和水坝的隔绝作用有关。据王崇等[31]研究表明，水域生态环境的改变是鱼类种类组成及其群落结构变化的主要因素，水库鱼类中急流底栖类群减少，静缓流类群增加。与水库 20 世纪七八十年代主要渔获物组成及渔获量比较，青狮潭水库鱼类群落结构变化为以滤食性鱼类鲢、鳙为主的大型鱼类丰度显著减小，以鳌、黄颡鱼为主的小型鱼类数量明显增加。这与水坝的隔绝作用、高强度的渔业捕捞等因素密切相关[32]。鲤、鲫杂食性鱼类为水库的优势种鱼类可能与近年来高强度的网箱养殖给库区带来丰富的碎屑性饵料有关。

水库鱼类食性组成以肉食性鱼类物种数最多，生物量以杂食性鱼类最大，植食性鱼类的物种数和生物量最小（表 3.4）；鱼类群落垂直分布，以鲫、鲤等中下层鱼类物种最多，底栖鱼类最少。这种鱼类生态类型组合表明库区水体初级生产力不强，库区渔业自然生产力不高，需要外界大量提供营养物质。过去库区高强度的水产养殖，引进鱼类的同时，也向水库投加大量饵料资源。在资源过剩情况下，生态位可完全重叠[33]，短期内可造成杂食性鱼类及凶猛型鱼类的增加。随着库区水源保护力度的加强，人工外来饵料资源的减少，鱼类生态位将发生移动，种类可能会减少。

2. 与其他水库比较

与龟石水库[34]、大王滩水库[35]鱼类组成情况相比，青狮潭水库鱼类组成与龟石水库相似性高，主要鱼类都有鲤、鲫等，共有鱼类物种数为 22 种，各占水库鱼类物种总数的 68.75%、59.46%。这主要是由于二者同处于中亚热带季风气候区，自然地理条件类似。外来引进种尼罗罗非鱼、银鱼均已成为库区常见种，其中龟石水库中外来物种还有食蚊鱼，这可能是食蚊鱼广泛的适应性取代青鳉的生态位造成的。与大王滩水库鱼类群落结构差异大，后者鱼类以鲤鱼、罗非鱼、露斯塔野鲮为主，外来物种占比高；两个水库共有种鱼类只有 12 种，分别占两个水库鱼类总物种数的 37.5%、29.27%。这与二者所处不同的自然地理位置、人为活动有关。3 个主库大小、建库历史、水库功能定位相似，造成大王滩水库鱼类群落结构与青狮潭水库、龟石水库不同的因素，可能是前者处于南亚热带季风气候区，光热资源充足，水体初级生产力高，有利于外来鱼种（罗非鱼、露斯塔野鲮）能在此过冬、自然繁殖。另外，大王滩水库处于人口密度高的市区郊外，外来种引进的风险高。青狮潭水库与龟石水库鱼类组成变化趋势相似，渔获物中小型经济鱼类的比例呈明显上升趋势，这主要是二者存在过度捕捞，鱼类休养生息不足造成。区域水库鱼类群落结构变化比较表明，自然地理气候为鱼类的生存发展提供必要的条件，人为活动往往是诱发鱼类群落变化的关键因子。

与同处于岩溶地区的黑龙潭水库[36]和清水江三板溪电站水库库区[37]鱼类相比，青狮潭水库洞穴鱼类种数和数量最少，呈现明显洞穴鱼类特征[38]（如眼睛退化或变小）的种类仅有泥鳅、鲇等少数几种底栖鱼类。这可能是由于水库集水流域地貌大部分属于越城岭余脉的碎屑岩系中山类型，补水大部分来源于孔隙裂隙水（70%）。接收的少量地下水主要来自东岗岭组灰岩的裂隙溶洞里，这部分水也是以接受大气降水和两侧高山碎屑岩的孔隙裂隙水补给为主，岩溶水位明显高于库区正常水位（高差达 8m）[39]，可能造成库区与地下水区的鱼类交流不畅达。

3.4　会仙湿地鱼类物种组成特征研究

会仙湿地是国内占地最大的喀斯特湿地。湿地内主要的湿地类型有河流湿地（相思江、古桂柳运河）、湖泊湿地（睦洞湖）、沼泽湿地、养殖场湿地。湿地里人为饲养的鱼塘众多，饲养的鱼类品种众多，有青鱼、草鱼、鲤、鲫、鲇、胡子鲇、乌鳢、斑鳢等。会仙湿地分布的野生鱼类以青鳉、桂林薄鳅、中华花鳅、泥鳅、黄鳝等为常见种。会仙湿地内农田沟渠众多，如今许多农田沟渠被加以施工，施工导致不同类型沟渠的出现，至今，该区域内农田沟渠硬质化对鱼类影响的相关文献较为少见。本节以广西会仙湿地中的河流、湖泊和沟渠为研究对象，研究该湿地鱼类生物多样性现状，从生态学角度科学评价会仙湿地的鱼类多样性。

3.4.1　材料与方法

1. 采样方法

2014 年 6 月、7 月及 9 月、10 月对湿地范围内的不同类型农田沟渠进行鱼类样本的采集（图 3.18），2014 年的 7 月和 10 月及 2015 年的 1 月和 4 月在桂柳运河（S2、S3）、相思江（S8、S9）、睦洞湖（S4、S5、S6、S7），以及与湿地外部连通的良丰江（S1）和洛清江义江段（S10）设置采样点（图 3.19）。鱼类样本采集主要采用电捕法和人工抄网捕捞，每个采样点采集水面约 50m^2，持续时间 20min。所获样本以 10% 的福尔马林固定，运回实验室进行种类鉴定，鉴定后的样本用 5% 的福尔马林保存[40,41]。

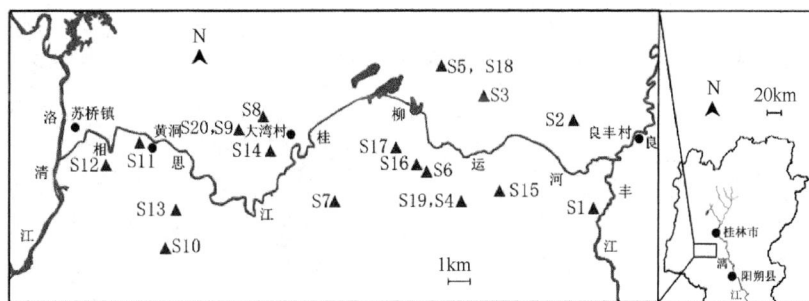

图 3.18　会仙湿地农田沟渠采样布点图

Figure 3.18　Sampling sites in the ditches of Huixian Wetland

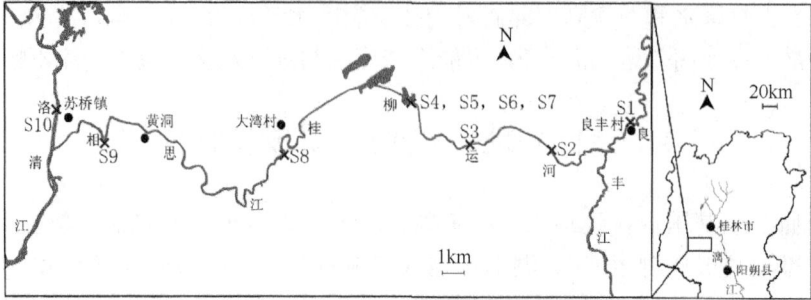

图 3.19　会仙湿地河流湖泊采样点分布图

Figure 3.19　Sampling sites in the rivers and lakes of Huixian Wetland

2. 沟渠类型分类方法

　　根据施工程度将沟渠类型分为 3 种：天然（A）、半硬质化（B）、硬质化（C）（图 3.20）。天然沟渠周边生着较多植物，沟渠内部分水体被生长在其周围的植被阴影所遮蔽，四周以水田为主要地貌类型，与田间水体交互程度较高，底部及两岸为土壤构成，有少许碎石，水深因地形原因起伏变化较大，流速慢；半硬质化沟渠植物多集中在一侧岸边，植物茂盛的一边有少量被植被遮蔽的水域，且四周基本以水田为主要的地貌类型，此种沟渠水体与田间水体的交互程度不如天然沟渠高，此类型沟渠多分布于公路旁边，因此人为污染将会比其他两种类型的沟渠更加严重，单侧边壁用水泥覆盖，水深变化不明显，流速中等；硬质化沟渠沟底和两岸都被水泥覆盖，水生植物很少生长于此，终日被阳光直射，此类沟渠基本为封闭式运输水体，与水田交互程度低，水深基本均匀无变化，流速较快。

天然(A)　　　　　　　　半硬质化(B)　　　　　　　硬质化(C)

图 3.20　会仙湿地 3 类沟渠外貌图

Figure 3.20　Three types of ditches in the Huixian Wetland

3. 数据处理

优势种的判定采用 3.3.1 节中的相对重要性指数（IRI）法。

3.4.2　研究结果

1. 鱼类物种组成

实验共收获样本 625 尾，鉴定为 30 种，属于 5 目 11 科 26 属（表 3.5）。鲤形目共 19 种，在所有鱼类物种数中占 63.33%；鲇形目 2 种，占 6.67%；鲇形目、合鳃鱼目各 1 种，在所有鱼类物种数中占 3.33%；鲈形目 7 种，在所有鱼类物种数中占 23.33%。鲤科 15 种，在鲤形目所有鱼类物种数中占 78.95%；所有鲤科鱼类中包含了鲌亚科、鮈亚科各 3 种，鮈亚科、鲃亚科和鲤亚科各 2 种，雅罗鱼亚科、鲌亚科和野鲮亚科各 1 种。其中，大部分鱼类出现在河流中，湖泊中只出现了 13 种，两种环境下都有捕获的仅有 9 种。此外，不同季节鱼类的优势物种有所不同，如春季优势物种为鲫和子陵吻虾虎鱼，夏季为高体鳑鲏和叉尾斗鱼，秋季为鲫，冬季为鲫和短须鱊。

表 3.5　会仙湿地湖泊河流鱼类名录及其分布

Table 3.5　Species compsosition and distribution of fishes in the Huixian Wetland

物种名	河流	湖泊	春	夏	秋	冬
鳅科 Cobitidae						
横纹南鳅 *Schistura fasciolata*（Nichols & Pope，1927）	+		0	0	8.4	0
中华花鳅 *Cobitis sinensis*（Sauvage & Dabry de Thiersant，1874）	+		0	144.7	12.4	45.0
泥鳅 *Misgurnus anguillicaudatus*（Cantor，1842）	+		0	0	0	38.0
鲤科 Cyprinidea						
宽鳍鱲 *Zacco platypus*（Temminck & Schlegel，1846）	+		19.8	0	109.5	13.0
马口鱼 *Opsariichthys bidens*（Günther，1873）		+	0	0	16.0	0
中华细鲫 *Aphyocypris chinensis* Günther，1868	+		13.1	0	8.0	0
草鱼 *Ctenopharyngodon idellus*（Valenciennes，1844）		+	0	0	468.2	0
细鳊 *Rasborinus lineatus*（Pellegrin，1907）		+	0	0	12.5	0
麦穗鱼 *Pseudorasbora parva*（Temminck & Schlegel，1846）	+	+	0	85.6	37.4	213.8
棒花鱼 *Abbottina rivularis*（Basilewsky，1855）	+	+	0	0	0	291.0
短须鱊 *Acheilognathus barbatulus*（Günther，1873）	+	+	0	0	117.6	1739.4
越南鱊 *Acheilognathus tonkinensis*（Vaillant，1892）	+		0	240.7	100.0	0
高体鳑鲏 *Rhodeus ocellatus*（Kner，1866）	+	+	964.6	2019.8	169.3	127.7
条纹小鲃 *Puntius semifasciolatus*（Günther，1868）		+	16.6	0	35.9	0

续表

物种名	河流	湖泊	IRI 指数			
			春	夏	秋	冬
光倒刺鲃 *Spinibarbus hollandi* Oshima，1919	+		0	0	27.1	0
异华鲮 *Parasinilabeo assimilis*（Wu & Yao，1939）	+		0	0	17.8	0
鲤 *Cyprinus carpio* Linnaeus，1758	+	+	359.2	0	31.0	72.6
鲫 *Carassius auratus*（Linnaeus，1758）	+	+	6069.7	0	4161.5	8365.9
平鳍鳅科 Balitoridae						
中华原吸鳅 *Protomyzon sinensis*（Chen，1980）	+		0	0	8.6	0
鲿科 Bagridae						
黄颡鱼 *Tachysurus fulvidraco*（Richardson，1846）	+		0	0	16.7	0
青鳉科 Oryziatidae						
青鳉 *Oryzias latipes*（Temminck & Schlegel，1846）	+		0	722.7	0	0
胎鳉科 Poeciliidae						
食蚊鱼 *Gambusia affinis*（Baird & Girard，1853）	+		0	346.7	57.1	0
合鳃鱼科 Synbranchiformes						
黄鳝 *Monopterus albus*（Zuiew，1793）	+		17.3	0	0	0
沙塘鳢科 Odontobutidae						
中华沙塘鳢 *Odontobutis sinensis*（Wu，Chen & Chong，2002）	+	+	285.4	141.7	173.3	16.5
虾虎鱼科 Gobiidae						
子陵吻虾虎鱼 *Rhinogobius giurinus*（Rutter，1897）	+	+	2186.4	20.4	38.4	188.3
溪吻虾虎鱼 *Rhinogobius duospilus*（Herre，1935）	+		104.3	0	16.9	0
李氏吻虾虎鱼 *Rhinogobius leavelli*（Herre，1935）	+		0	7.2	17.6	10.6
丝足鲈科 Osphronemidae						
叉尾斗鱼 *Macropodus opercularis*（Linnaeus，1758）	+	+	0	1215.8	393.5	0
鳢科 Channidae						
斑鳢 *Channa maculata*（Lacépède，1801）	+		0	0	44.2	0
月鳢 *Channa asiatica*（Linnaeus，1758）	+		0	0	0	68.0

会仙湿地沟渠共捕获鱼类样本 1388 尾，经鉴定为 25 种，隶属于 5 目 10 科 22 属（表 3.6）。鲤形目共 15 种，占所捕获总鱼类物种数的 60.00%；鲇形目 2 种，占 8.00%；鳉形目、合鳃鱼目各 1 种，占总鱼类物种数的 4.00%；鲈形目 6 种，占总鱼类物种数的 24.00%。鲤科鱼类 12 种，占鲤形目鱼类总物种数的 80.00%；鲤科鱼类中包括鲌亚科 3 种，鮈亚科、鲃亚科、鲴亚科和鲤亚科各 2 种，鲃亚科 1 种。其中，3 种类型沟渠中的鱼类物种数存在一定差异，如天然沟渠（A）、半硬质化沟渠（B）和硬质化沟渠（C）分别有鱼类 21 种、19 种和 14 种（表 3.6）。3 种类型沟渠都能生存的鱼类有 12 种，只在天然沟渠中发现的鱼类有 5 种，即越南鱊、短须鱊、鲤、斑鳢和月鳢，2 种鱼类仅出现在半硬质化沟渠，即胡子鲇和鳘，

而平头平鳅仅出现在硬质化沟渠中。

表 3.6　会仙湿地农田沟渠鱼类名录及其分布

Table 3.6　Fish list and its distribution in three different ditch types of Huixian Wetland

物种名	沟渠类型		
	A	B	C
鳅科 Cobitidae			
平头平鳅 *Oreonectes platycephalus*（Günther，1868）			+
泥鳅 *Misgurnus anguillicaudatus*（Cantor，1842）	+	+	+
大鳞副泥鳅 *Paramisgurnus dabryanus*（Dabry de Thiersant，1872）	+	+	+
鲤科 Cyprinidea			
马口鱼 *Opsariichthys bidens* Günther，1873		+	+
中华细鲫 *Aphyocypris chinensis* Günther，1868	+	+	+
鲦 *Hemiculter leucisculus*（Basilewsky，1855）		+	
细鳊 *Rasborinus lineatus*（Pellegrin，1907）	+	+	+
麦穗鱼 *Pseudorasbora parva*（Temminck & Schlegel，1846）	+	+	+
棒花鱼 *Abbottina rivularis*（Basilewsky，1855）	+	+	+
短须鱊 *Acheilognathus barbatulus*（Günther，1873）	+		
越南鱊 *Acheilognathus tonkinensis*（Vaillant，1892）	+		
高体鳑鲏 *Rhodeus ocellatus*（Kner，1866）	+		+
条纹小鲃 *Puntius semifasciolatus*（Günther，1868）	+	+	+
鲤 *Cyprinus carpio* Linnaeus，1758	+		
鲫 *Carassius auratus*（Linnaeus，1758）	+	+	+
鲇科 Siluridae			
鲇 *Silurus asotus* Linnaeus，1758	+		
胡子鲇科 Clariidae			
胡子鲇 *Clarias fuscus*（Lacépède，1803）		+	
胎鳉科 Poeciliidae			
食蚊鱼 *Gambusia affinis*（Baird & Girard，1853）	+	+	+
合鳃鱼科 Synbranchidae			
黄鳝 *Monopterus albus*（Zuiew，1793）	+	+	
沙塘鳢科 Odontobutidae			
中华沙塘鳢 *Odontobutis sinensis*（Wu，Chen & Chong，2002）	+	+	+
虾虎鱼科 Gobiidae			
子陵吻虾虎鱼 *Rhinogobius giurinus*（Rutter，1897）	+	+	
李氏吻虾虎鱼 *Rhinogobius leavelli*（Herre，1935）	+	+	
丝足鲈科 Osphronemidae			
叉尾斗鱼 *Macropodus opercularis*（Linnaeus，1758）	+	+	+
鳢科 Channidae			
斑鳢 *Channa maculata*（Lacépède，1801）	+		
月鳢 *Channa asiatica*（Linnaeus，1758）	+		

注：沟渠类型编号见图 3.20

3.4.3 分析与讨论

1. 会仙湿地河流与湖泊鱼类的差异

河流中采集到 26 种鱼类，而湖泊中只出现了 13 种。夏季湖泊中鱼类物种数、个体数和生物量较河流中均偏低，而冬季湖泊中的这些指标又较河流中的偏高，而春、秋季属于过渡阶段。可以推测会仙湿地鱼类在夏季偏向于在河流中活动，到冬季则移动到湖泊中过冬。另外，湖泊浊度低且植被覆盖度高（表 3.7），鱼类生物量相比河流明显偏高，可能由于浮游动物和叶绿素在湿地湖泊中比河流中含量高[42]，导致大量营养物质通过生物链不断富集到鱼类体内，最终导致湖泊鱼类生物量增高。

表 3.7　会仙湿地河流湖泊采样点理化性质
Table 3.7　Physicochemical property of sampling sites from rivers and lakes in the Huixian Wetland

采样点	温度（℃）	浊度（NTU）	pH	溶解氧（mg/L）	电导率（μs/cm）	水面宽（m）	水深（m）	植被覆盖率（%）
S1	21.3±5.7	14.9±6.4	7.5±0.6	7.2±1.4	300.5±47.8	21.7±2.8	0.6±0.3	0.6±0.3
S2	22.1±6.9	9.7±8.7	7.5±0.4	2.4±1.1	367.0±77.7	20.5±1.5	0.7±0.4	0.3±0.2
S3	22.5±7.7	6.5±2.1	7.5±0.5	4.2±2.5	331.8±27.5	10.2±1.3	0.6±0.2	0.1±0.1
S4	23.2±7.5	4.8±1.4	7.8±0.4	7.2±4.4	248.3±84.0	21.4±6.1	0.9±0.7	0.7±0.3
S5	23.2±7.6	3.0±1.7	8.0±0.8	7.8±5.4	231.8±79.9	29.0±10.8	1.0±0.4	0.8±0.1
S6	22.6±8.1	3.0±1.0	7.7±0.5	5.3±2.1	228.3±95.9	33.8±24.2	1.1±0.6	0.5±0.2
S7	23.0±8.3	3.6±2.7	8.0±0.7	6.8±2.6	224.0±90.9	28.8±20.9	0.7±0.3	0.7±0.3
S8	23.2±6.1	24.7±14.4	7.6±0.9	5.6±1.7	257.8±77.4	25.0±10.2	0.6±0.3	0.4±0.3
S9	23.9±6.6	10.1±7.0	7.8±0.4	7.1±2.3	272.0±75.7	76.3±13.2	0.7±0.6	0.6±0.2
S10	24.3±5.6	15.9±7.7	7.9±0.4	9.2±1.4	162.8±42.5	72.4±12.6	0.4±0.2	0.2±0.2

注：表中数据为 $M±SD$

2. 沟渠硬质化对鱼类的影响

会仙湿地农田里 3 种不同类型沟渠里鱼类群落结构不存在明显差异性（$P>0.05$），造成这种结果的原因可能是沟渠虽被铺上水泥，但硬质化沟渠底部依然长有少许植物（表 3.8），虽然植被可减少 3 类沟渠之间的差异性，但水泥沟渠中相对较少的植被量还是使鱼类群落比较简单。

表 3.8　会仙湿地农田沟渠采样点理化性质
Table 3.8　Physicochemical property of sampling sites from ditches in the Huixian Wetland

类型	温度（℃）	浊度（NTU）	pH	溶解氧（mg/L）	电导率（μs/cm）	沟渠宽度（m）	植被覆盖率（%）
A	29.7±2.9（夏）	20.0±33.6	7.2±0.2	4.6±2.0	330.8±75.6	1.2-3.5	38.8±22.3
	27.4±2.9（秋）	31.7±66.2	7.6±0.9	5.9±2.7	382.2±135.6	0.7-9.0	25.6±25.1
B	30.8±2.2（夏）	27.2±17.2	7.7±0.6	7.4±0.7	250.0±134.5	1.2-1.6	33.1±26.9
	27.3±2.8（秋）	21.6±17.0	7.2±0.5	6.9±1.2	236.5±95.2	0.4-2.2	40.0±30.4
C	29.4±2.1（夏）	12.9±12.3	7.3±0.4	4.2±2.9	554.7±363.8	0.6-1.8	27.1±22.7
	26.4±2.0（秋）	12.9±14.6	7.8±0.9	8.0±2.0	355.0±221.6	0.6-1.3	24.1±29.6

注：温度、溶解氧、pH、电导率、浊度及植被覆盖率的值为 $M \pm SD$

农田水利工程的发展导致天然河床被开发利用，逐渐导致湿地生态系统功能的减弱[43]。另外，水泥铺设的沟渠中蚌类失去了原本的生存环境，进而对通过蚌类产卵的鱼类产生不利影响，如高体鳑鲏。此外，沟渠硬质化减少了鱼类的食物来源，进而降低了鱼类多样性指数[44,45]。本研究结果表明，在硬质化沟渠中没有发现越南鱊、短须鱊、虾虎鱼诸类拥有特殊产卵习性的鱼类，虽然高体鳑鲏出现在硬质化沟渠中，但其个体数最少。

3.5　漓江中游鱼类早期资源研究

鱼类早期发育阶段的种类鉴定是鱼类早期资源调查中的关键步骤，对确定水域繁殖鱼类以及了解鱼类早期阶段发育过程有重要意义。由于鱼类的早期生活史阶段形态变化极快，内部和外在形态特征均呈现出明显的阶段性，因此，鉴定处于早期发育阶段的鱼类的种类是一项精细而复杂的工作。鱼类早期资源调查可追溯到 19 世纪八九十年代，起初就以鱼类早期资源采样技术、鉴定技术及鱼类种类数量变动机制三方面基础工作为主[46]。自 20 世纪 50 年代，我国学者在近海和内陆河流进行了一系列关于鱼类早期资源调查的工作[47]，近些年来，以长江鱼类早期阶段资源调查为主的鱼类早期阶段资源调查已较为完善，为我国淡水鱼类早期阶段种类鉴定积累了基础资料[48-52]。

漓江位于广西东北部，是西江水系的重要支流，是典型的雨源型山地河流，鱼类物种丰富，历史记载的鱼类有 144 种[1]。本研究以漓江中游干流和支流为调查区域，从其近岸水域采集的仔稚鱼样品中收集一定具有代表性的仔稚鱼标本，对其形态特征及一些生态习性进行描述，以补充淡水鱼类早期发育形态学特征资料。

3.5.1 材料与方法

1. 研究区域

漓江,发源于兴安县华江乡越城岭猫儿山,从兴安县溶江镇至平乐县城 164km 河段称为漓江,平乐县城以下至梧州 220.6km 称为桂江。漓江总流域面积 6050km^2,整个流域属岩溶地貌,河道复杂,河床比降较大,为 4/1000。漓江地处亚热带地区,属于亚热带湿润季风气候,高温多雨,年均气温为 19.1℃,年均降水量约为 1627mm,水位、水量受降雨影响明显,为典型雨源性河流。汛期一般为每年 3-8 月,最高水位出现在 5-6 月,汛期洪水暴涨暴落特征明显。依据其地理与水文特征,漓江可分为上游——溶江镇至桂林城区;中游——桂林城区至阳朔县城(图 3.21);下游——阳朔县城至平乐县城。漓江中游河段是桂林旅游的黄金水道,属一类维护航道,沿途分布较多风景名胜,年客运量均超过 180 万人次。其间有桃花江、相思江、牛溪河等支流汇入。

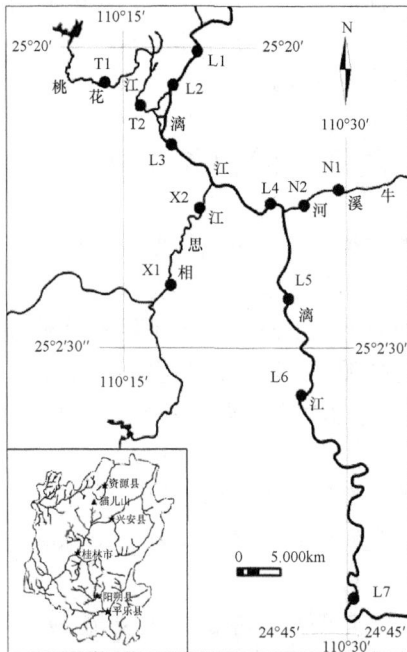

图 3.21 漓江中游采样点分布图
Figure 3.21 Sampling sites in the middle reaches of Lijiang River

2. 采样与种类鉴定

2014 年 5 月至 2015 年 4 月,在漓江中游(桂林市至阳朔县段)干流及其支流近岸水域选取 13 处采样点，用抄网捞取，进行逐月采样，一般安排为每月 20-24 日进行。采样网具为抄网，采样方法选用参照 Wintersberger[53]和陈义雄等[54]的岸边观察和抄网采集法。采样区域及采样点分布见图 3.21。从所采集仔稚鱼标本中选取能代表各发育阶段的个体，在体视显微镜（Motic SMZ-168）下观察其外部形态特征，并拍照记录，采用网格法测量全长。依据《长江鱼类早期资源》、《广西淡水鱼类志》并采用动态追踪法对标本进行鉴定，即通过个体较大的标本与其相应成鱼形态特征进行比较鉴定，通过系列标本逐步追踪至早期的仔鱼。根据网具对仔稚鱼的选择性，发育阶段划分按照 Okiyama Muneo[55]中的划分方法，即卵黄囊消失至各鳍条发育完成为仔鱼期，各鳍发育完全至变态发育完成，各项特征与成鱼基本相同阶段为稚鱼期。肌节数采用《葛洲坝水利枢纽与长江四大家鱼》中的两段法计算[56-58]。

3.5.2 研究结果

1. 种类组成

调查共采集仔稚鱼样本 11 886 尾，经鉴定为 18 种，隶属于 3 目 8 科 16 属，其中 1 种鉴定到科级水平，为鲤科鱼类。鲤形目 12 种，占总物种数的 66.67%；鲇形目 2 种，占总物种数的 11.11%；鲈形目 4 种，占总物种数的 22.22%。鲤科鱼类 9 种，占总物种数的 50.00%；虾虎鱼科 2 种，占总物种数的 11.11%；鮨科、沙塘鳢科、胎鳉科、青鳉科各 1 种，各占 5.56%（图 3.22）。主要优势种为高体鳑鲏，占总个体数的 48.60%，其次是宽鳍鱲（22.60%）、䱗（21.66%）、食蚊鱼（3.60%）、广西鳈（1.59%），以上 5 个物种占总渔获个体数的 98.05%（图 3.23）。采集样品多为外源营养期仔鱼和稚鱼，其成鱼大部分为小型鱼类。

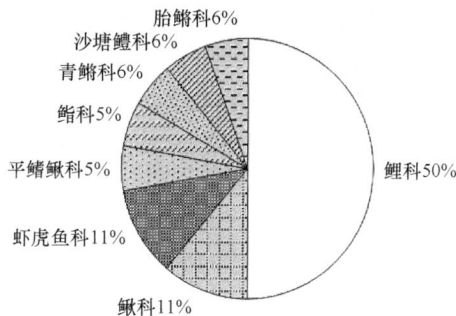

图 3.22 漓江中游各科仔稚鱼物种数所占比例
Figure 3.22 Percent of species number of each family to the total species in the middle reaches of Lijiang River

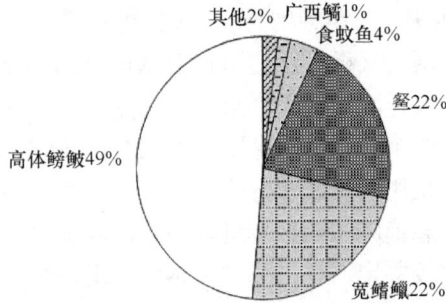

图 3.23　漓江中游仔稚鱼个体数所占比例

Figure 3.23　Percent of individual number of each species to the total catches in the middle reaches of Lijiang River

　　泥鳅、宽鳍鱲、棒花鱼、青鳉、中华沙塘鳢、子陵吻虾虎鱼和溪吻虾虎鱼产黏性卵，而斑鳜、鲞、银鮈和草鱼产漂浮性卵。高体鳑鲏和广西鱊为喜贝性产卵鱼类。目前，中华原吸鳅、侧条光唇鱼和中华花鳅产卵特征不详。草鱼、银鮈和棒花鱼为一年一批产卵，中华原吸鳅、广西鱊、中华沙塘鳢和溪吻虾虎鱼产卵类型不详，其他 10 种均为分批产卵鱼类。漓江中游近岸水域 16 种鱼类仔稚鱼发育阶段和繁殖类型结果如表 3.9 所示。各鱼类仔稚鱼与成鱼形态见图 3.24。

2. 仔稚鱼出现期分布

　　根据 2014-2015 年 12 个月的仔稚鱼采样调查，对渔获物中仔稚鱼比例变化分析表明，各月份均有仔稚鱼出现，5 月、6 月、7 月和 8 月仔稚鱼渔获数量相对较高，且仔鱼占总渔获物数量的比例都在 90%左右；9 月、10 月渔获物数量和仔鱼占总渔获物数量的比例均有所下降，仔鱼占总渔获物数量的比例也降至 60%；11 月、12 月和 1 月渔获物数量和仔鱼占总渔获物数量的比例进一步下降，渔获物数量降至 450 尾以下水平。2 月和 3 月渔获物数量已降至 80 尾水平。4 月渔获物数量回升至 748 尾，1 月、2 月、3 月和 4 月仔稚鱼比例均在 50%左右（图 3.25）。由此可见，渔获物数量和仔稚鱼的比例均随时间变化发生变化。

3. 繁殖期推测

　　根据仔稚鱼出现期分布规律（图 3.25），5 月、6 月、7 月和 8 月仔稚鱼渔获数量较高，夏季数量显著高于其他 3 个季节（春：$P=0.009$；秋：$P=0.010$；冬：$P=0.002$），夏季 Shannon-Wiener 指数 H' 显著高于春季、秋季、冬季（春：$P=0.000$，秋：$P=0.014$，冬：$P=0.006$），即仔稚鱼在 5 月、6 月、7 月和 8 月丰度和多样性

表 3.9　漓江中游鱼类繁殖特征、仔稚鱼发育阶段及全长范围
Table 3.9　Reproductive characteristics of fish, life history stage and total length range of fish larval in the middle reach of Lijiang River

种类	阶段	全长（范围）/mm	产卵特征	产卵类型	繁殖期推测
鳅科 Cobitidae					
中华花鳅 *Cobitis sinensis*（Sauvage & Dabry de Thiersant，1874）	J	21.8-23.5	—	—	5-6 月
泥鳅 *Misgurnus anguillicaudatus*（Cantor，1842）	J	23	黏性	分批	7-8 月
鲤科 Cyprinidea					
宽鳍鱲 *Zacco platypus*（Temminck & Schlegel，1846）	L	12.1-20.7	黏性	分批	4-10 月
	J	21.9-31.2			
草鱼 *Ctenopharyngodon idellus*（Valenciennes，1844）	L	12	漂浮性	一批	4 月
鳘 *Hemiculter leucisculus*（Basilewsky，1855）	L	8.1-15.6	漂浮性	分批	5-7 月
	J	16.2-32.4			
银鮈 *Squalidus argentatus*（Sauvage & Dabry de Thiersant，1874）	J	18.6-22.3	漂浮性	一批	9-10 月
棒花鱼 *Abbottina rivularis*（Basilewsky，1855）	J	20.5-24.2	黏性	一批	7 月
高体鳑鲏 *Rhodeus ocellatus*（Kner，1866）	L	8.2-12.6	喜贝性	分批	4-8 月
	J	13.3-15.2			
侧条光唇鱼 *Acrossocheilus parallens*（Nichols，1931）	L	7.0-9.5	—	分批	4-8 月
	J	10.2-15.6			
平鳍鳅科 Balitoridae					
中华原吸鳅 *Protomyzon sinensis*（Chen，1980）	J	21	—	—	10 月
广西鱊 *Acheilognathus meridianus*（Wu，1939）	J	13.2-15.5	喜贝性	—	4-7 月
Cyprinidea（未定种）	J	18.0-23.1	—	—	2-3 月
青鳉科 Oryziatidae					
青鳉 *Oryzias latipes*（Temminck & Schlegel，1846）	J	13.1-19.4	黏性	分批	4-8 月
胎鳉科 Poeciliidae					
食蚊鱼 *Gambusia affinis*（Baird & Girard，1853）	L	7.0-8.2	卵胎生	分批	4-11 月
	J	9.2-10.8			
鮨科 Serranidae					
斑鳜 *Siniperca scherzeri*（Steindachner，1892）	L	8.2-9.1	漂浮性	分批	5-7 月
	J	16			
沙塘鳢科 Odontobutidae					
中华沙塘鳢 *Odontobutis sinensis*（Wu，Chen & Chong，2002）	J	12.4-12.8	黏性	—	4-6 月
虾虎鱼科 Gobiidae					
子陵吻虾虎鱼 *Rhinogobius giurinus*（Rutter，1897）	L	9.3-10.3	黏性	分批	4-7 月
	J	14.1-19.3			
溪吻虾虎鱼 *Rhinogobius duospilus*（Herre，1935）	J	19.7-21.5	黏性	—	4-8 月

注：L（larvae）代表仔鱼；J（juvenile）代表稚鱼；"—"表示信息缺失

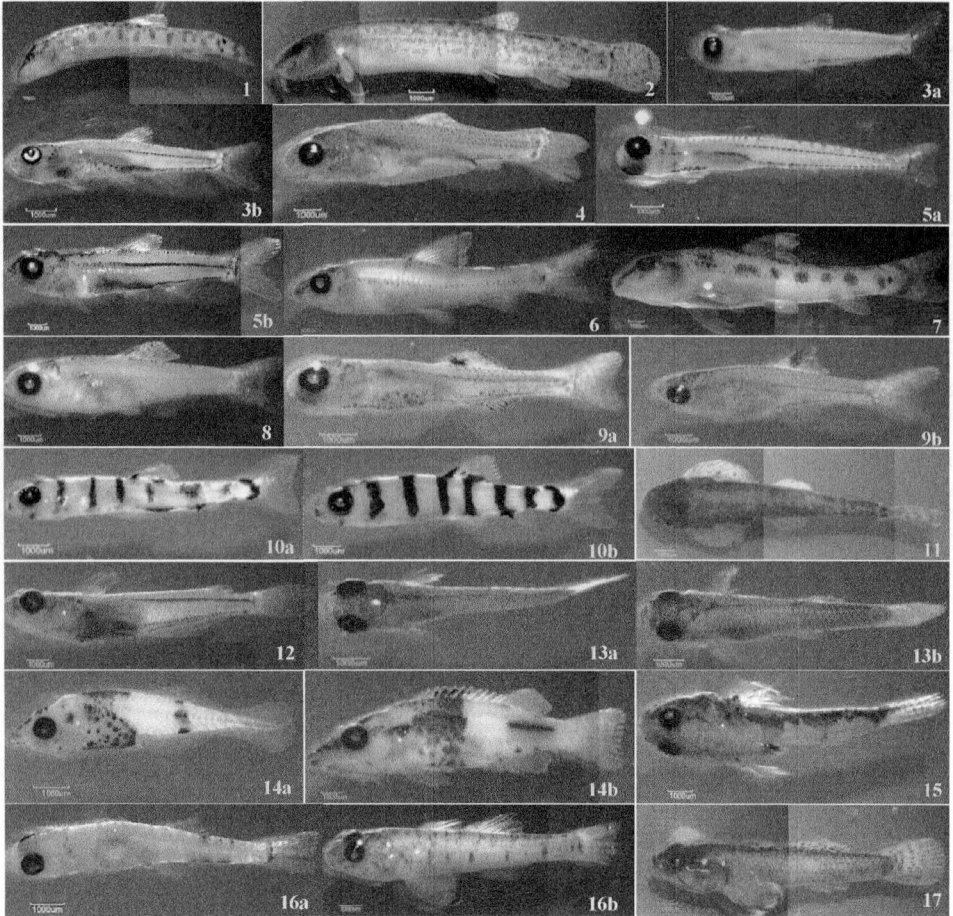

图 3.24　漓江中游 17 种鱼类的仔稚鱼

1. 中华花鳅稚鱼；2. 泥鳅；3a，3b. 宽鳍鱲仔鱼，稚鱼；4. 草鱼仔鱼；5a，5b. 鳘仔鱼，稚鱼；6a，6b. 银鮈稚鱼；7. 棒花鱼稚鱼；8. 广西鳙鲅稚鱼；9a，9b. 高体鳑鲏仔鱼，稚鱼；10a，10b. 侧条光唇鱼仔鱼，稚鱼；11. 中华原吸鳅稚鱼；12. 青鳉稚鱼；13a，13b. 食蚊鱼仔鱼，稚鱼；14a，14b. 斑鳜仔鱼，稚鱼；15. 中华沙塘鳢稚鱼；16a，16b. 子陵虾虎鱼仔鱼，稚鱼；17. 溪吻虾虎鱼稚鱼

Figure 3.24　Larval and juvenile fish in the middle reaches of Lijiang River

1. *C. sinensis*, Juvenile；2. *M. anguillicaudatus*, Juvenile；3a，3b. *Z. platypus*, Larvae, Juvenile；4. *C. idellus*, Larvae；5a，5b. *H. leucisculus*, Larvae, Juvenile；6a，6b. *S. argentatus*, Juvenile；7. *A. rivularis*, Juvenile；8. *A. meridianus*, Juvenile；9a，9b. *R. ocellatus*, Larvae, Juvenile；10a，10b. *A. parallens*, Larvae, Juvenile；11. *P. sinensis*, Juvenile；12. *O. latipes*, Juvenile；13a，13b. *G. affinis*, Larvae, Juvenile；14a，14b. *S. scherzeri*, Larvae, Juvenile；15. *O. sinensis*, Juvenile；16a，16b. *R. giurinus*, Larvae, Juvenile；17. *R. duospilus*, Juvenile

水平均较高。按大部分淡水鱼类早期发育规律，鱼卵发育为外源营养期仔鱼或稚鱼所需要的时间即可推测鱼类的繁殖期。根据淡水鱼类早期发育培养资料和相关的文献报道结合采样调查结果，漓江中游鱼类繁殖期推测如表 3.9 所示。除银鮈、Cyprinidea（未定种）、中华原吸鳅的繁殖期较为特殊，其他鱼类均在 4-7 月有繁

殖活动，即漓江中游 13 种鱼类的繁殖期为每年 4-7 月。

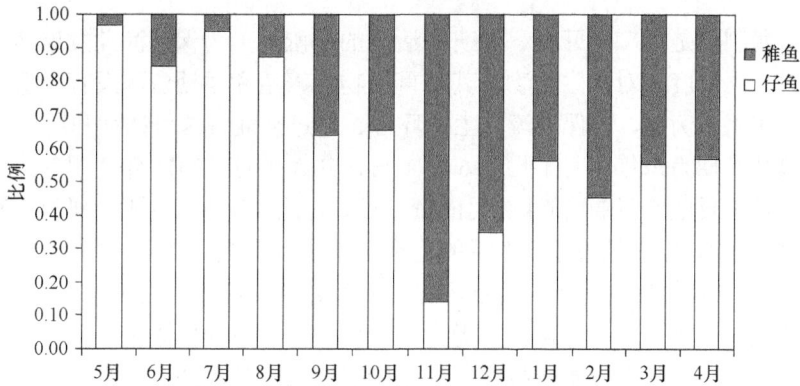

图 3.25　漓江中游仔稚鱼比例变化柱形分析图

Figure 3.25　The 100% stacked column chart on temporal variation of larval and juvenile fish in the middle reaches of Lijiang River

3.5.3　分析与讨论

1. 相似种之间的区别

1）宽鳍鱲与鳌

宽鳍鱲与鳌在仔鱼期的体态较为相似，体均为银白色，色素分布也较为相似，但其体态特征有一定的区别，卵黄吸尽时，宽鳍鱲肌节 37 对，呈侧 "W" 形，鳌肌节 44（29+13）对，该时期鳌体态较细长。鳌肛门位置较靠后，吻至肛门与肛门至尾鳍的长度比约为 5：1，而宽鳍鱲肛门约在全长中间。另外，鳌仔鱼尾椎上翘时，背部色素分布也相对较多。

2）高体鳑鲏与广西鱊

高体鳑鲏与广西鱊同属鱊亚科，其形态特征也较相似，但在仔鱼时期高体鳑鲏色素分布就已很明显，其背鳍前部明显的黑色素斑一直持续到稚鱼时期，而广西鱊体表色素较少。高体鳑鲏稚鱼时期的体长为体高的 3.5-3.8 倍，而广西鱊为 4.5-5.0 倍，视觉上差别也较大，高体鳑鲏体高特征较明显。

3）子陵吻虾虎鱼与溪吻虾虎鱼

两种虾虎鱼同属于虾虎鱼科吻虾虎鱼属，成鱼形态特征差别明显，易于区别，而两者稚鱼期形态特征与其成鱼相似。子陵吻虾虎鱼体色较浅，稚鱼期体表色素分布明显，体侧有明显黑色素斑分布。溪吻虾虎鱼体表色素分布广泛，没有明显的黑色素聚集，颊部有一条斜向后方的条纹，鳃盖骨下缘有红色斑点，其他成鱼特征并不明显。

2. 禁渔期

禁渔期制度是在广泛开展科学研究活动的基础上，为保持渔业发展达到可持续利用的一项制度，对水生生物尤其是重要物种繁殖和早期资源发育及资源补充起着关键作用。例如，为保护流域生态环境、促进渔业资源可持续利用，2011 年珠江流域禁渔期为每年 4 月 1 日至 6 月 1 日，共 3 个月。2016 年 3 月起，长江流域实施 3 月 1 日至 6 月 30 日 4 个月的禁渔期，较此前延长 1 个月。研究调查共采集到 18 种鱼类，繁殖期位于 4-7 月的鱼类有 13 种，占了 72%，通过查阅《广西淡水鱼类志》（第二版）等相关文献，漓江大部分鱼类繁殖期在 4-7 月。漓江的禁渔期是按照珠江整个流域而定的，考虑到消费和经济方面的因素，但根据本调查结论，从生物保护和渔业资源持续利用角度建议漓江禁渔期设置为 4-7 月，即在原定禁渔期基础上延长 1 个月。

参 考 文 献

[1] 韩耀全, 许秀熙. 漓江渔业资源现状评估与修复. 水生态学杂志, 2009, 2(5): 132-135.

[2] Mead J, Moscato D, Wang Y, et al. *Pleistocene lizards*(Squamata, Reptilia)from the karst caves in Chongzuo, Guangxi, southern China. Quaternary International, 2014, 354(15): 94-99.

[3] Li S, Ren H D, Xue L, et al. The relationship between soil characteristics and community structure in different vegetation restoration in Guangxi Karst Region. Advanced Materials Research, 2013, 2480(726): 4172-4176.

[4] Hu Y C, Liu Y S, Wu P L, et al. Rocky desertification in Guangxi karst mountainous area: Its tendency, formation causes and rehabilitation. Nongye Gongcheng Xuebao/Transactions of the Chinese Society of Agricultural Engineering, 2008, 24(6): 96-101.

[5] 黄亮亮, 吴志强. 赣西北溪流鱼类区系组成及其生物地理学特征分析. 水生生物学报, 2010, 34(2): 448-451.

[6] 梁榕芬, 刘才. 漓江水环境本底值与背景值调查研究. 广西水利水电科技, 1984, (2): 42-50, 56.

[7] 郭纯青, 方荣杰, 代俊峰, 等. 漓江流域上游区水资源与水环境演变及预测. 北京: 中国水利水电出版社, 2011.

[8] 蔡德所, 赵湘桂, 朱瑜, 等. 漓江鱼类资源调查及物种多样性分析. 广西师范大学学报(自然科学版), 2009, 27(2): 130-136.

[9] 朱召军, 吴志强, 黄亮亮, 等. 漓江上游鱼类物种组成及其多样性分析. 四川动物, 2015, 34(1): 126-132.

[10] 朱召军. 漓江上游鱼类物种多样性及河流健康评价指标体系研究. 桂林: 桂林理工大学硕士学位论文, 2015.

[11] 周红, 张志南. 大型多元统计软件 PRIMER 的方法原理及其在底栖群落生态学中的应用. 青岛海洋大学学报(自然科学版), 2003, 33(1): 58-64.

[12] Fu C Z, Wu J H, Chen J K, et al. Freshwater fish biodiversity in the Yangtze River basin of China: Patterns, threats and conservation. Biodiversity and Conservation, 2003, 12(8): 1649-1685.

[13] 朱瑜, 蔡德所, 周解, 等. 漓江流域鱼类区系组成分析. 广西师范大学学报(自然科学版), 2012, 30(4): 136-145.

[14] 广西壮族自治区水产研究所, 中国科学院动物研究所. 广西淡水鱼类志. 第二版. 南宁: 广西人民出版社, 2005.

[15] 黄亮亮, 吴志强, 胡茂林, 等. 江西省庐山自然保护区鱼类物种多样性. 南昌大学学报(理科版), 2008, 32(2): 161-164.

[16] 李红敏, 林小涛. 广东西部山地森林溪流鱼类群落初步研究. 江苏农业科学, 2010, (5): 495-497, 504.

[17] 胡茂林, 吴志强, 李晴, 等. 江西赣江源自然保护区鱼类物种多样性初步研究. 四川动物, 2011, 30(3): 467-470.

[18] 李晴, 吴志强, 黄亮亮, 等. 江西齐云山自然保护区鱼类资源. 动物分类学报, 2008, 33(2): 324-329.

[19] 丁洋, 吴志强, 黄亮亮, 等. 漓江中下游鱼类物种组成及其多样性研究. 四川动物, 2015, 34(6): 941-947.

[20] 丁洋. 漓江中下游鱼类物种多样性及河流健康评价指标体系研究. 桂林: 桂林理工大学硕士学位论文, 2016.

[21] 蒋学龙. 景东无量山哺乳动物及动物区系地理学研究. 昆明: 中国科学院昆明动物研究所博士学位论文, 2000.

[22] 李思忠. 中国淡水鱼类的分布区划. 北京: 科学出版社, 1981.

[23] 史为良. 鱼类动物区系复合体常说及其评价. 水产科学, 1985, 4(2): 42-45.

[24] 《广西环境保护丛书》编委会. 广西生态环境保护. 北京: 中国环境科学出版社, 2011.

[25] 张小祥, 李小梅. 青狮潭水库水文自动测报和洪水调度系统及其应用. 广西水利水电, 2002, (1): 24-28.

[26] 张永祥, 蔡德所, 迎春. 桂林市青狮潭水库消落带土壤侵蚀及其生态修复. 广西师范大学学报(自然科学版), 2012, 30(4): 152-155.

[27] 陈磊, 钱建平, 张力, 等. 桂林市青狮潭水库水质现状调查与评价. 广东农业科学, 2013, 40(5): 160-164.

[28] 张觉民, 何志辉. 内陆水域渔业自然资源调查手册. 北京: 农业出版社, 1991.

[29] 郑盛春. 青狮潭水库鱼类物种多样性及其与环境的关系研究. 桂林: 桂林理工大学硕士学位论文, 2017.

[30] 胡小宁. 关于青狮潭等 3 座水库银鱼养殖的调查报告. 广西水产科技, 1999, 6(3): 33-36.

[31] 王崇, 谢山, 王进国, 等. 红水河龙滩水库鱼类资源调查. 水生态学杂志, 2014, 35(2): 39-48.

[32] 李明德. 鱼类生态学. 第 2 版. 北京: 中国科学技术出版社, 2009.

[33] 张利民, 宫向红. 水域营养生态学. 北京: 海洋出版社, 2012.

[34] 刘凌志, 陈石娟, 卢薛, 等. 广西龟石水库鱼类资源调查研究. 广西科学, 2010, 17(4): 391-395.

[35] 周解, 韩耀全. 大王滩水库的鱼类资源及水域生态环境. 广西水产科技, 2010, (3): 1-9.

[36] 李维贤, 武德方, 许坤, 等. 云南路南县黑龙潭水库及灌区的鱼类. 四川动物, 1999, 18(1): 3-7.

[37] 辜永河, 黎道洪, 王承录. 清水江三板溪电站水库库区河段内鱼类资源现状及影响分析. 贵州师范大学学报(自然科学版), 1998, 16(3): 5-12.

[38] 张晓杰, 代应贵. 我国喀斯特洞穴鱼类研究进展. 上海海洋大学学报, 2010, 19(3): 364-369.

[39] 韩培丽. 入库径流变化分析及其模拟研究. 桂林: 桂林理工大学硕士学位论文, 2013.

[40] 胡祎祥, 黄亮亮, 吴志强, 等. 广西会仙湿地农田沟渠鱼类群落差异研究. 水生态学杂志, 2015, 36(5): 15-21.

[41] 胡祎祥. 会仙湿地鱼类物种多样性及其与环境因子关系研究. 桂林: 桂林理工大学硕士学位论文, 2016.

[42] Nunn D A, Harvey J P, Cowx I G. Benefits to 0^+ fishes of connecting man-made water bodies to the lower river Trent, England. River Research & Applications, 2007, 23(4): 361-376.

[43] 王华清, 王志芳, 王惠民. 重庆市河堰村景观改变对水环境的影响. 四川环境, 2014, 33(1): 48-54.

[44] Katano O, Hosoya K, Iguchi K, et al. Species diversity and abundance of freshwater fishes in irrigation ditches around rice fields. Environmental Biology of Fishes, 2003, 66(2): 107-121.

[45] Sato M, Kawaguchi Y, Yamanaka H, et al. Predicting the spatial distribution of the invasive piscivorous chub(*Opsariichthys uncirostris uncirostris*)in the irrigation ditches of Kyushu, Japan: a tool for the risk management of biological invasions. Biological Invasions, 2010, 12(11): 3677-3686.

[46] 王芊芊. 赤水河鱼类早期资源调查及九种鱼类早期发育的研究. 武汉: 华中师范大学硕士学位论文, 2008.

[47] 王昌燮. 长江中游野鱼苗的种类鉴定. 水生生物学报, 1959, (3): 315-341.

[48] 曹文宣, 常剑波, 乔晔, 等. 长江鱼类早期资源. 北京: 中国水利水电出版社, 2007: 2-9.

[49] Mu H X, Li M Z, Liu H Z, et al. Analysis of fish eggs and larvae flowing into the Three Gorges Reservoir on the Yangtze River, China. Fisheries Science, 2014, 80(3): 505-515.

[50] 乔晔. 长江鱼类早期形态发育与种类鉴别. 武汉: 中国科学院水生生物研究所博士学位论文, 2005.

[51] 段辛斌. 长江上游鱼类资源现状及早期资源调查研究. 武汉: 华中农业大学硕士学位论文, 2008.

[52] 唐锡良. 长江上游江津江段鱼类早期资源研究. 重庆: 西南大学硕士学位论文, 2010.

[53] Wintersberger H. Species assemblages and habitat selection of larval and juvenile fishes in the River Danube. River Systems, 1996, 10(1-4): 497-505.

[54] 陈义雄, 曾晴贤, 邵广昭. 台湾地区淡水湖泊、野塘及溪流鱼类资源现况调查及保育研究规划报告. 台北: 台湾行政院农业委员会林务局, 2010.

[55] Okiyama M. An atlas of the early Stage fishes in Japan. Tokyo: Tokai University Press, 1988: 312-317.

[56] 封文利. 漓江中游近岸水域仔稚鱼群落结构及其与生境的关系. 桂林: 桂林理工大学硕士学位论文, 2016.

[57] 封文利, 吴志强, 黄亮亮, 等. 漓江中游仔稚鱼群落结构特征. 云南师范大学学报(自然科学版), 2016, 36(2): 59-66.

[58] 封文利, 吴志强, 黄亮亮, 等. 漓江中游 16 种常见仔稚鱼形态特征初步研究. 水生态学杂志, 2017, 38(2): 94-100.

第 4 章　漓江流域鱼类物种多样性及鱼类群落时空变化研究

4.1　漓江上游区鱼类物种多样性及群落研究

小溶江（49km）、川江（25km）、陆洞河（36km）和黄柏江（28km）是漓江上游重要支流，位于 25°30′18″N-26°02′42″N，110°17′24″E-110°35′42″E（图 3.1），是典型的雨源性河流。流域面积 2762km², 主要由中低山地、丘陵、冲积扇、岗地阶地等地貌组成；气候温和湿润、雨量充沛，年平均降水量在 1300-2000mm，干湿季节明显，3-8 月为洪水期，降水量占全年 75%左右；多年气温显示 7 月温度最高，1 月最低[1]。上游支流两岸均未发现乡镇小工厂或有污水排入，但为了灌溉及发电，支流多处发现建有小型水电站或者水坝。

4.1.1　材料与方法

1. 样品采集

样品采集方法、采集时间、频率，鱼类种类鉴定等同 3.1.1。另外在鱼类样品采集的同时，利用手持 GPS 卫星定位仪（Garmin eTrex10，USA）记录采样点的经纬度、海拔，以便分析时利用 Google Earth 软件计算采样点距离支流交汇处的长度（表 4.1）。

表 4.1　漓江上游区采样点信息表
Table 4.1　Characteristics of sampling sites in the upper reaches of Lijiang River

| 采样点 | 地理位置 | | 海拔（m） | 距河口距离(km) | 人类活动情况 | 类型 |
	东经	北纬				
S1	110°23′22″	25°44′36″	485	25.92	无居住	A
S2	110°24′01″	25°43′51″	397	21.88	无居住	A
S3	110°24′17″	25°43′33″	324	18.28	居住	B
S4	110°24′25″	25°42′30″	284	13.63	居住、农田	C
S5	110°28′35″	25°52′12″	461	19.95	居住	B
S6	110°27′32″	25°39′01″	257	3.17	居住、农田	C
S7	110°28′36″	25°41′23″	200	7.23	居住、施工	D

续表

采样点	地理位置		海拔（m）	距河口距离(km)	人类活动情况	类型
	东经	北纬				
S8	110°30′20″	25°44′10″	269	3.09	居住、农田	C
S9	110°34′01″	25°48′30″	320	12.21	无居住	A
S10	110°35′18″	25°53′15″	378	19.23	无居住	A
S11	110°27′44″	25°38′21″	212	4.04	居住、施工	D
S12	110°29′15″	25°37′55″	196	0.71	居住、农田	C
S13	110°32′43″	25°40′18″	231	8.61	居住、施工	D
S14	110°34′52″	25°40′44″	252	13.4	居住、施工	D
S15	110°35′18″	25°42′14″	272	16.62	居住	B
S16	110°22′21″	25°35′33″	234	10.24	居住、农田	C
S17	110°19′32″	25°39′26″	274	21.59	无居住	A
S18	110°17′23″	25°46′21″	433	36.44	居住、农田	C
S19	110°19′48″	25°48′04″	491	42.67	无居住	A

2. 数据处理

采用物种相似性指数：SI=AB/（$A+B$–AB）×100%比较季节间鱼类群落的相似程度，其中 A、B 分别为 A 季和 B 季出现的种数，AB 为 A、B 两季的共同物种数。

对采集到的鱼类采用个体计数法进行统计，并采用物种多样性指数计算和分析鱼类物种多样性，公式如下：

Margalef 物种丰富度指数：$D_{ma}=（S–1）/\ln N$

Shannon-Wiener 多样性指数：$H_e' = -\sum_{i=1}^{s} P_i \ln P_i$ （$P_i = n_i/N$）

Pielou 均匀度指数：$J = H_e'/\ln S$；

Simpson 优势度指数：$\lambda = \sum_{i=1}^{S} P_i^2 \left[P_i^2 = \dfrac{n_i(n_i-1)}{N(N-1)} \right]$

式中，S 为物种数量；N 为群落中所有物种个体数总和；n_i 为第 i 个物种的个体数；P_i 则表示种 i 的个体 n_i 在样本全部个体 N 中所占的比例[2-6]。

将鱼类数据经对数转换后使用 PRIMER5.0 软件，进行 Bray-Curits 相似性分析（analysis of similarities，ANOSIM）及无度量多维排序 NMDS（non-metric multi-dimensional scaling）分析鱼类群落结构的时空变化格局。

4.1.2 研究结果

1. 鱼类物种多样性时空变化

漓江上游鱼类物种多样性的季节变化结果显示：夏季的 Margalef 指数（D_{ma}）、

Shannon-Wiener 多样性指数（H_e'）、Pielou 均匀度指数（J）均为最大，分别为 7.59、2.98、0.72，而其 Simpson 优势度指数（λ）则为四季中最低；秋季的 H_e' 和 J 为最低，分别为 2.14 和 0.59，其 λ 为四季中最高，大于其他季节，春季和冬季处于中间且相差相对较小。夏季鱼类多样性最高，物种最丰富，秋季鱼类多样性相对较低，鱼类物种相对较少；而冬季和春季多样性差别不大（图 4.1）。秋季优势度指数最高，优势种最明显。优势种为宽鳍鱲，占秋季个体总数量的 48.70%。秋季共发现鱼类 39 种，其中，仅 14 种鱼类所占比例超过 1.00%，有 18 种鱼类所占比例未超过 0.50%。

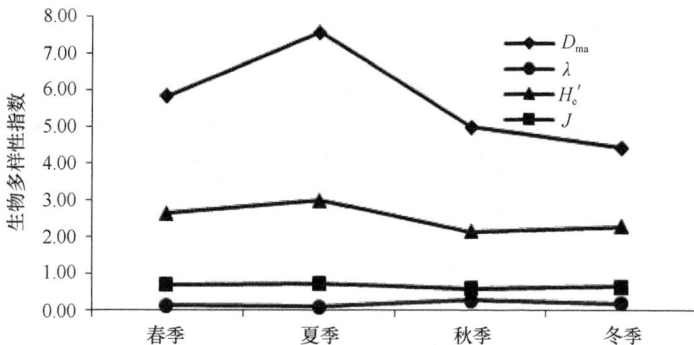

图 4.1　漓江上游区域鱼类生物多样性指数的季节变化
Figure 4.1　Seasonal variation of biodiversity index of fish in the upper reaches of Lijiang River

漓江上游 4 条主要支流及干流鱼类群落多样性空间变化结果显示：漓江上游干流的 Margalef 指数（D_{ma}）、Shannon-Wiener 多样性指数（H_e'）明显最大，而黄柏江恰恰相反为最低；Pielou 均匀度指数（J）趋势平缓相差不大；黄柏江 Simpson 优势度指数（λ）为最大，而漓江上游干流为最小。漓江上游干流多样性较上游支流为高，物种丰富度高，鱼类数量也最多（50 种），是多样性较低的黄柏江（25 种）的 2.00 倍（图 4.2）。宽鳍鱲（$Z.\ platypus$）为黄柏江优势种，占全年整条江总尾数的 75.33%；其次为中华沙塘鳢（$O.\ sinensis$），仅占总尾数的 7.99%；黄柏江 72.00% 的鱼类物种的个体数所占比例没有超过 1.00%。

漓江上游各采样点的鱼类栖息环境的不同，如海拔、流速、河宽、溶解氧等，造成在各条支流的鱼类物种数、个体数及 Shannon-Wiener 指数存在差异（表 4.2）。鱼类物种数变化较大，最多 31 种，最少 5 种，春夏两季多于秋冬两季；个体数和物种数规律大似相同，春季的黄柏江最少（157 尾），春季的小溶江最多（1002 尾）；小溶江多样性指数偏高，黄柏江多样性指数偏低。

漓江上游流域春-夏季鱼类群落的共有物种数量最多，为 30 种；春-夏季相似性指数最大，为 63.83%；秋-冬季鱼类群落的共有物种数量最少，为 20 种；夏-

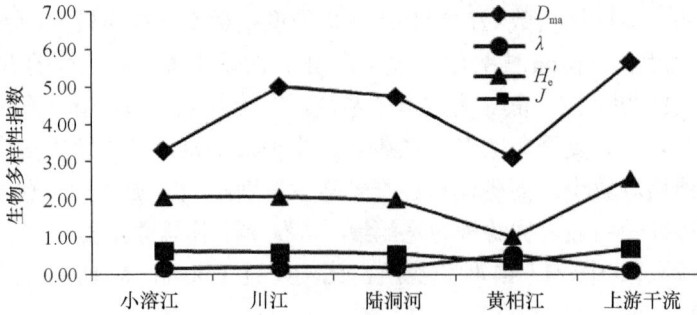

图 4.2　漓江上游区域鱼类生物多样性指数空间变化

Figure 4.2　Spatial variation of biodiversity index of fish in the upper reaches of Lijiang River

表 4.2　漓江上游各支流的鱼类物种数、个体数及 Shannon-Wiener 指数

Table 4.2　Species richness，individuals，Shannon-Wiener index of fish assemblage tributaries of the upper reaches of Lijiang River

支流	物种数				个体数				Shannon-Wiener 指数			
	春	夏	秋	冬	春	夏	秋	冬	春	夏	秋	冬
小溶江	20	22	16	13	1002	634	272	298	2.27	2.26	2.07	1.41
川江	21	22	15	14	304	486	210	223	2.30	2.08	1.78	1.06
黄柏江	14	18	5	7	157	227	172	283	1.76	1.41	0.38	0.43
陆洞河	29	31	21	15	838	859	600	361	1.97	2.37	1.36	1.23

冬季相似性指数最小，为 46.81%。夏季鱼类物种丰富，与其他季节间的相同鱼类物种数均较多，而冬季则恰恰相反。宽鳍鱲、马口鱼、中华沙塘鳢、中华原吸鳅等 18 个物种在四季均有出现，这几个物种在漓江上游分布广泛；无斑南鳅、斑纹薄鳅、鲫等 8 个物种同时在 3 个季节出现；乐山小鳔鮈、四须盘鮈等 11 个物种同时在两个季节出现；刺鳅等 14 个物种只在一个季节出现。

2. 鱼类群落结构时空变化格局

鱼类群落结构的无度量多维时间排序图（non-metric multi-dimensional scaling，NMDS）显示 4 次采样的样点都聚成一团（图 4.3），样点相互交织在一起，没有明显的规律，季节性差异不大，但相似性分析（analysis of similarities，ANOSIM）结果显示夏季和冬季（$R=0.107$，$P=0.023$）存在显著差异。鱼类群落结构的无度量多维空间排序图（NMDS）显示样点 S1、S2、S5、S19 等河源处的采样点在右上角聚成一团，S4、S6、S9、S17 等在中间聚成一团，S11、S12、S13 等在左下角聚成一团（图 4.4），而相似性分析（ANOSIM）结果显示 S1、S2、S3、S4、S5 与其他采样点间存在显著差异（$P<0.05$），其他各采样点间差异不显著。

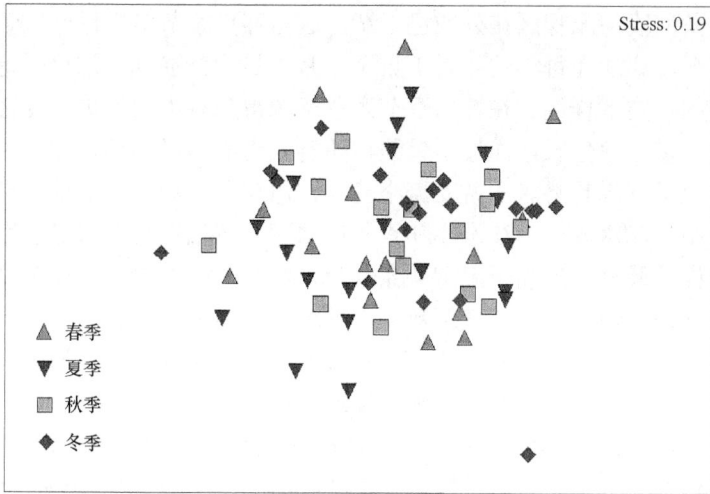

图 4.3　漓江上游鱼类群落无度量多维时间排序图

Figure 4.3　NMDS ordination of temporal variation of fish assemblage in the upper reaches of Lijiang River

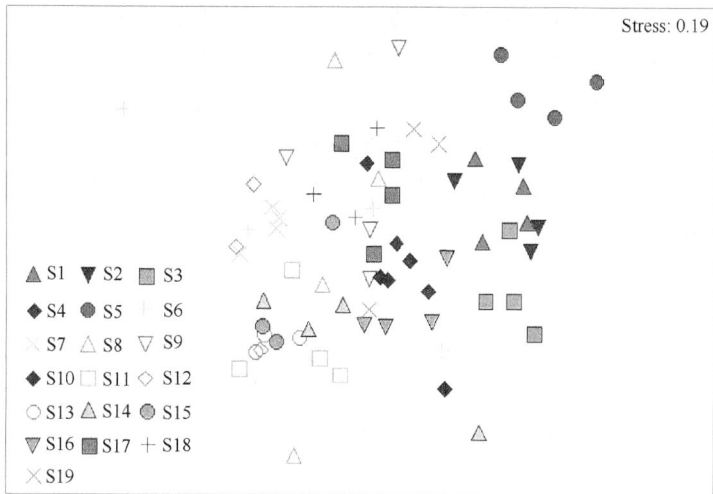

图 4.4　漓江上游鱼类群落无度量多维空间排序图

Figure 4.4　NMDS ordination of spatial variation of fish assemblage in the upper reaches of Lijiang River

4.1.3　分析与讨论

1. 鱼类群落组成

　　漓江流域由于其气候造成春夏季节流量较大，流速较高，而秋冬季节雨量较少，部分上游河段河床裸露在外或已干涸，这与春夏季节多样性比秋冬季节多样性较高相吻合。漓江在每年的 4 月 1 日至 6 月 1 日为禁渔期，这也一定程度上增加春夏季节的鱼类多样性。在繁殖季节亲鱼资源得到有力的保护，没有人类的捕捞活动鱼类可以迅速生长，而过了禁渔期随着人为的捕捞活动增加，鱼类资源减少，多样性也呈下降趋势。上游支流小溶江、川江和陆洞河与上游干流汇合处分别有在建的小溶江水库、川江水库和斧子口水库，黄柏江没有修建水库。漓江上游干流的多样性最高，均高于上游 4 条支流，物种数也为最多，而未修建水库的黄柏江多样性却为最低，优势度指数 λ 为最高。在 2013 年的 8 月、11 月和 2014 年的 1 月 3 次采样均发现黄柏江大部分江段有挖沙和修路工程。河床千疮百孔，河道不时可以看到深坑，原有的河流生境遭到严重破坏，水体浑浊，鱼类种类也比较单一。而其他 3 条支流虽然在修建水库，但目前只有川江水库建成并无蓄水，且河流生境仅在坝址附近有所破坏，水体相对清澈，上游河流环境基本保持原样。这也许就是修建水库的支流鱼类多样性反而比未修建水库的支流鱼类多样性高的原因。

上游支流的河流形态和漓江干流相差较大，鱼类组成也存在差异，一些江河湖泊定居型鱼类很少见或者未采到，如鳘、大眼华鳊等。相反，一些适应急流环境的鱼类数量较多，如溪吻虾虎鱼、侧条光唇鱼、福建纹胸鮡、胡鮈等。其中，宽鳍鱲、方氏品唇鳅、马口鱼依然是优势种，可见这些鱼类是山区溪流鱼类群落组成的重要部分[4,5]。此外，一些易濒危物种如波纹鳜和小口白甲鱼以及广西新记录物种中华细鲫均是在上游支流采集到，可见漓江上游支流鱼类组成在整个漓江流域鱼类组成上起着重要作用。

2. 鱼类群落时空变化

漓江上游鱼类群落结构从河源处到支流汇合处再到上游干流呈明显的纵向分布特征，如侧条光唇鱼、溪吻虾虎鱼、丝鳍吻虾虎鱼、西江鲇、平舟原缨口鳅、鳗尾鮡等主要分布在上游支流，主要是因为这些鱼类喜清澈的流水环境，某些鱼类的体色、器官由于摄食方式等不同而发生了改变。一些鱼类喜水流量较大的大江大河，如"四大家鱼"、鳘等。可能是因为此类河段受到人类的干扰较多，河流中富含大量营养物质，可供杂食性鱼类觅食，此外，较宽的河面为鱼类提供了各种栖息环境。

季节的变化造成一些水文特征发生改变，比较明显的变化如水温、流量等，一些鱼类由于环境的变化而发生迁徙、洄游等行为，造成季节间鱼类群落结构的差异[7,8]。漓江上游鱼类群落结构季节性差异不明显（图 4.4），是因为包括宽鳍鱲、马口鱼、中华原吸鳅在内的 18 个物种在四季均有出现，鲫等 8 个物种同时在 3 个季节出现，这些鱼类在大部分采样点均有出现，造成了漓江上游流域鱼类群落结构季节差异不显著。然而，人类过度的干扰（如建坝、河道硬质化等）更容易使鱼类群落发生变化[9,10]。由鱼类群落结构受人类影响的无度量多维排序图（NMDS）可以将 4 种类型分开（图 4.5），同类型的鱼类群落聚成一团。相似性分析显示：类型 A（无居住）、类型 B（居住）、类型 C（居住、农田）和类型 D（居住、施工）之间的鱼类群落结构存在显著差异（$P < 0.05$）。可见，人类的干扰包括人类居住、农业活动、工程施工对鱼类群落的影响非常明显。

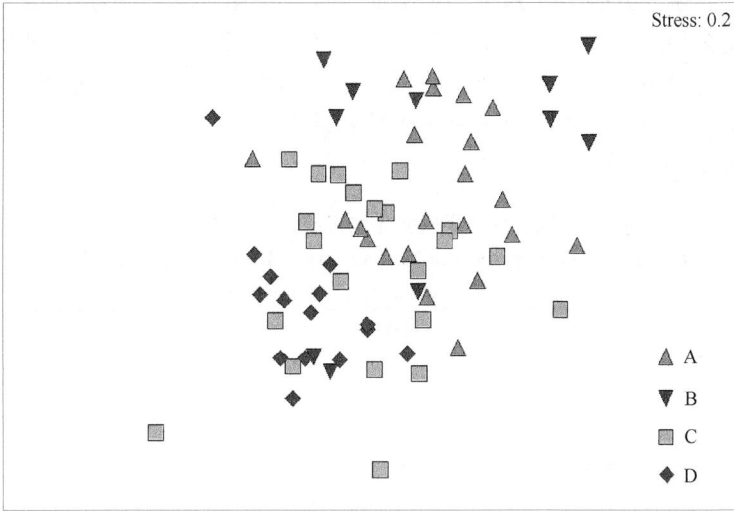

图 4.5　漓江上游鱼类群落与人类活动无度量多维排序图（A、B、C、D 见表 4.1）

Figure 4.5　Impacts of human activities to NMDS ordination of fish assemblages in the upper reaches of Lijiang River

4.2　漓江中下游鱼类物种多样性及群落研究

4.2.1　材料与方法

1. 样品采集

　　研究区域、样品采集等见 3.2.1 节。2014 年 4 月至 2015 年 1 月，数次赴漓江中下游进行鱼类资源调查，并在桂林、大圩镇、草坪乡、杨堤乡、兴坪乡、高洲村、阳朔县、福兴镇、平乐县设采样点（图 3.10）进行实地采样。文中 S1-S9 依次代表采样点桂林、大圩、草坪、杨堤、兴坪、高洲、阳朔、福兴、平乐。

2. 数据处理

　　同 4.1.1 节。

4.2.2 研究结果

1. 鱼类物种多样性时空变化

漓江中下游鱼类物种多样性的季节变化结果显示：漓江中下游 D_{ma} 最高的季节为夏季（7.89），H_e' 最高的季节为夏季和秋季，分别为 3.24 和 3.13，J 最高的季节为夏季和秋季，分别为 0.79 和 0.80，而夏季的 λ 相对较低，为 0.06；而春季恰好与夏季完全相反，其 D_{ma}、H_e'、J 为四季最低，分别为 6.02、2.88 和 0.75，λ 为四季最高，为 0.08。故夏季鱼类多样性最高，物种最丰富，春季鱼类多样性相对较低，鱼类物种相对较少。秋冬两季指数相差不大，多样性差别不大，季节变化不明显（表 4.3）[11,12]。

表 4.3　漓江中下游鱼类生物多样性指数的季节变化
Table 4.3　Seasonal variation in biodiversity index of fish in the middle and lower reaches of Lijiang River

	春季	夏季	秋季	冬季
D_{ma}	6.02	7.89	6.24	6.53
λ	0.08	0.06	0.06	0.06
H_e'	2.88	3.24	3.13	3.10
J	0.75	0.79	0.80	0.77

春季共采集鱼类物种 47 种，个体数量最多的物种为宽鳍鱲和鲫，个体数分别占春季总个体数的 12.04% 和 11.61%。其中有 26 种个体数少于 10 尾，即总个体比例小于 0.5%。由于外来物种只在冬季被捕获，所有去除外来物种（如尼罗罗非鱼、食蚊鱼）之后的多样性指数显示，只有冬季的多样性指数（D_{ma}：6.30，λ：0.06，H_e'：3.09，J：0.78）略有改变。

漓江中下游 9 个采样点的鱼类群落多样性空间变化调查结果显示：福兴镇的 Margalef 指数（D_{ma}）明显最大，物种丰富度高，鱼类数量也最多（52 种），多样性较低的兴坪仅有 33 种（图 4.6）。Pielou 均匀度指数（J）和 Simpson 优势度指数（λ）趋势平缓、起伏不大，其中平乐优势度指数（λ）最大，优势种为黄颡鱼和伍氏半䱗。漓江中下游复杂的喀斯特地貌具有适宜多种水生生物繁衍生息的生态环境，水生生物种质资源十分丰富，鱼类多样性较高。

2. 鱼类群落结构时空变化格局

鱼类群落无度量多维空间排序图（图 4.7）结果显示各采样点比较集中，各采样点相互交错，仅平乐县游离在外。ANOSIM 的结果显示平乐县鱼类群落结构与其他大多数采样点存在差异，共采集 39 种，占总物种数的 52.70%，其中以鳌、伍氏半鳘居多。鱼类群落无度量多维时间排序图（图 4.8）显示 4 个季度的采样点相互混杂在一起，比较聚拢，同时根据 ANOSIM 的结果得出鱼类群落没有明显的季节性差异（$P > 0.05$）。

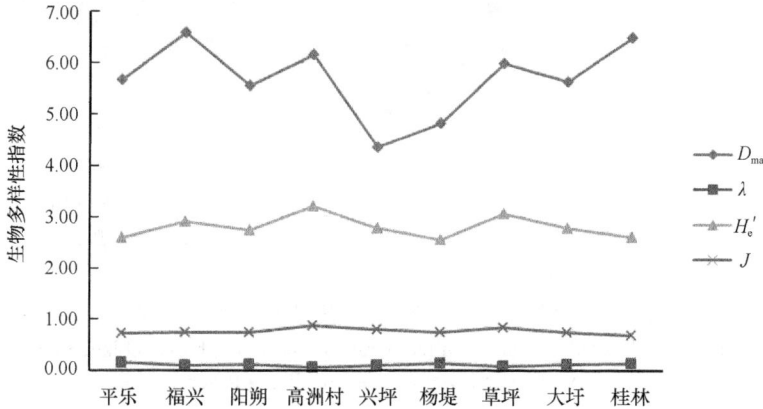

图 4.6　漓江中下游鱼类生物多样性指数的空间变化

Figure 4.6　Spatial variation of biodiversity index of fish in the middle and lower reaches of Lijiang River

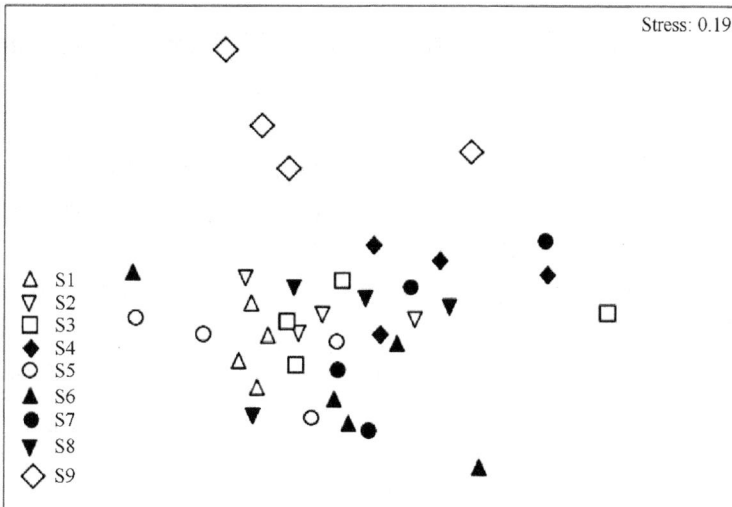

图 4.7　漓江中下游鱼类群落无度量多维空间排序图

Figure 4.7　NMDS ordination of spatial variation of fish assemblage in the middle and lower reaches of Lijiang River

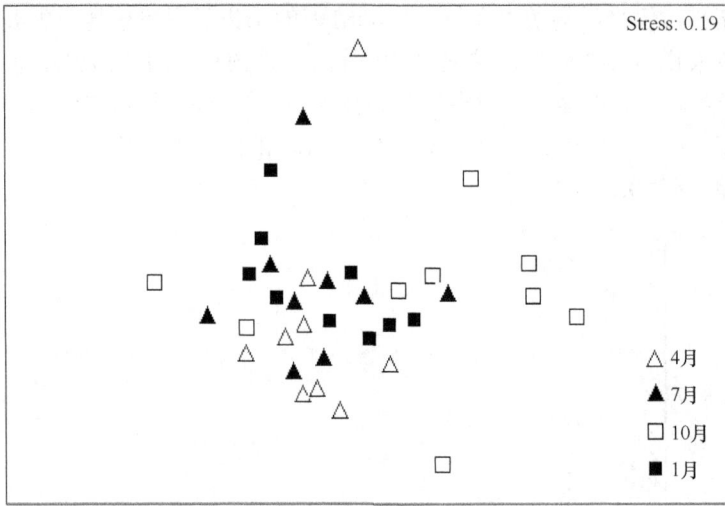

图 4.8　漓江中下游鱼类群落无度量多维时间排序图

Figure 4.8　NMDS ordination of temporal variation of fish assemblage in the middle and lower reaches of Lijiang River

4.2.3　分析与讨论

1. 漓江中下游鱼类物种多样性分析

据朱召军等 2015 年对漓江上游的鱼类多样性调查结果显示,共捕集鱼类样本 72 种, 隶属 4 目 15 科 51 属[5,6]。本研究对中下游的采样中共采集到 74 种鱼类样本, 隶属 5 目 15 科 57 属。2 次调查研究共有种为 56 种,中下游特有种为 18 种。与上游相比,鲤形目鱼类所占总物种数有所上升;上游的鱼类组成多为能适应激流的溪流性鱼类,如方氏品唇鳅、中华原吸鳅、宽鳍鱲等;下游河段则多为喜好平缓水体的鱼类,如“四大家鱼”、鲫、黄颡鱼等。

综合以上数据得出 2014-2015 年共采集鱼类样本 91 种。漓江鱼类的物种数与历史记录的 144 种[13]相比减少了 53 种,减少了 36.81%,渔获物中主要经济鱼类物种减少严重,大型鱼类在渔获物中所占比例极小,漓江鱼类物种总数呈现出显著的下降趋势。漓江鱼类物种组成的变化不仅在物种数量方面,本次调查结果显示,9 种属的鱼类在本次调查中没有采到。鱼类基因资源的不断丢失,致使水生生物不断向单种属方向发展,将对漓江生态安全造成巨大的潜在威胁,保护鱼类物种多样性迫在眉睫,应引起相关部门的足够重视。

2. 漓江中下游鱼类群落的时空变化

分析结果表明漓江由上游源头至下游桂江源头地区鱼类的种类组成呈明显的

纵向分布特征。聚类结果显示随着河流级别的递增鱼类的物种数也呈递增趋势，符合一般河流鱼类的分布格局[14,15]。本研究结果显示在福兴、平乐采样点鱼类物种数占总物种数的 77.1%，物种丰富度指数较高；并且"四大家鱼"在下游流域也有出现。漓江鱼类的纵向分布特征可能主要体现在两个方面：①下游河道相对于中游更加宽阔，水流平缓，能为更多不同的鱼类提供良好的生存环境；②相对于漓江中游，下游旅游开发程度较低，受到人类活动影响较少，在此河段鱼类有相对较好的觅食和繁衍环境。鱼类群落的季节性差异主要是由于有些鱼类无法适应气候变化而发生迁移，但有些河流的鱼类对季节性气候变化并不敏感，使得鱼类群落结构的季节性变化不大[16,17]。漓江中下游鱼类群落结构的时间变化不显著，研究区域内泥鳅、宽鳍鱲、黄颡鱼、中华沙塘鳢、子陵吻虾虎鱼等广泛分布于大多数采样点，并且四季均有分布，这可能是漓江中下游流域的季节性变化不大造成的。

4.3　青狮潭水库鱼类物种多样性及群落研究

青狮潭水库总库容 6.0 亿 m^3，有效库容 1.8 亿 m^3，死库容 0.466 亿 m^3。正常水域面积约 28 km^2，正常水位 225.00m，死水位 204.00m。库区主要分为东、西两湖，两湖由一段狭窄河道连通。该研究分别在东、西湖区设置 2 个、4 个采集点，其中采样点 S1、S6 位于溪流入库处，S2、S3 位于两个库区汇合处口，S4 在西湖湖心，S5 在岛屿附近（图 3.15）。

4.3.1　材料与方法

1. 样品采集

2015 年 4 月、7 月、10 月和 2016 年 1 月，分季度对研究区鱼类资源进行调查。根据《内陆水域渔业自然资源调查手册》，采用多网目刺网（2cm、4cm）及地笼在指定区域（图 3.15）进行鱼样采集。渔获物现场分类鉴定、测量计数。难鉴定的渔获物用 10% 的福尔马林固定后带回实验室分析，统计后用 5% 的福尔马林保存。

2. 数据处理

同 4.1.1 节。

4.3.2　研究结果

1. 鱼类多样性时空变化

鱼类物种数春季最多（24 种），秋季最少（18 种），分别占 75%、56%。季节间的多样性指数分析显示，Margalef 指数（D_{ma}）季节变化，春季＞夏季＞冬季＞秋季；Shannon-Wiener 多样性指数（H_e'）和 Pielou 均匀度指数（J）夏季最大，冬季最小；Simpson 优势度指数（λ）夏季最小，冬季最大（表 4.4）。不同采样点的鱼类多样性指数显示，各采样点 Margalef 指数 D_{ma} 值从大到小依次为 S1、S6、S5、S2、S4、S3；采样点 S5 的 Shannon-Wiener 多样性指数 H_e' 和 Pielou 均匀度指数 J 值最大，分别为 2.14 和 0.76，其次为采样点 S1，分别为 2.01 和 0.63，采样点 S4 则最小，分别为 0.77 和 0.27。采样点 S1、S5 鱼类多样性较高，采样点 S3、S4 相对较低（图 4.9）[18]。

表 4.4　鱼类生物多样性指数的季节变化
Table 4.4　The seasonal variations of biodiversity index of the fish species

季节	物种数目	个体总数	D_{ma}	H_e'	J	λ
春季	24	682	3.52	1.84	0.58	0.26
夏季	21	809	2.99	1.92	0.63	0.21
秋季	18	718	2.58	1.76	0.61	0.25
冬季	21	1541	2.72	1.62	0.53	0.32
全年	32	3750	3.77	2.01	0.58	0.20

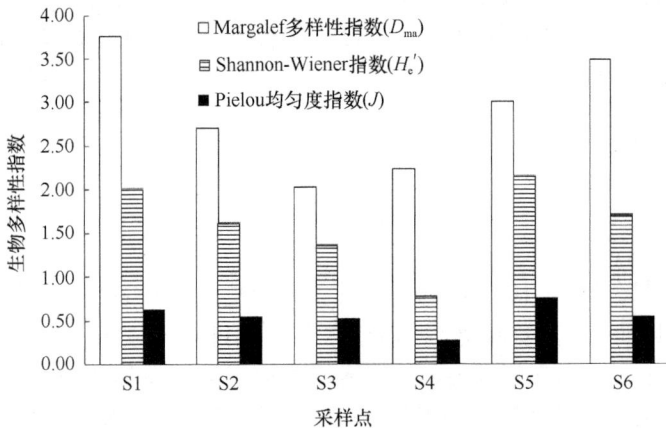

图 4.9　鱼类生物多样性指数的空间变化
Figure 4.9　Spatial variation of biodiversity index of the fish

2. 鱼类群落聚类分析

青狮潭水库夏-秋季鱼类群落的共有物种数量最多，为 16 种；夏-秋季相似性指数最大，为 63.83%；夏-冬季鱼类群落的共有物种数量最少（13 种）；夏-冬季相似性指数最小（44.83%）。无度量多维时间排序（NMDS）结果显示，除了秋冬两季个别点分散外，鱼类群落结构按季节很难找到分界限，鱼类结构季节间相似性较高（图 4.10）。相似性检验（ANOSIM）表明，水库鱼类季节间差异不明显（$P >$ 0.05）。多维空间排序图 4.11 显示库区各采样点大都聚在一起，但各样点间存在一定的界限。采样点 S1-S2-S3，S5-S6 分别可聚在一起。相似性检验（ANOSIM）表明库区鱼类群落在采样点 S2、S3 分别与 S4、S5、S6 存在显著性差异（$P < 0.05$）。

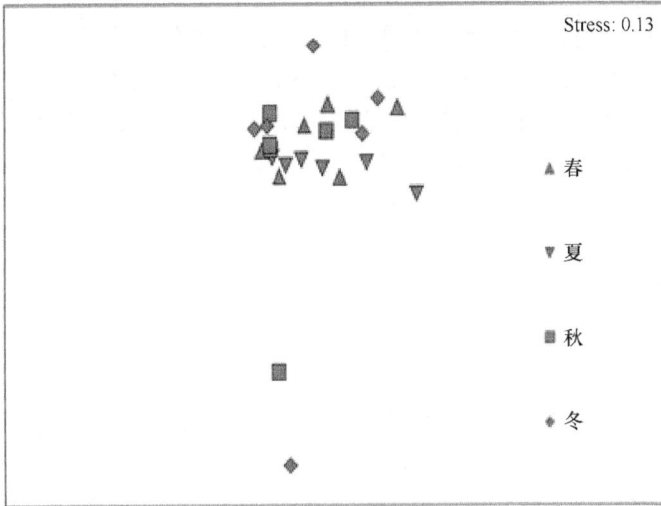

图 4.10　青狮潭水库群落结构无度量多维时间排序图
Fig.4.10　NMDS ordination of temporal variation of fish assemblage in the Qingshitan Reservoir

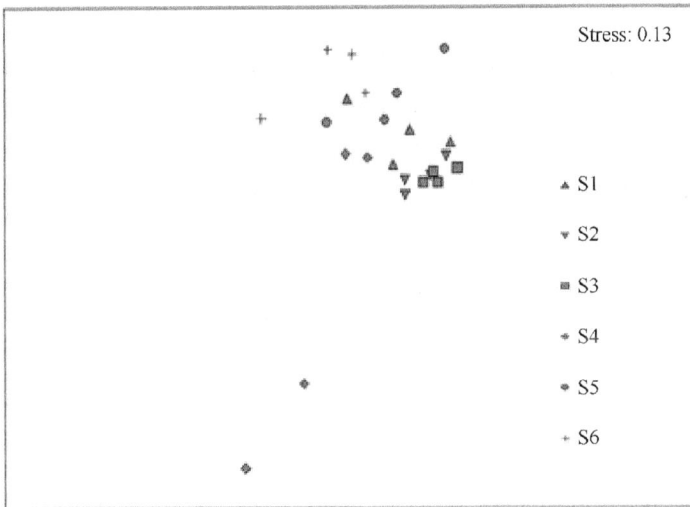

图 4.11　青狮潭水库鱼类群落结构无度量多维空间排序图
Figure 4.11　NMDS ordination of spatial variation of fish assemblage in the Qingshitan Reservoir

研究区气候温和，植被良好。季节间多样性指数比较表明，鱼类多样性春、夏两季较高，秋、冬两季较低，经检验季节间多样性指数均无显著差异（$P>0.05$）。聚类分析显示（图 4.10），鱼类群落季节间相似性明显（$>60\%$）。相似性分析表明，群落结构季节间差异不明显（$P>0.05$）。

复杂的生境影响着鱼类的空间分布。空间上，鱼类多样性总体呈现从河流入库口、近岛水区向湖心降低趋势（图 4.11）[19]。聚类分析显示，各采样点鱼类群落可分为 I 类（S5、S6）、II 类（S1、S2、S3）和 III 类（S4）。整体上看（S4 除外），各采样点间的群落相似性较高，达 60%。I 类与 II 类、III 类两类相似性较低（$<40\%$），可能是采样点 S4 处于湖心，采集大量小型鱼（太湖新银鱼）引起的。相似性分析显示，各样点间差异无统计学意义（$P>0.05$）。

4.3.3 分析与讨论

1. 鱼类多样性变化

青狮潭水库鱼类多样性春、夏两季较高，秋、冬两季较低。这可能是汛期库区饵料资源较多造成的。春夏季流域降水丰富，河流入库携带大量营养物质，水体初级生产力较高，为鱼类提供更多的食物资源，同时春夏季气候温和，是多数鱼类繁殖季节。多样性指数季节间变化不明显（$P>0.05$），可能是水库一定的水层空间为鱼类适应气候的季节变化（温差、光照）提供条件。Margalef 指数（D_{ma}）冬季比秋季高，可能是由于采样间隔期库区禁止灯光诱捕，使得鱼类种群有所恢复，同时受冬季水库亚冷水性银鱼个体数明显增加的影响。

鱼类物种多样性指数在水平空间上总体呈现从河流入库口、近岛水区向湖心降低趋势（图 4.9）。可能是由于各水区鱼类所需的资源（饵料、溶解氧）分布不均。河流携带营养物质入库，入库处营养物质往往丰富，水力搅动加快水区大气复氧使水中溶解氧含量高。岛屿周边水域鱼类饵料资源较丰富，湖心处水中营养物质相对缺乏，深水区各类水生生物量较少。

2. 鱼类群落变化

鱼类在季节间分布相似性较高，各季节间相似性达到 80%。可能是由于流域内河流-水库间鱼类在季节间双向交流频繁，未发生大规模的单向迁移活动，同时水库存水层较厚，为鱼类适应季节间气候变化提供条件，鱼类物种在各季节总体分布稳定。鱼类在水平空间上，S2、S3 与 S4、S5、S6 差异性显著（$P<0.05$），可能是由于二者处于两大库区的狭窄勾通地带，水位水文、光热资源与其他采样点差异较大造成的。整体上看，除了 S4 外，总体相似性较高（60%）。在局部采样点间相似性达 80%，主要是由于这些采样点空间距离近，鱼类交流频繁。S4 采

样点处于湖心，水环境条件与其他采样点差异较大，鱼类集群比较特殊。

4.4　会仙湿地鱼类物种多样性及群落研究

4.4.1　材料与方法

1. 采样方法

2014 年 6 月、7 月及 9 月、10 月对湿地范围内的不同类型农田沟渠进行鱼类样本的采集（图 3.18），2014 年的 7 月和 10 月及 2015 年的 1 月和 4 月在桂柳运河（S2、S3）、相思江（S8、S9）、睦洞湖（S4、S5、S6、S7），以及与湿地外部连通的良丰江（S1）和洛清江义江段（S10）设置采样点（图 3.19）。鱼类样本采集主要采用电捕法和人工抄网捕捞，每个采样点采集水面约 50m^2，持续时间 20min。所获样本以 10%的福尔马林固定，运回实验室进行种类鉴定，鉴定后的样本用 5%的福尔马林保存[20-22]。

2. 数据处理

同 4.1.1 节。

4.4.2　研究结果

1. 鱼类物种多样性的季节性差异

方差分析结果表明，会仙湿地鱼类物种数夏季与秋季差异性尤为明显（$P<$ 0.05）；夏季的生物量、Pielou 指数和 Shannon-Wiener 指数同秋季和冬季均存在明显差异（$P<0.05$）（表 4.5）；个体数和 Simpson 指数无季节性差异（$P>0.05$）。另外，会仙湿地内永久性河流和永久性湖泊中的鱼类物种多样性在同季节的差异性较小，仅夏季的物种数、Pielou 指数和 Shannon-Wiener 指数以及冬季的生物量存在明显差异（$P<0.05$）（表 4.6）。

表 4.5　会仙湿地不同季节河流湖泊鱼类生物多样性比较
Table 4.5　Comparison of fish biodiversity in different seasons from rivers and lakes of Huixian Wetland

季节	物种数	个体数	生物量（g）	λ	J	H_e'
春	2.7±1.3	7.9±4.3	46.2±35.1	0.5±0.3	0.6±0.4	0.7±0.5
夏	2.2±1.8[a]	30.0±54.4	9.2±10.6[a]	0.5±0.4	0.4±0.4[a]	0.4±0.4[a]
秋	3.9±1.6[b]	12.8±7.3	106.6±145.2[b]	0.4±0.3	0.7±0.3[b]	1.0±0.5[b]
冬	3.5±1.4	10.8±8.1	106.6±82.7[bc]	0.3±0.2	0.7±0.3[bc]	0.9±0.5[bc]

注：同列上标字母不同者表示有显著性差异（$P<0.05$）

表 4.6　会仙湿地不同生境鱼类生物多样性比较

Table 4.6　Comparison of fish biodiversity from rivers and lakes of Huixian Wetland

季节	采样点	物种数	个体数	生物量（g）	λ	J	H_e'
春	河流	2.8±1.2	7.5±4.3	30.0±19.8	0.5±0.3	0.7±0.3	0.7±0.4
	湖泊	2.5±1.7	8.5±4.7	70.6±41.6	0.5±0.5	0.6±0.5	0.6±0.7
夏	河流	3.3±1.4[a]	49.5±64.7	14.0±11.3	0.6±0.2	0.6±0.2[a]	0.6±0.3[a]
	湖泊	0.5±0.6[b]	0.8±1.0	1.9±2.6	0.3±0.5	0[b]	0[b]
秋	河流	4.7±1.4	15.7±7.7	70.1±40.3	0.4±0.2	0.8±0.1	1.2±0.4
	湖泊	2.8±1.3	8.5±4.4	161.4±232.1	0.5±0.4	0.6±0.4	0.7±0.6
冬	河流	3.0±1.3	7.1±8.4	58.4±56.5[a]	0.2±0.2	0.7±0.4	0.8±0.5
	湖泊	4.3±1.3	16.3±3.8	178.9±60.1[b]	0.5±0.2	0.7±0.1	1.0±0.4

注：同一季节内同列上标字母不同者表示有显著性差异（$P<0.05$）

　　会仙湿地农田沟渠采集鱼类样本 1388 尾，经鉴定为 25 种，隶属于 5 目 10 科 22 属（表 3.6）。鲤形目共 15 种，占所捕获总鱼类物种数的 60.00%；鲇形目 2 种，占 8.00%；鳉形目、合鳃鱼目各 1 种，占总鱼类物种数的 4.00%；鲈形目 6 种，占总鱼类物种数的 24.00%。鲤科鱼类 12 种，占鲤形目鱼类总物种数的 80.00%；鲤科鱼类中包括鲌亚科 3 种，鲴亚科、鲃亚科、鮈亚科和鲤亚科各 2 种，鲏亚科 1 种。夏、秋季 3 种沟渠的鱼类生物多样性的单因素方差数据显示，夏季天然沟渠（A）的 Shannon-Wiener 指数与半硬质化沟渠（C）有显著差异（$P<0.05$）；而在生物量方面，秋季天然沟渠（A）与硬质化沟渠（C）存在显著差异（$P<0.05$）；秋季半硬质化沟渠（B）与硬质化沟渠（C）的个体数存在显著差异（$P<0.05$）；夏季物种数差异存在于天然沟渠（A）与硬质化沟渠（C）（$P<0.05$），秋季则存在于半硬质化沟渠（B）和硬质化沟渠（C）（$P<0.05$）（表 4.7）。

表 4.7　夏秋两季 3 种不同类型沟渠的鱼类生物多样性比较

Table 4.7　Comparison of fish biodiversity in different ditch types of Huixian Wetland in Summer and Autumn

沟渠类型	物种数		个体数		生物量（g）	
	夏	秋	夏	秋	夏	秋
A	4.9±2.0[a]	5.8±2.6	27.1±24.0	38.2±18.9	17.2±14.3	211.0±132.6[ab]
B	3.5±1.1	6.7±1.3[a]	16.3±11.2	45.9±33.0[a]	22.9±27.0	151.6±95.5[b]
C	3.1±1.5[b]	4.4±2.3[b]	19.7±12.3	22.0±14.8[b]	20.6±23.8	67.8±57.1[c]

沟渠类型	Shannon-Wiener 指数		均匀度指数		优势度指数	
	夏	秋	夏	秋	夏	秋
A	1.6±0.2[a]	1.4±0.4	0.8±0.1	0.7±0.1	0.3±0.1	0.3±0.2
B	1.2±0.2	1.5±0.4	0.7±0.2	0.7±0.2	0.4±0.1	0.3±0.2
C	1.0±0.3[b]	1.0±0.7	0.7±0.1	0.6±0.3	0.4±0.1	0.5±0.4

注：同列上标字母不同者表示有显著性差异（单因素方差分析，$P<0.05$）；沟渠类型编号见图 3.20

2. 鱼类群落结构的时空差异

　　会仙湿地不同季节鱼类群落的 NMDS 排序图显示（图 4.12），夏季的采样点集中分布在图的左上角区域，与其他季节的采样点之间基本能分开，表示夏季鱼类群落结构与其他季节存在不同。同时，鱼类群落相似性分析（ANOSIM）数据表明，夏季和其他季节的鱼类群落结构有着明显差异（$P<0.05$）。鱼类群落相似性分析结果表明，鱼类在河流与湖泊两种生境下存在着显著差异性（P 值为0.048）。从采样点看，S10 分别与 S3、S4、S5、S6、S7 的群落结构有着明显差异（$P<0.05$）。这可以从群落 NMDS 空间排序图得到体现（图 4.13）。

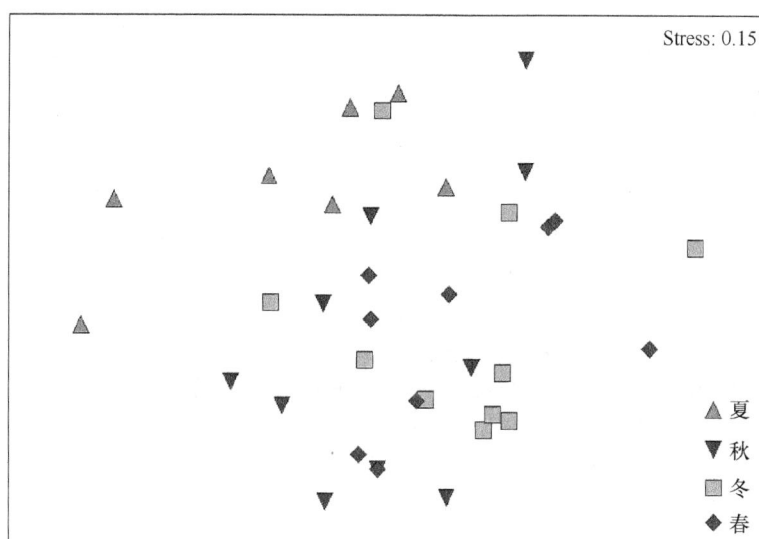

图 4.12　会仙湿地河流湖泊鱼类群落结构的无度量多维时间排序图
Figure 4.12　NMDS ordination of temporal fish assemblages from lakes and rivers in the Huixian Wetland

　　会仙湿地农田沟渠鱼类群落的夏秋季 NMDS 时间排序图能直观体现出夏秋两季鱼类群落结构的差异性（图 4.14），而且鱼类群落相似性分析（ANOSIM）结果表明夏季与秋季之间的鱼类群落结构存在显著差异（$P=0.001$）。

4.4.3　分析与讨论

1. 湿地鱼类多样性

　　会仙湿地位于漓江边，与漓江相通，其鱼类组成与漓江鱼类组成非常相似。同样，漓江上游鱼类群落未显示出季节变化特征[5-6]，而会仙湿地夏季鱼类群落结构与其他季节存在显著差异（$P<0.05$），可能是该地区水体较浅，流速较缓慢，夏季水温升高较大的结果。另外，会仙湿地鱼类物种数、生物量、Pielou 指数和 Shannon-Wiener 指数都表现为夏季最低，而个体数夏季为最高。主要是因为夏季为鱼类繁殖季节，采样期间采集到大量鱼类幼体，导致鱼类个体数偏多，而生物

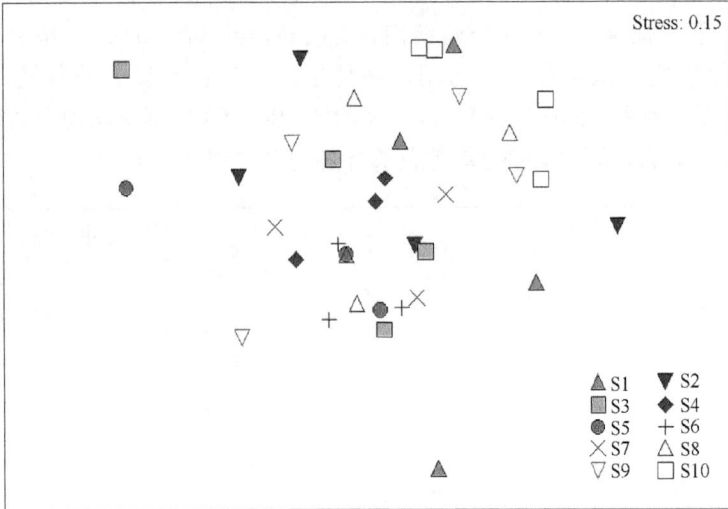

图 4.13　会仙湿地河流湖泊鱼类群落结构无度量多维空间排序图

Figure 4.13　NMDS ordination of spatial fish assemblages from lakes and rivers in the Huixian Wetland

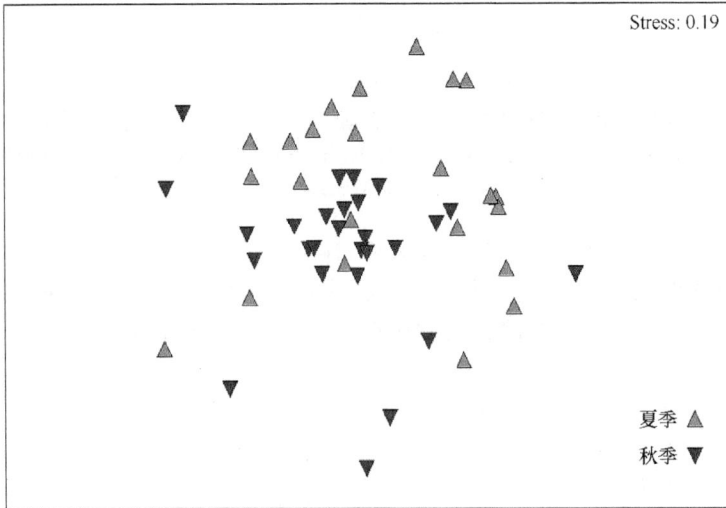

图 4.14　农田沟渠夏秋季鱼类群落结构的无度量多维排序图

Figure 4.14　NMDS ordination of fish community from lakes and rivers of Huixian Wetland in Summer and Autumn

量较小。另外,夏季 S6、S7 采样点未采集到鱼类,S4、S5 也仅分别采集到 1 种。此外,夏季鱼类群落结构也与其他季节存在显著差异;而且,从优势物种方面来看,鲫在春季、秋季和冬季均为优势种,而夏季的优势种为高体鳑鲏与叉尾斗鱼。

2. 河流与湖泊鱼类的差异

河流中采集到 26 种鱼类,而湖泊中只出现了 13 种。夏季湖泊中鱼类物种数、个体数和生物量较河流中均偏低,而冬季湖泊中的这些指标又较河流中偏高,而春、秋季属于过渡阶段。可以推测会仙湿地鱼类在夏季偏向于在河流中活动,到冬季则移动到湖泊中过冬。另外,湖泊浊度低且植被覆盖度高,鱼类生物量相比河流明显偏高,可能由于浮游动物和叶绿素在湿地湖泊中比河流中含量高[23],导致大量营养物质通过生物链不断富集到鱼类体内,最终导致湖泊鱼类生物量增高。

4.5 漓江中游近岸水域仔稚鱼物种多样性及群落研究

漓江流域位于广西壮族自治区东北部桂林境内,属于珠江流域西江水系。流域所在地区为喀斯特岩溶地貌,河道复杂,滩潭众多,形成了独具特色的生态系统,生物多样性丰富,造就了优美的风景,并因此成为桂林旅游的黄金水道。漓江曾经记载的鱼类有 144 种。近些年来,随着各行业发展尤其是桂林国际旅游胜地建设,漓江作为旅游资源的开发力度不断加强,漓江中下游面临着诸多生态环境问题,如水土流失,石漠化,水域面积减少,枯水期水质易恶化等,水生态系统受到威胁[24]。据 2010 年报道,漓江鱼类自然资源量呈下降趋势,有 50%以上的鱼类物种消失,各分类单元多样性指数大幅下降[25]。目前,关于漓江鱼类早期资源的调查鲜有报道,仅周解和雷建军[26]2005 年对漓江鱼类产卵场进行了一次系统访问调查,结果只对 11 处产卵场和产卵鱼类进行了描述,而人们对鱼类早期资源群落结构和多样性并不了解。因此,本节通过一年的野外调查来研究仔稚鱼种类组成、分布和结构特征,来补充该流域的鱼类早期资源方面研究的资料,为进一步更好地研究漓江鱼类早期资源奠定基础。

4.5.1 材料与方法

1. 研究区域

见 3.5.1 节的研究区域。

2. 采样方法

2014 年 5 月至 2015 年 4 月，在漓江中游（桂林市至阳朔县段）干流及其支流近岸水域选取 13 处采样点（图 3.21），进行逐月采样，采样在白天进行。采样点选在近岸河床平缓、水流速度小、水质清澈等具有一定生境特征的位置。因此，采样方法选用参照 Wintersberger 和陈义雄等《台湾地区淡水域湖泊、野塘及溪流鱼类资源现况调查及保育研究规划报告》中的岸边观察和手抄网采集法[27,28]。每点采样用卷尺沿河岸量取 200m 距离，采样人员逆流而上，在距岸边 2m 内的水域内仔细观察，用抄网（圆筒形，网杆长：2m，网目：0.5mm，网圈直径：35cm，网衣长：40cm）直接捞取，每点采样进行约 1h，全部采样由同一人员完成。采样点包括深潭、回水区等生境。所采仔稚鱼样品用浓度为 7%福尔马林溶液固定分拣，24h 后转至浓度 5%福尔马林溶液中保存[29-31]。在解剖镜下采用形态学根据样品可数、可量及描述性状尽量鉴定至种级水平，依据《长江鱼类早期资源》、《长江中游野鱼苗的种类鉴定》、《珠江口鱼类早期发育图谱》（内部资料）等文献资料鉴定[32,33]。

3. 数据处理

单位努力捕捞量（catch-per-unit-effort，CPUE）用每个样点的仔稚鱼个体数量表达[25]，统计方法同 4.1.1 节。

4.5.2 研究结果

1. 种类组成

共采集鱼类 18 种，隶属于 3 目 8 科 16 属。其中漓江中游干流采集仔稚鱼 15 种，桃花江、相思江和牛溪河分别采集仔稚鱼 6 种、5 种和 8 种（表 4.8）。采集仔稚鱼样品多为外源营养期的仔鱼和稚鱼，其成鱼大部分为小型鱼类。

根据聚类分析，漓江中游区域仔稚鱼种类有明显的区域特征，干流和支流、上游和下游的种类组成有显著差异。根据种类组成差异，采用相似性矩阵进行聚类将漓江中游分成 4 个不同区域：两支流（桃花江 T1、T2 和牛溪河 N1、N2）为 1 区，干流（L1-L6）为 2 区，相思江（X1、X2）为 3 区，L7 为 4 区（图 4.15）。鱼类物种在不同采样点分布有一定差异，青鳉只出现在 1 区河段，中华原吸鳅和棒花鱼只出现在 2 区（L1，南州）河段，草鱼只出现在 2 区（L4，大圩）河段，银鮈只出现在 3 区（X1，三立）河段，斑鳢和广西鱊只出现在 4 区（L7，阳朔）河段（表 4.8）。

表 4.8　漓江中游近岸水域仔稚鱼种类组成及分布

Table 4.8　Species composition and distribution of larval and juvenile fish in the middle reaches of Lijiang River

种类	阶段	渔获量(尾)	漓江中游干流							桃花江		相思江		牛溪河	
			L1	L2	L3	L4	L5	L6	L7	T1	T2	X1	X2	N1	N2
鳅科 Cobitidae															
中华花鳅 *Cobitis sinensis*（Sauvage & Dabry de Thiersant，1847）	J	3													
泥鳅 *Misgurnus anguillicaudatus*（Cantor，1842）	J	3				+						+			
平鳍鳅科 Homalopteridae															
中华原吸鳅 *Protomyzon sinensis*（Chen，1980）	J	1	+												
鲤科 Cyprinidea															
宽鳍鱲 *Zacco platypus*（Temminck & Schlegel，1846）	L	1483	+	+	+	+	+	+	+	+	+	+		+	+
	J	1203													
草鱼 *Ctenopharyngodon idellus*（Valenciennes，1844）	L	1				+									
餐 *Hemiculter leucisculus*（Basilewsky，1855）	L	1421	+	+	+	+	+	+							
	J	1154													
银鮈 *Squalidus argentatus*（Sauvage & Dabry de Thiersant，1874）	J	5										+			
棒花鱼 *Abbottina rivularis*（Basilewsky，1855）	J	1	+												
高体鳑鲏 *Rhodeus ocellatus*（Kner，1866）	L	2228	+	+	+	+	+	+	+	+	+	+	+	+	+
	J	3549													
侧条光唇鱼 *Acrossocheilus parallens*（Nichols，1931）	L	62	+	+	+		+	+	+						
	J	21													
广西鳎 *Acheilognathus meridianus*（Wu，1939）	J	189								+					
Cyprinidea（未定种）	J	51	+			+		+		+					+
青鳉科 Oryziatidae															
青鳉 *Oryzias latipes*（Temminck & Schlegel，1846）	J	16								+	+			+	
胎鳉科 Poeciliidae															
食蚊鱼 *Gambusia affinis*（Baird & Girard，1853）	L	25	+	+	+	+	+			+	+	+		+	+
	J	401													
鮨科 Serranidae															
斑鳜 *Siniperca scherzeri*（Steindachner，1892）	L	7								+					
	J	5													
沙塘鳢科 Odontobutidae															
中华沙塘鳢 *Odontobutis sinensis*（Wu，Chen & Chong，2002）	J	6			+			+							+
虾虎鱼科 Gobiidae															
子陵吻虾虎鱼 *Rhinogobius giurinus*（Rutter，1897）	L	24	+		+	+	+	+						+	+
	J	20													
溪吻虾虎鱼 *Rhinogobius duospilus*（Herre，1935）	J	7			+									+	+

注：L（larvae）代表仔鱼；J（juvenile）代表稚鱼；"+"表示出现

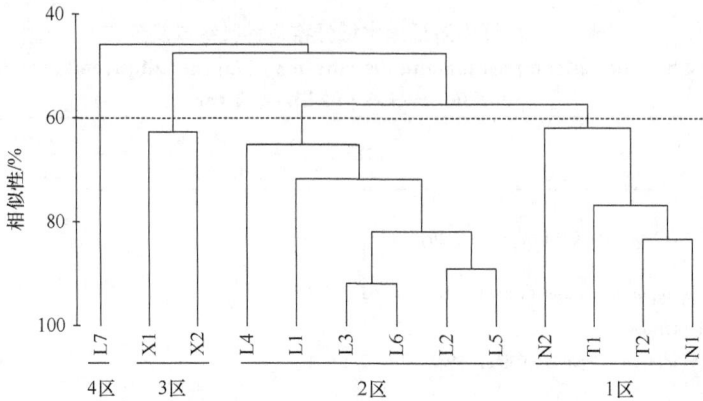

图 4.15　非加权平均聚类法（UPGMA）对漓江中游区域的划分

Figure 4.15　The classification of sampling stations using UPGMA in the middle reaches of Lijiang River

2. 仔稚鱼数量和物种数分布特征

根据气象学定义的北半球四季为春季——3 月、4 月和 5 月，夏季——6 月、7 月和 8 月，秋季——9 月、10 月和 11 月，冬季——12 月、1 月和 2 月。漓江中游近岸水域仔稚鱼渔获数量主要集中在夏季，占总渔获量的 55.80%，7 月和 8 月渔获量较多，分别为 208 尾/站和 202 尾/站，占总渔获量的 22.72%和 22.13%，2 月和 3 月渔获量较少，分别为 6 尾/站和 5 尾/站。物种数随月变化波动较大，物种数最高出现在 6 月、7 月和 1 月，分别为 9 种、9 种和 10 种，最低在 12 月和 4 月，分别为 3 种和 4 种（图 4.16 和图 4.17）。

对仔稚鱼数量和物种数随季节变化的变化数据进行分析，One-way ANOVA 和 LSD 多重比较结果表明，仔稚鱼数量随季节变化明显，夏季数量显著高于其他 3 个季节（春：$P=0.009$；秋：$P=0.010$；冬：$P=0.002$），其他 3 个季节之间数量无显著性差异（$P>0.05$），各季节之间物种数没有显著性差异（$P>0.05$）。

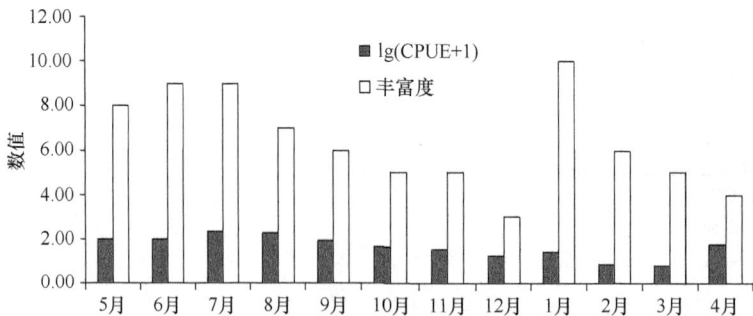

图 4.16　各月仔稚鱼数量和物种数的分布

Figure 4.16　Distribution of the abundance and richness of larval and juvenile fish in each month

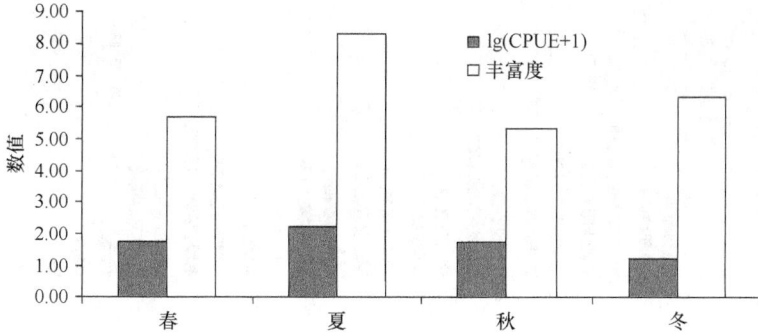

图 4.17　各季节仔稚鱼数量和物种数分布

Figure 4.17　Distribution of the abundance and richness of larval and juvenile fish in each season

对仔稚鱼数量和物种数随区域变化的变化数据进行分析，One-way ANOVA 和 LSD 多重比较结果表明，2 区仔稚鱼物种数和数量与其他 3 个区有显著性差异（$P=0.000$），其他 3 个区之间差异不显著（$P>0.05$），说明干流区域（2 区，L1-L6）的数量和物种数显著高于支流区域（1 区和 3 区，T1、T2、N1、N2 和 X1、X2）（图 4.18）。

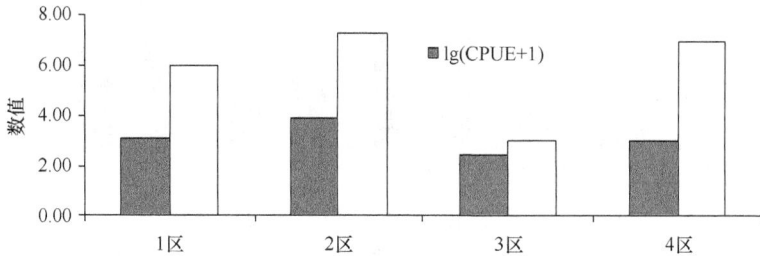

图 4.18　仔稚鱼数量与物种数的空间分布

Figure 4.18　Distribution of the abundance and richness of larval and juvenile fish in each area

3. 物种多样性时间变化

仔稚鱼多样性指数月变化较明显，其中 Shannon-Wiener 指数 H_e' 在 6 月、7 月和 8 月较高，均值分别为 0.858、0.880 和 0.865，12 月、3 月和 4 月较低。Margalef 丰富度指数 D_{ma} 较高的值出现在 6 月和 7 月，分别为 0.575 和 0.505，较低的值出现在 12 月、4 月和 3 月，分别为 0.270、0.162 和 0.069。均匀度指数 J 较高值出现在 1 月、8 月和 6 月，分别为 0.581、0.515 和 0.450，较低值出现在 12 月、3 月和 4 月，分别为 0.197、0.153 和 0.039（图 4.19）。

One-way ANOVA 和 LSD 多重比较的结果表明，夏季 Margalef 丰富度指数 D_{ma} 与其他 3 个季节有显著性差异（春：$P=0.000$，秋：$P=0.015$，冬：$P=0.014$）。春季 Shannon-Wiener 指数 H_e' 和其他 3 个季节有显著性差异（夏：$P=0.004$，秋：

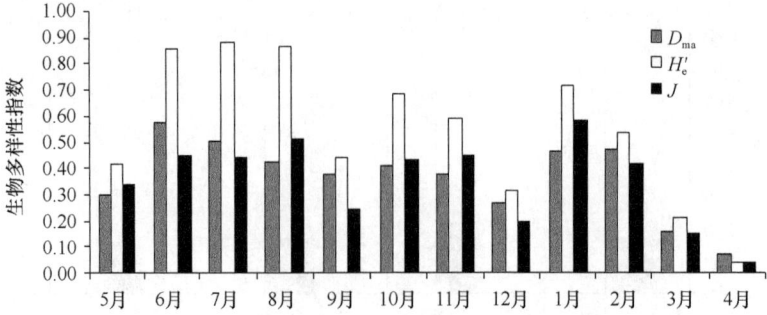

图 4.19　仔稚鱼生物多样性指数的月变化

Figure 4.19　Monthly variation of biodiversity index of larval and juvenile fish

P=0.010，冬：P=0.000），并且夏季和秋冬两季的 H_e' 有显著性差异（秋：P=0.021，冬：P=0.020）。春季均匀度指数 J 与其他 3 个季节有显著性差异（夏：P=0.000，秋：P=0.011，冬：P=0.002）（图 4.20）。

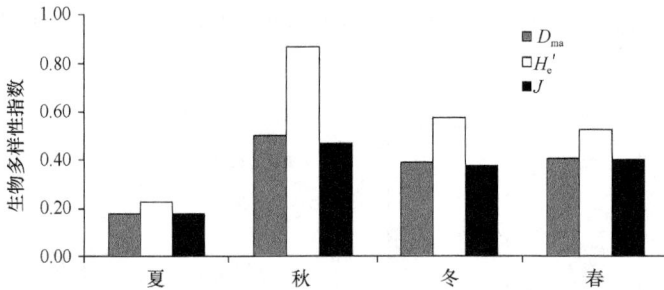

图 4.20　仔稚鱼生物多样性指数的季节变化

Figure 4.20　Seasonal variation of biodiversity index of larval and juvenile fish

4. 物种多样性空间变化

One-way ANOVA 和 LSD 多重比较的结果显示，4 个区域的 Margalef 丰富度指数（D_{ma}）没有显著性差异（P>0.05），2 区的 Shannon-Wiener 指数（H_e'）显著高于 3 区和 1 区（P=0.019，P=0.002）。说明干流区域（2 区，L1-L6）的 Shannon-Wiener 指数显著高于支流区域（1 区和 3 区，T1、T2、N1、N2 和 X1、X2）。2 区的均匀度指数（J）显著高于 1 区（P=0.023），其他区域之间没有显著性差异（P>0.05）（图 4.21）。

4.5.3　分析与讨论

1. 物种组成

韩耀全分析了 30 年来漓江鱼类数据表明，漓江鱼类物种多样性呈现明显下降

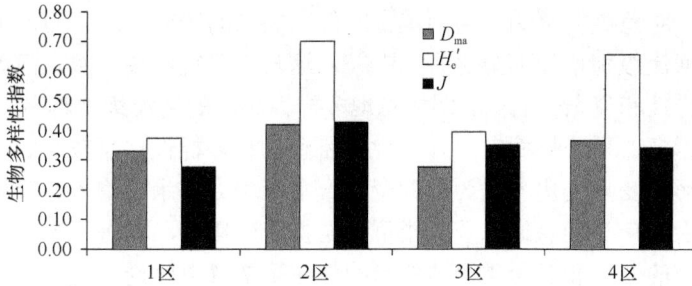

图 4.21　仔稚鱼生物多样性指数的空间变化
Figure 4.21　Spatial variation of biodiversity index of larval and juvenile fish

趋势，其原因为流域生态变化，水生环境处于亚健康状态，致使生态系统中某层次食物链的断裂导致能量传递中断，进而导致处于高营养级的鱼类种群数量枯竭[25]。本次调查所获仔稚鱼物种数较少，组成也较简单，物种数约为漓江鱼类多样性调查的25%。近岸水域距居民生活区较近，易受到人类活动干扰，调查所选13处采样点，其中干流7处，南洲、解放桥、净瓶山3处位于桂林市区，大圩、冠岩、杨堤、阳朔4处均为风景名胜区，河道疏浚、航运、挖沙、护岸等工程较多，近岸水域环境遭到破坏，仔稚鱼处于早期发育阶段对干扰耐受性低，可能是导致渔获物种数减少的原因之一。另外，无度无序的过度捕捞，以及不合理的渔法渔具，特别是在鱼类繁殖季节捕捞，不仅使亲鱼资源减少，对鱼类的早期发育过程也有较大影响，种群不能得到及时补充，导致鱼类种类组成简单。

2. 仔稚鱼物种多样性指数变化

调查采集仔稚鱼样品为16属18种，多数为小型鱼类，并呈现出较强的单属单种现象，是鱼类多样性下降趋势的表现[34]。已有不少研究表明，仔稚鱼物种多样性指数随时间和空间变化发生变化。无论从大尺度时间还是从小尺度时间角度来研究，结论都表明仔稚鱼种类组成、群落结构和多样性等都发生着明显的变化，这是仔稚鱼随环境变化的结果。长江中游研究表明，夜间仔稚鱼密度显著高于白天（$P < 0.05$）[35]，其他流域也有类似的结果[36-38]，这可能是因为仔稚鱼夜间捕食可以有效避免来自捕食者的压力。西江肇庆段研究表明，鱼苗高峰期出现在 4-9 月，结果与历史数据相比，"四大家鱼"资源明显减少，这可能是西江水温、溶解氧、水流量等环境因子的季节性变化，加之鱼类选择适于繁殖的最佳环境变量进行繁殖活动的综合结果。也有研究表明，鱼类的繁殖与洪水和透明度相关性明显[39]，洪水促进了河流漫滩的连通性，淹没水生植物及草木残骸为藻类和无脊椎动物提供了丰富的饵料，形成了不同类型生物的避难所、栖息地和觅食场所[40]。

本研究结果显示，干流区域的仔稚鱼 Shannon-Wiener 多样性指数 H_e' 显著高于支流区域。对鱼类群落结构与河溪空间位置关系的研究一般认为，鱼类物种多样性水平随河流级别增加而显著升高[41-43]，这与本研究结果一致。河溪的级别与其栖息地多样性和复杂性有关，即栖息地多样性越高的河流级别越高，河流越大，能容纳物种越多，系统越稳定[44]，因此仔稚鱼物种多样性水平较高。河流自上游至下游，其环境变量变化一般为河面变宽、水深增大、水量增大、溶氧下降等，这些变化是否对鱼类栖息地以及鱼类群落结构产生影响，需进一步研究。有关环境因子随时空的变化和对鱼类繁殖的影响将在第 7 章中讨论。

参 考 文 献

[1] 郭纯青, 方荣杰, 代俊峰, 等. 漓江流域上游区水资源与水环境演变及预测. 北京: 中国水利水电出版社, 2011.

[2] 黄德练, 吴志强, 黄亮亮, 等. 广西钦州港红树林区鱼类物种多样性分析. 海洋湖沼通报, 2013, (4): 135-142.

[3] Peter A A. Perspectives in ecological theory. Trends in Ecology & Evolution, 1989, 4(7): 220-221.

[4] Pielou E C J. The measurement of diversity in different types of biological collections. Journal of Theoretical Biology, 1966, 13(1): 131-144.

[5] 朱召军, 吴志强, 黄亮亮, 等. 漓江上游鱼类物种组成及其多样性分析. 四川动物, 2015, 34(1): 126-132.

[6] 朱召军. 漓江上游鱼类物种多样性及河流健康评价指标体系研究. 桂林: 桂林理工大学硕士学位论文, 2015.

[7] Beugly J, Pyron M. Temporal and spatial variation in the long-term functional organization of fish assemblages in a large river. Hydrobiologia, 2010, 654(1): 215-226.

[8] Nero V L, Sealey K S. Fish–environment associations in the coastal waters of andros Island, The Bahamas. Environmental Biology of Fishes, 2006, 75(2): 223-236.

[9] Habit E, Belk M, Victoriano P, et al. Spatio-temporal distribution patterns and conservation of fish assemblages in a Chilean coastal rive. Biodiversity and Conservation, 2007, 16(11): 3179-3191.

[10] Arceo-Carranza D, Vega-Cendejas M E. Spatial and temporal characterization of fish assemblages in a tropical coastal system influenced by freshwater inputs: northwestern Yucatan peninsula. Rev. Biol. Trop, 2009, 57(1): 89-103.

[11] 丁洋, 吴志强, 黄亮亮, 等. 漓江中下游鱼类物种组成及其多样性研究. 四川动物, 2015, 34(6): 941-947.

[12] 丁洋. 漓江中下游鱼类物种多样性及河流健康评价指标体系研究. 桂林: 桂林理工大学硕士学位论文, 2016.

[13] 朱瑜, 周解, 施军. 漓江的鱼类调查. 广西水产科技, 2007, (2): 66-78.

[14] Ward J V. The four-dimensional nature of lotic ecosystems. Journal of the North American Benthological Scoiety, 1989, 8(1): 2-8.

[15] Vannote R L, Minshall G W, Cummins K W, et al. The river continuum concept. Canadian Journal of Fisheries & Aquatic Sciences, 1980, 37(2): 130-137.

[16] 黄亮亮. 东苕溪鱼类环境生物学及河流健康评价指标体系研究. 上海: 同济大学博士学位论文, 2012.

[17] 刘毅. 东江鱼类群落结构变化特征及生物完整性评价. 广州: 暨南大学硕士学位论文, 2011.

[18] 郑盛春. 青狮潭水库鱼类物种多样性及其与环境的关系研究. 桂林: 桂林理工大学硕士学位论文, 2017.

[19] 郑盛春, 吴志强, 黄亮亮, 等. 广西桂林青狮潭水库鱼类物种组成及多样性分析. 南方水产科学, 2017, 13(2): 36-42.

[20] 胡祎祥. 会仙湿地鱼类物种多样性及其环境因子关系研究. 桂林: 桂林理工大学硕士学位论文, 2016.

[21] 胡祎祥, 黄亮亮, 吴志强, 等. 广西会仙湿地农田沟渠鱼类群落差异研究. 水生态学杂志, 2015, 36(5): 15-21.

[22] 黄健, 胡祎祥, 黄亮亮, 等. 广西会仙湿地鱼类多样性. 湿地科学, 2017, 15(2): 256-262.

[23] Nunn D A, Harvey J P, Cowx I G. Benefits to 0^+ fishes of connecting man-made water bodies to the lower river Trent, England. River Research & Applications, 2007, 23(4): 361-376.

[24] 蔡德所, 马祖陆. 漓江流域的主要生态环境问题研究. 广西师范大学学报(自然科学版), 2008, 26(1): 110-112.

[25] 韩耀全. 漓江鱼类物种多样性及其演变态势研究. 水生态学杂志, 2010, 3(1): 22-28.

[26] 周解, 雷建军. 漓江鱼类产卵场、越冬场专项调查. 广西水产科技, 2007, (2): 17-25.

[27] Wintersberger H. Species assem blages and habitat selection of larval and juvenile fishes in the River Danube. River Systems, 1996, 10(1-4): 497-505.

[28] 陈义雄, 曾晴贤, 邵广昭. 台湾地区淡水湖泊. 野塘及溪流鱼类资源现况调查及保育研究规划报告. 台北: 台湾行政院农业委员会林务局, 2010.

[29] 封文利. 漓江中游近岸水域仔稚鱼群落结构及其与生境的关系. 桂林: 桂林理工大学硕士学位论文, 2016.

[30] 封文利, 吴志强, 黄亮亮, 等. 漓江中游仔稚鱼群落结构特征.云南师范大学学报(自然科学版), 2016, 36(2): 59-66.

[31] 封文利, 吴志强, 黄亮亮, 等. 漓江中游 16 种常见鱼类仔稚鱼形态特征初步研究. 水生态学杂志, 2017, 38(2): 94-100.

[32] 曹文宣, 常剑波, 乔晔, 等. 长江鱼类早期资源. 北京: 中国水利水电出版社, 2007: 2-9.

[33] 王昌燮. 长江中游野鱼苗的种类鉴定. 水生生物学报, 1959, (3): 315-341.

[34] 韩耀全, 许秀熙. 漓江渔业资源现状评估与修复. 水生态学杂志, 2009, 2(5): 132-135.

[35] 李世健, 陈大庆, 刘绍平, 等. 长江中游监利江段鱼卵及仔稚鱼时空分布. 淡水渔业, 2011, 41(2): 18-24, 19.

[36] Araujo-Lima C R M, Silva V V D, Petry P, et al. Diel variation of larval fish abundance in the Amazon and Rio Negro. Brazilian Journal of Biology, 2001, 61(3): 357-362.

[37] Baumgartner M S T, Baumgartner G, Nakatani K, et al. Spatial and temporal distribution of "Curvina" larvae(*Plagioscion squamosissimus* Heckel, 1840)and its relationship to some environmentalvariables in the Upper Paran River Floodplain, Brazil. Brazil Journal of Biology, 2003, 63(3): 381-391.

[38] 李跃飞. 西江肇庆江段仔稚鱼资源研究. 湛江: 广东海洋大学硕士学位论文, 2008.

[39] 张晓敏, 黄道明, 谢文星, 等. 汉江中下游四大家鱼自然繁殖的生态水文特征. 水生态学杂志, 2009, 2(2): 126-129.

[40] 董哲仁, 张晶. 洪水脉冲的生态效应. 水利学报, 2009, 40(3): 281-289.

[41] Roberts J H, Hitt N P. Longitudinal structure in temperate stream fish communities: Evaluating conceptual models with temporal data. Am Fisheries SocSymp, 2010, 73: 281-299.

[42] 李艳慧, 严云志, 朱仁, 等. 基于河流网络体尺度的皖河河源溪流鱼类群落的空间格局. 中国水产科学, 2014, 21(5): 988-999.

[43] Matthews W J. Patterns in Freshwater Fish Ecology. Dordrecht: Kluwer Academic Publishers, 1998.

[44] 严云志, 占姚军, 储玲, 等. 溪流大小及其空间位置对鱼类群落结构的影响. 水生生物学报, 2010, 36(5): 1022-1030.

第5章 漓江基于鱼类生物完整性指数评价河流健康研究

生物完整性指数（IBI）是以某种生物群落为对象，以其种类组成、多样性和结构功能等对环境改变产生的反应为指标评价该区域的健康状况[1]。生物完整性指数最初由 Karr 在 1981 年提出，并且是首次以鱼类为指示物种进行河流健康评价[2]。此后，IBI 在美国、加拿大、巴西、墨西哥，特别是在欧洲得到广泛应用，其指示物种的选取也扩展到底栖无脊椎动物、着生藻类等[3-7]。而鱼类作为水生态系统中的重要一员，具有其他水生生物无法比拟的作用，如提供食物、观赏等，并且其对生境变化的敏感性及直接的指示作用，使其成为河流健康评价的主要指示生物[8]。

生物完整性指数作为水生态系统健康评价的重要方法之一，改变了前人单纯利用物理、化学指标评价河流水质健康状况的局限性，越来越受到国内外学者的高度关注[2,9,10]。目前，国内应用生物完整性评价河流健康的相关研究正处于起步阶段，大多数以底栖无脊椎动物和浮游生物为指标生物。本章以漓江鱼类为研究对象，初步构建漓江上游区、漓江中下游区基于鱼类的 IBI 评价河流健康指标体系。通过野外调查获得数据，并将其用于该地区的河流健康评价，为漓江流域生态环境质量评价和管理提供基础数据。

5.1 漓江上游鱼类生物完整性指标体系及河流健康评价

5.1.1 材料与方法

1. 样品采集

同 3.1.1 节。

2. 理化指标

在鱼类标本采集的同时，在各采样点利用便携式水质分析仪（HACH sensION156，USA）、便携式流速仪（Meter MT-LS10，China）以及手持 GPS 卫星定位仪（Garmin eTrex10，USA）分别测定 pH、水温、溶解氧、流速、经纬度和海拔。另外，使用标尺测量河宽和水深以及游标卡尺测量底质颗粒中间轴长度[8]。

3. 参照位点

目前，国内外对于 IBI 研究参考位点的选取未见相应的规范，前人通常选择使用历史数据作为期望值，或者选择无人类干扰或受干扰相对较少的河段作为参照点[1,11-14]。由于漓江上游区域缺乏历史数据，且不存在不受人类干扰的区域。所以，本节选取河流生境保存相对较好且人类干扰较少的 S3、S4、S18 为参考点（图 3.1）。

4. 指标设置及筛选原则

综合目前国内外基于鱼类 IBI 研究报告[1,7]，结合漓江上游区域的鱼类物种组成特征及实际情况，选择了归属于 5 类属性的 22 个初选指标（表 5.1）。

表 5.1 漓江上游 IBI 候选指标及其对干扰的响应
Table 5.1 Candidate metrics of IBI and their response human disturbance of the upper reaches of Lijiang River

属性归类	候选指标	参数缩写	对干扰的响应	属性归类	候选指标	参数缩写	对干扰的响应
	鱼类总物种数	M1	下降	营养结构	植食性鱼类数量比例（%）	M13	下降
	鲤科鱼类占总类数的比例（%）	M2	上升		肉食性鱼类数量比例（%）	M14	下降
	鳅科鱼类占总类数的比例（%）	M3	下降		杂食性鱼类数量比例（%）	M15	上升
	平鳍鳅科鱼类占总类数的比例（%）	M4	下降		无脊椎动物食性鱼类数量比例（%）	M16	下降
	鲿科鱼类占总类数的比例（%）	M5	下降	鱼类数量和健康状况	鱼类总个体数	M17	下降
种类组成与丰度	虾虎鱼科鱼类占总类数的比例（%）	M6	下降	繁殖共位群	产漂浮性卵鱼类数量比例（%）	M18	下降
	Shannon-Wiener 多样性指数	M7	下降		产黏性卵鱼类数量比例（%）	M19	上升
	中国土著鱼类占总类数的比例（%）	M8	下降		借助贝类产卵鱼类数量比例（%）	M20	下降
	上层鱼类占总类数的比例（%）	M9	下降	耐污型	敏感型鱼类占总类数的比例（%）	M21	下降
	中上层鱼类占总类数的比例（%）	M10	下降		耐受型鱼类占总类数的比例（%）	M22	上升
	中下层鱼类占总类数的比例（%）	M11	下降				
	底层鱼类占总类数的比例（%）	M12	下降				

对于 22 个初选指标的筛选分为如下 3 个步骤[15]：①分布范围筛选。a：个数类筛选，若某指标在各采样点的个数均小于 5，则剔除；b：百分比筛选，若某指标在各采样点间的差异小于 10%，则剔除；c：若某指标 90% 以上的值为 0，则剔除。②判别能力筛选。采用箱体法比较参照位点和观测位点的箱体重叠情况，只有当出现箱体没有重叠或者有部分重叠但中位数均在对方箱体之外两种情况的指

标可进入下一步骤的分析。③相关性分析筛选。对通过判别能力筛选的指标进行 Pearson 相关性检验，若|R|<0.9 则通过检验，若|R|>0.9 则两个指标中选取信息量包含较大的一个。

5. IBI 分值计算及评价标准

目前，生物学指数的评价方法有很多，常用的方法有 1、3、5 赋值法，连续赋值法和比值法[15]。本研究采用传统的 1、3、5 赋值法，对通过筛选的各指标在各采样点的数值从最低到最高进行三等分，分为 3 个等级，最理想的等级记 5 分，最差的等级记 1 分，中间的记 3 分。各采样点的 IBI 总分计算即 IBI 总分值=（各指标总分/指标个数）×12[16]。以参考点的 IBI 总分值的 25%分位数为健康标准进行划分[13,17]，对于小于 25%分位数进行 3 等分，对未采到鱼类的采样点记为"无鱼"，最终将河流健康状况分为"健康"、"一般"、"较差"、"极差"和"无鱼"5 个等级。

5.1.2　研究结果

1. 鱼类组成

由于漓江上游鱼类群落结构的季节性差异不显著（图 4.3），故采用采样较充分的夏季数据作为本研究的分析评价的基础。2013 年 7 月，对漓江上游区域进行野外采样，共采集鱼类标本 3102 尾，共计 62 种，隶属于 4 目 15 科 44 属，其中 18 种为中国特有种，1 种为易濒危物种（波纹鳜）。漓江上游鱼类主要由鲤形目、鲇形目、合鳃鱼目和鲈形目组成（表 5.2）[18,19]。

表 5.2　漓江上游区鱼类生态类型

Table 5.2　The ecological characteristics of fishes in the upper reaches of Lijiang River

物种名	食性	产卵	耐污型	栖息水层
美丽小条鳅 *Micronoemacheilus pulcher*（Nichols & Pope，1927）	无脊椎动物食性			底层
平头平鳅 *Oreonectes platycephalus*（Günther，1868）	无脊椎动物食性			底层
无斑南鳅 *Schistura incerta*（Nichols，1931）	杂食性			底层
横纹南鳅 *Schistura fasciolata*（Nichols & Pope，1927）	无脊椎动物食性			底层
壮体沙鳅 *Botia robusta*（Wu，1939）	杂食性			底层
后鳍薄鳅 *Leptobotia posterodorsalis*（Lan & Chen，1992）	杂食性			底层
斑纹薄鳅 *Leptobotia zebra*（Wu，1939）	无脊椎动物食性			底层
中华花鳅 *Cobitis sinensis*（Sauvage & Dabry de Thiersant，1874）	无脊椎动物食性		敏感型	底层
大鳞副泥鳅 *Paramisgurnus dabryanus*（Dabry de Thiersant，1872）	杂食性	黏性	耐受型	底层
泥鳅 *Misgurnus anguillicaudatus*（Cantor，1842）	杂食性	黏性	耐受型	底层
宽鳍鱲 *Zacco platypus*（Temminck & Schlegel，1846）	杂食性	黏性		中上层

续表

物种名	食性	产卵	耐污型	栖息水层
马口鱼 *Opsariichthys bidens* Günther，1873	肉食性	黏性		中上层
草鱼 *Ctenopharyngodon idellus*（Valenciennes，1844）	植食性	漂浮性		中下层
鳘 *Hemiculter leucisculus*（Basilewsky，1855）	杂食性	漂浮性	耐受型	中上层
伍氏半鳘 *Hemiculterella wui*（Wang，1935）	杂食性		耐受型	上层
大眼华鳊 *Sinibrama macrops*（Günther，1868）	无脊椎动物食性	黏性	耐受型	中上层
细鳞鲴 *Xenocypris microlepis* Bleeker，1871	杂食性	黏性		中下层
唇鲴 *Hemibarbus labeo*（Pallas，1776）	无脊椎动物食性	黏性	敏感型	中下层
花鲴 *Hemibarbus maculatus*（Bleeker，1871）	无脊椎动物食性	黏性	敏感型	中下层
麦穗鱼 *Pseudorasbora parva*（Temminck & Schlegel，1846）	杂食性	黏性	耐受型	中上层
华鳈 *Sarcocheilichthys sinensis sinensis*（Bleeker，1871）	无脊椎动物食性	漂浮性	敏感型	中下层
黑鳍鳈 *Sarcocheilichthys nigripinnis*（Günther，1873）	杂食性	贝类性	敏感型	中下层
银鮈 *Squalidus argentatus*（Sauvage & Dabry de Thiersant，1874）	杂食性	漂浮性	敏感型	中下层
短须鱊 *Acheilognathus barbatulus*（Günther，1873）	植食性	贝类性		中下层
高体鳑鲏 *Rhodeus ocellatus*（Kner，1866）	植食性	贝类性		底层
侧条光唇鱼 *Acrossocheilus parallens*（Nichols，1931）	无脊椎动物食性		敏感型	中下层
克氏光唇鱼 *Acrossocheilus kreyenbergii*（Regan，1908）	无脊椎动物食性		敏感型	中下层
台湾白甲鱼 *Onychostoma barbatulum*（Pellegrin，1908）	杂食性		敏感型	中下层
异华鲮 *Parasinilabeo assimilis*（Wu & Yao，1977）	杂食性		敏感型	底层
四须盘鮈 *Discogobio tetrabarbatus*（Lin，1931）	杂食性		敏感型	底层
鲤 *Cyprinus carpio* Linnaeus，1758	杂食性	黏性	耐受型	底层
鲫 *Carassius auratus*（Linnaeus，1758）	杂食性	黏性	耐受型	底层
平舟原缨口鳅 *Vanmanenia pingchowensis*（Fang，1935）	无脊椎动物食性		敏感型	底层
线纹原缨口鳅 *Vanmanenia lineata*（Fang，1935）	无脊椎动物食性		敏感型	底层
中华原吸鳅 *Protomyzon sinensis*（Chen，1980）	杂食性		敏感型	底层
方氏品唇鳅 *Pseudogastromyzon fangi*（Nichols，1931）	杂食性		敏感型	底层
西江鲇 *Silurus gilberti*（Hora，1938）	无脊椎动物食性			中下层
越南鲇 *Silurus cochinchinensis*（Valenciennes，1840）	植食性			中下层
鲇 *Silurus asotus* Linnaeus，1758	肉食性	黏性	耐受型	底层
胡子鲇 *Clarias fuscus*（Lacépède，1803）	杂食性			底层
黄颡鱼 *Tachysurus fulvidraco*（Richardson，1846）	肉食性	黏性	耐受型	底层
长脂拟鲿 *Tachysurus adiposalis*（Oshima，1919）	肉食性			底层
细体拟鲿 *Pseudobagrus pratti*（Günther，1892）	无脊椎动物食性			底层
白边拟鲿 *Pseudobagrus albomargintus*（Rendahl，1928）	无脊椎动物食性		耐受型	底层
斑鳠 *Mystus guttatus*（Lacépède，1803）	肉食性	黏性	敏感型	中下层
大鳍鳠 *Hemibagrus macropterus*（Bleeker，1870）	杂食性		敏感型	中下层
福建纹胸鮡 *Glyptothorax fokiensis*（Rendahl，1925）	肉食性		敏感型	中下层

续表

物种名	食性	产卵	耐污型	栖息水层
黄鳝 Monopterus albus（Zuiew，1793）	杂食性	漂浮性	耐受型	底层
大刺鳅 Mastacembelus armatus（Lacépède，1800）	杂食性			底层
刺鳅 Macrognathus aculeatus（Bloch，1786）	肉食性			底层
中国少鳞鳜 Coreoperca whiteheadi（Boulenger，1900）	肉食性			中下层
波纹鳜 Siniperca undulata（Fang & Chong，1932）	肉食性		敏感型	底层
斑鳜 Siniperca scherzeri（Steindachner，1892）	肉食性	漂浮性	敏感型	中下层
大眼鳜 Siniperca knerii（Garman，1912）	肉食性	漂浮性	敏感型	中下层
中华沙塘鳢 Odontobutis sinensis（Wu，Chen & Chong，2002）	肉食性	黏性		底层
子陵吻虾虎鱼 Rhinogobius giurinus（Rutter，1897）	肉食性	黏性	耐受型	中下层
溪吻虾虎鱼 Rhinogobius duospilus（Herre，1935）	无脊椎动物食性			中上层
丝鳍吻虾虎鱼 Rhinogobius filamentosus（Wu，1939）	无脊椎动物食性			中上层
李氏吻虾虎鱼 Rhinogobius leavelli（Herre，1935）	无脊椎动物食性			中上层
叉尾斗鱼 Macropodus opercularis（Linnaeus，1758）	无脊椎动物食性	漂浮性	耐受型	中上层
斑鳢 Channa maculata（Lacépède，1801）	肉食性	漂浮性	耐受型	中下层
月鳢 Channa asiatica（Linnaeus，1758）	肉食性	漂浮性	耐受型	中下层

2. 指标筛选

对漓江上游的 22 个候选指标进行分布范围筛选，其中，M5、M9、M13、M18 和 M20 共 5 个指标被排除。由于上游流速较快，故产漂浮性卵鱼类较少，产黏性卵鱼类较多。又因为借助贝壳产卵的鱼类集中在鱊亚科鱼类，数量较少，容易被排除。其余指标进行判别能力筛选（图 5.1），其中只有 M1、M7、M11、M14 和 M22 共 5 个指标满足筛选原则，进入下一步筛选。

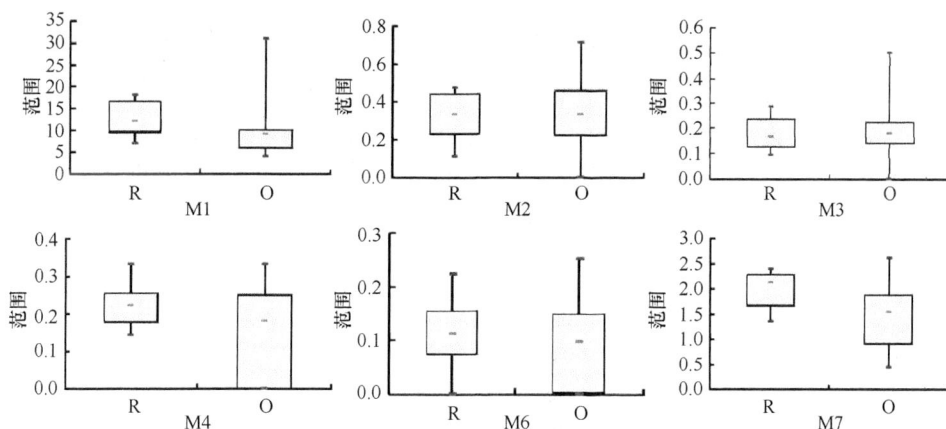

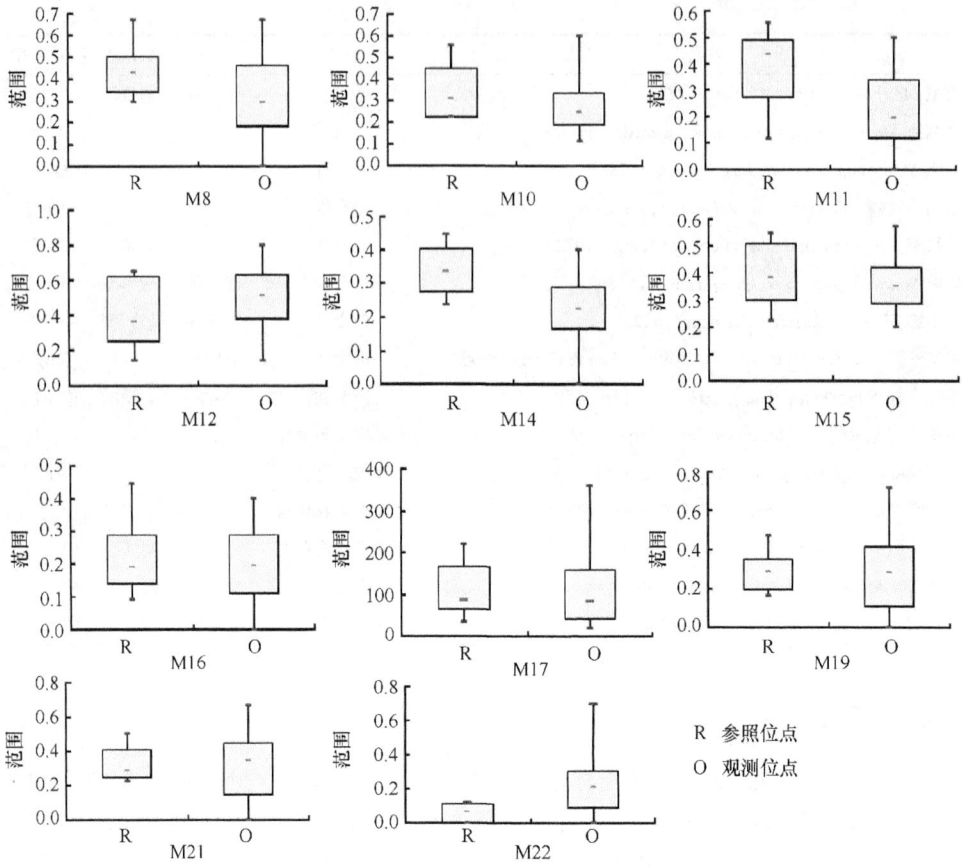

图 5.1 漓江上游的 17 个候选指标在参照点（R）和观测点（O）的箱体图

Figure 5.1 Box-plots of 17 candidate metrics between reference sites and observation sites in the upper reaches of Lijiang River

对 M1、M7、M11、M14 和 M22 共 5 个指标进行 Pearson 相关性检验（表 5.3），所有|R|<0.9，最终确定此 5 个指标为建立漓江上游 IBI 指标体系的参数指标。

表 5.3 漓江上游区 5 个候选指标间的 Pearson 相关性系数

Table 5.3 The correlation coefficient between five candidate biological metrics in the upper reaches of Lijiang River

	M1	M7	M11	M14	M22
M1	1.000				
M7	0.763	1.000			
M11	0.253	0.273	1.000		
M14	0.131	−0.109	−0.054	1.000	
M22	0.194	−0.107	0.277	0.656	1.000

3. 评分标准及评价标准

通过筛选的 5 个 IBI 候选指标的评分计算标准见表 5.4。漓江上游参照点的 IBI 值的 25%分位数为 40.8，因此，漓江上游鱼类完整性评价标准见表 5.5。依据表 5.4 和表 5.5 的评分计算标准，对漓江上游 22 个采样点的鱼类完整性评价结果如表 5.6 所示。

表 5.4　漓江上游 IBI 各个参数指标的赋值标准
Table 5.4　IBI metric scoring criteria in the upper reaches of Lijiang River

参数指标	参数缩写	赋值标准		
		1	3	5
鱼类总物种数	M1	<13	13-22	>22
Shannon-Wiener 多样性指数	M7	<1.16	1.16-1.88	>1.88
中下层鱼类占总类数的比例（%）	M11	<17	17-33	>33
肉食性鱼类数量比例（%）	M14	<13	13-27	>27
耐受型鱼类占总类数的比例（%）	M22	>47	23-47	<23

表 5.5　漓江上游区鱼类生物完整性评价标准
Table 5.5　Assessment criteria for biological integrity based on fish in upper reaches of Lijiang River

健康等级	健康（H）	一般（F）	较差（P）	极差（V）	无鱼（N）
IBI	>40	27-40	13-27	≤13	0

表 5.6　漓江上游区各采样点 IBI 评价结果
Table 5.6　IBI results for each sampling sites in the upper reaches of Lijiang River

采样点	IBI 分值	健康等级	采样点	IBI 分值	健康等级	采样点	IBI 分值	健康等级
S1	45.6	健康	S9	36.0	一般	S17	40.8	健康
S2	31.2	一般	S10	31.2	一般	S18	45.6	健康
S3	40.8	健康	S11	31.2	一般	S19	40.8	健康
S4	40.8	健康	S12	31.2	一般	S20	40.8	健康
S5	26.4	较差	S13	21.6	较差	S21	36.0	一般
S6	40.8	健康	S14	26.4	较差	S22	36.0	一般
S7	50.4	健康	S15	26.4	较差			
S8	31.2	一般	S16	45.6	健康			

漓江上游区的 22 个采样点中，10 个为"健康"，8 个为"一般"，4 个为"较差"，没有出现"极差"和"无鱼"。其中，属"健康"等级的河段位于小溶江、川江中、上游及陆洞河河段；属"一般"等级的河段位于华江、川江与黄柏江汇

合处、青狮潭水库及灵川县；属"较差"等级的河段位于黄柏江中上游。

4. IBI 与环境因子间的相关性分析

采用 Pearson 相关性分析各采样点的 IBI 值与对应的 pH、溶解氧等 8 种理化指标之间的相关性（表 5.7），以反映环境因子对河流健康的影响程度。结果显示，IBI 值与溶解氧呈显著正相关（$P<0.05$），与 pH、颗粒尺寸、河宽、水深和海拔呈正相关，与温度和流速呈负相关。

表 5.7　IBI 值与水环境等指标间的相关性分析
Table 5.7　Correlation coefficient between IBI score and environment variables

溶解氧	pH	温度	流速	颗粒尺寸	河宽	水深	海拔
0.550[*]	0.264	−0.330	−0.057	0.207	0.063	0.078	0.093

注：显著性水平：*$P<0.05$

5.1.3　分析与讨论

1. 参照位点的选取

目前，国内除了部分自然保护区的核心区域可能存在未受人类活动干扰的河流外，其他大部分河流均受到不同程度的影响。由于漓江上游 3 条支流（小溶江、川江、陆洞河）均在规划修建水坝，所在支流已遭受到不同程度的干扰，原始河流早已不见踪影。而且，前人对漓江的研究聚焦于中下游河段，上游河段缺乏可靠的历史数据。因此，本研究通过实地考察综合考虑生境类型、村庄及人口的分布和密度、溪流渠道化、植被覆盖度、农业活动强度等因素选择最优参考点[20]。由于采样点设置较少，参考点选取也较少，可能会对上游地区鱼类 IBI 评价体系的准确性造成影响。在今后的研究中可以利用聚类分析、卫星遥感等方法增加参考点选取的准确性[21]。本研究由于实验所设的采样点较少，选取的参考点也较少，或许会导致所建立的评价体系的标准和准确性有所下降，这也是以后研究有待提升的方面。

2. 参数指标的选取

基于 Karr 最先提出的一系列指标，综合国内外关于鱼类 IBI 研究及本研究区域的实际情况选取适当的 22 个候选指标[7,9]。基本归于种类组成与丰度、营养结构、鱼类数量和健康状况、繁殖共位群和耐受型五大类属性。本研究把鲃亚科、鮰亚科、野鲮亚科、腹吸鳅亚科和鳅科等适应急流环境的鱼类及易危和濒危物种视为敏感型鱼类；把适应能力较强的鲌亚科和鳢科部分鱼类视为耐受型鱼类[22]。由于本次采样未发现外来物种，同时对于畸形、患病鱼类未作记录，故这两个指标并未纳入候选指标内。另外，本研究中新增加了借助贝壳产卵鱼类比例的候选指标，是因为溪流环境中此类鱼类数量及物种数均较多，且该指标在日本溪流河流健康评价中得到了很好的应用[23]。

指标的筛选方法目前尚未统一规定[18]，有的只选取参考指标未经筛选[24,25]，有的经过简单的筛选而确定最终的评价体系指标[26-28]。本研究参考前人的一些筛选方法[19]，将候选指标经过分布范围、箱体判别能力及 Pearson 相关性分析 3 个步骤，排除信息重叠的指标，使候选指标由 22 个精简为 5 个。这样使得所得出鱼类 IBI 结果更能准确反映河流健康程度，各指标之间所包含的信息相互独立，并作为漓江上游鱼类 IBI 评价体系的指标之一。

3. IBI 评价结果与实际情况符合度

根据 IBI 结果显示，IBI 分值与人类活动影响强度密切相关。IBI 分值较高的采样点如 S19、S20 等处于河流源头，属于相对偏远山区，城镇化不发达，人口密度较低，对河流的破坏程度也较低。故此类河段的健康程度较高。IBI 分值较低的采样点如 S13、S14 等均位于黄柏江之上。黄柏江沿岸修路筑桥工程及河道挖沙现象造成水体浑浊，河道严重破坏，鱼类组成单一，优势种明显。位于猫儿山脚下的 S5 采样点，由于发展旅游及村民过度捕捞造成 IBI 分值较低，这亦与河流受到人为干扰的实际情况相吻合，同时与多样性分析的结果大致相似。

5.2　漓江中下游鱼类生物完整性指标体系及河流健康评价

5.2.1　材料与方法

1. 研究区域

2014 年 4 月-2015 年 1 月，本研究按季度赴漓江中下游进行鱼类资源采样调查，选择在漓江中下游的桂林市、大圩镇、草坪乡、杨堤乡、兴坪乡、高洲村、阳朔县、福兴镇、平乐县等地进行实地采样（图 3.10）。并将研究区域分为 3 个评价区域，即桂林段、阳朔段、平乐段，对该河段进行 IBI 评价。

2. 采样方法

同 3.2.1 节。

3. 参照点的确定和指标赋值

国内外 IBI 研究参考位点的选取尚未有相应的规范，目前相关研究倾向选择不受人为因素干扰或受干扰相对较少的河段作为参考点，或者以历史资料为参照点。考虑到研究区域内人类活动频繁，不受人类干扰或受干扰相对较少的河段难以寻觅的基本情况，本研究尽可能以历史记录资料为参照点确定期望值。根据目前国内通常采用的评价方法，即传统的 1、3、5 赋值法：将各指标分为 1 分、3 分、5 分 3 个层次，分值越高表示调查得出的数据与期望值越接近，即 5 分表示研究结果与期望值比较接近；3 分属于中等水平；1 分则表示与期望值相差大[3,7]。

4. 指标设置及筛选原则

初选指标设置应贴合全面性和适用性原则，综合考虑 Karr 等推荐的 12 个参数的指标体系与目前国内外基于 F-IBI 的相关研究中使用的指标设置，同时结合漓江中下游流域的鱼类物种组成特征及实际情况，共设置 22 个初选指标（表 5.8），可归类为种类组成与丰度、营养结构、鱼类数量与外来入侵物种、繁殖共位群、耐受型 5 个项目层指标。

表 5.8　漓江中下游 IBI 候选指标及历史记录

Table 5.8　Candidate metrics of IBI and previously recorded in the middle and lower reaches of Lijiang River

项目层	指标层	参数缩写	历史记录
物种组成与丰度	鱼类总物种数	M1	144
	鲤科鱼类占总类数的比例（%）	M2	59.7%
	鳅科鱼类占总类数的比例（%）	M3	11.1%
	平鳍鳅科鱼类占总类数的比例（%）	M4	6.3%
	鲿科鱼类占总类数的比例（%）	M5	6.3%
	雅罗鱼亚科鱼类占总类数的比例（%）	M6	1.4%
	野鲮亚科鱼类种数	M7	9
	鲃亚科鱼类种数	M8	18
	鮈亚科鱼类种数	M9	23
	鲌亚科鱼类种数	M10	11
	上层鱼类占总类数的比例（%）	M11	15.3%
	下层鱼类占总类数的比例（%）	M12	69.5%
营养结构	植食性鱼类数量比例（%）	M13	11.1%
	鱼食性鱼类数量比例（%）	M14	18.8%
	杂食性鱼类数量比例（%）	M15	37.5%
	浮游动物或无脊椎动物食性鱼类数量比例（%）	M16	15.3%
鱼类数量与外来入侵物种	鱼类总个体数	M17	
	外来鱼类个体数	M18	
繁殖共位群	产黏性卵鱼类数量比例（%）	M19	22.9%
	产漂浮性卵鱼类数量比例（%）	M20	10.4%
耐污型	敏感型鱼类占总类数的比例（%）	M21	43.8%
	耐受型鱼类占总类数的比例（%）	M22	28.5%

借鉴国内外鱼类生物完整性指数评价的研究经验,制定了以下指标筛选标准:①种类数指标,若评价区域内各监测点的指标结果均小于 5 或监测点间比例指标差异小于 5%,则考虑取消该指标;所选指标中任何一个指标,若大多数监测点或监测区域(一般为 90%以上)指标值均为 0,应取消。②因资料收集不全或没有得出调查结果的指标应去除。③对于数个相关度较高的指标,只保留信息包含量最大的指标,以减少重复计算[1]。

5. 评价等级划分方法

参照 Karr 等对鱼类生物完整性指数值的划分标准对所研究河段进行评价,具体等级划分如下:极好(58-60),较好(48-52),一般(40-44),较差(28-34),极差(12-22),没有鱼(0)[24]。若某河段的 IBI 分值介于两个评价等级分值之间,则将该河段的鱼类完整性等级确定为处于两个等级之间的水平。采用 Moyle 和 Randall 的 IBI 分值计算方法,以消除指标数量造成的 IBI 总分差异[29],即

$$\text{IBI总分} = \frac{\text{各指标总分}}{\text{指数个数}} \times 12$$

5.2.2　研究结果

1. 鱼类的物种组成

本研究以 2014 年 4 月至 2015 年 1 月的全部采样作为本次评价的数据基础,期间共采集 10 161 尾鱼类样本,隶属于 5 目 15 科 55 属,共计 74 种。鲤形目鱼类数量、物种数最多,外来物种有食蚊鱼、尼罗罗非鱼 2 种,中国特有鱼类18 种。

2. 评价指标的初选

根据前人关于鱼类 IBI 指标体系的总结概括,本研究共设置 22 个初选指标,参照郑海涛、乐佩琪、广西壮族自治区水产研究所等历史资料确定鱼类的耐受型、营养结构和繁殖共位群的相关数据。野鲮亚科、鲃亚科、鲍亚科和平鳍鳅科等激流性鱼类视为敏感型鱼类,同时将被世界自然保护组织、华盛顿公约(CITES)和《中国动物红色名录》列为濒危物种的鱼类视为敏感型鱼类。将鲃亚科等适应缓流或静水环境的鱼类视为耐受性强的鱼类(表 5.9)[30]。

3. 参数指标再筛选

根据统计数据(表 5.10)对初选指标进行再筛选,具体筛选结果如下:

表 5.9 漓江中下游鱼类生态类型

Table 5.9 The ecological characteristics of fishes in the middle and lower reaches of Lijiang River

中文名	学名	营养型	耐污型	产卵	栖息水层
美丽小条鳅	*Micronoemacheilus pulcher*	无脊椎动物食性			底层
无斑南鳅	*Schistura incerta*	杂食性	耐受型		底层
横纹南鳅	*Schistura fasciolata*	无脊椎动物食性	耐受型		底层
壮体沙鳅	*Botia robusta*	杂食性	耐受型		底层
后鳍薄鳅	*Leptobotia posterodorsalis*	杂食性	耐受型		底层
斑纹薄鳅	*Leptobotia zebra*	无脊椎动物食性			底层
中华花鳅	*Cobitis sinensis*	无脊椎动物食性			底层
大鳞副泥鳅	*Paramisgurnus dabryanus*	杂食性	耐受型	黏性	底层
泥鳅	*Misgurnus anguillicaudatus*	杂食性	耐受型	黏性	底层
宽鳍鱲	*Zacco platypus*	杂食性	耐受型	黏性	中上层
马口鱼	*Opsariichthys bidens*	肉食性	耐受型	黏性	中上层
青鱼	*Mylopharyngodon piceus*	无脊椎动物性食性		漂浮型	中下层
草鱼	*Ctenopharyngodon idellus*	植食性	耐受型	漂浮型	中下层
鳘	*Hemiculter leucisculus*	杂食性	耐受型	黏性	中上层
伍氏半鳘	*Hemiculterella wui*	杂食性	耐受型		上层
细鳊	*Rasborinus lineata*	杂食性			中上层
南方拟鳘	*Pseudohemiculter dispar*	杂食性	敏感型	黏性	中上层
翘嘴鲌	*Culter alburnus*	肉食性	耐受型	黏性	上层
大眼华鳊	*Sinibrama macrops*	杂食性	耐受型	黏性	中下层
细鳞鲴	*Xenocypris microlepis*	杂食性		黏性	中下层
鳙	*Hypophthalmichthys nobilis*	浮游植物食性（植食性）	耐受型	漂浮型	上层
鲢	*Hypophthalmichthys molitrix*	浮游动物食性	耐受型	漂浮型	上层
唇鲭	*Hemibarbus labeo*	无脊椎动物食性	敏感型	黏性	底层
花鲭	*Hemibarbus maculatus*	肉食性	敏感型	黏性	中下层
麦穗鱼	*Pseudorasbora parva*	杂食性	耐受型	黏性	中下层
黑鳍鳈	*Sarcocheilichthys nigripinnis*	杂食性	敏感型	贝类性	中下层
银鮈	*Squalidus argentatus*	杂食性	敏感型	漂浮型	中下层
胡鮈	*Huigobio chenhsienensis*	植食性	敏感型		中下层
棒花鱼	*Abbottina rivularis*	杂食性	敏感型	黏性	底层
乐山小鳔鮈	*Microphysogobio kiatingensis*	无脊椎动物食性	敏感型		中下层
福建小鳔鮈	*Microphysogobio fukiensis*	无脊椎动物食性	耐受型		中下层
桂林似鮈	*Pseudogobio guilinensis*	杂食性	敏感型		底层
蛇鮈	*Saurogobio dabryi*	杂食性	敏感型	漂浮型	中下层
广西鱊	*Acheilognathus meridianus*	植食性	耐受型		中下层

续表

中文名	学名	营养型	耐污型	产卵	栖息水层
短须鱊	*Acheilognathus barbatulus*	植食性	耐受型	贝类性	中下层
越南鱊	*Acheilognathus tonkinensis*	植食性	耐受型	贝类性	中下层
高体鳑鲏	*Rhodeus ocellatus*	植食性	耐受型	贝类性	底层
条纹小鲃	*Puntius semifasciolatus*	无脊椎动物食性	敏感型		上层
光倒刺鲃	*Spinibarbus hollandi*	无脊椎动物食性	敏感型	黏性	上层
侧条光唇鱼	*Acrossocheilus parallens*	杂食性	敏感型	黏性	底层
克氏光唇鱼	*Acrossocheilus kreyenbergii*	杂食性	敏感型	黏性	底层
桂华鲮	*Sinilabeo decorus*	植食性	敏感型	黏性	中下层
异华鲮	*Parasinilabeo assimilis*	植食性	敏感型		底层
长体异华鲮	*Parasinilabeo longicorpus*	植食性	敏感型		底层
四须盘鮈	*Discogobio tetrabarbatus*	杂食性	敏感型		底层
三角鲤	*Cyprinus multitaeniata*	杂食性	耐受型	黏性	中下层
鲤	*Cyprinus carpio*	杂食性	耐受型	黏性	底层
鲫	*Carassius auratus*	杂食性	耐受型	黏性	底层
平舟原缨口鳅	*Vanmanenia pingchowensis*	无脊椎动物食性	敏感型		底层
线纹原缨口鳅	*Vanmanenia lineata*	无脊椎动物食性	敏感型		底层
鲇	*Silurus asotus*	肉食性	耐受型	黏性	底层
胡子鲇	*Clarias fuscus*	肉食性			底层
黄颡鱼	*Tachysurus fulvidraco*	肉食性	耐受型	沉性	底层
长脂拟鲿	*Tachysurus adiposalis*	肉食性	耐受型		底层
瓦氏黄颡鱼	*Pseudobagrus vachelli*	杂食性	耐受型	黏性	底层
细体拟鲿	*Pseudobagrus pratti*	无脊椎动物食性	耐受型		底层
斑鳠	*Mystus guttatus*	肉食性	耐受型	黏性	中下层
大鳍鳠	*Hemibagrus macropterus*	肉食性	耐受型	黏性	底层
食蚊鱼	*Gambusia affinis*	杂食性	耐受型		上层
黄鳝	*Monopterus albus*	肉食性	耐受型	漂浮型	底层
大刺鳅	*Mastacembelus armatus*	杂食性	耐受型		底层
刺鳅	*Macrognathus aculeatus*	肉食性	耐受型		底层
漓江鳜	*Coreoperca loona*	肉食性			中下层
斑鳜	*Siniperca scherzeri*	肉食性	耐受型	半漂浮型	中下层
尼罗罗非鱼	*Oreochromis niloticus*	杂食性	耐受型		中上层
中华沙塘鳢	*Odontobutis sinensis*	肉食性	耐受型	黏性	底层
侧扁小黄黝鱼	*Hypseleotris compressocephalus*	无脊椎动物性			中下层
子陵吻虾虎鱼	*Rhinogobius giurinus*	肉食性	耐受型	黏性	中下层
溪吻虾虎鱼	*Rhinogobius duospilus*	无脊椎动物食性	耐受型		中上层
丝鳍吻虾虎鱼	*Rhinogobius filamentosus*	无脊椎动物食性			中上层
李氏吻虾虎鱼	*Rhinogobius leavelli*	无脊椎动物食性			中上层
叉尾斗鱼	*Macropodus opercularis*	杂食性	耐受型	漂浮型	中上层
斑鳢	*Channa maculata*	肉食性	耐受型	漂浮型	中下层
月鳢	*Channa asiatica*	肉食性		漂浮型	中下层

（1）种类组成和丰度。野鲮亚科鱼类种数和鲃亚科鱼类种数在各河段的实际采集数据均小于 5，应删除这 2 个指标；鳅科、平鳍鳅科、鲿科、雅罗鱼亚科鱼类种数及下层鱼类占总类数的比例在各个评价河段之间的差异均小于 5%，故删除这 5 个指标。

（2）营养结构。去除在各评价河段对比中比例差异均小于 5%的指标，即去除植食性鱼类数量比例、肉食性鱼类数量比例、浮游动物或无脊椎动物食性鱼类数量比例三个指标。

（3）鱼类数量与外来入侵物种。鱼类总个体数和外来鱼类个体数两个指标由于缺乏历史数据，没有得出调查结果，应当删除。

（4）繁殖共位群。由于研究区域内缺乏鱼类基础生态学研究的相关历史资料，调查中采集到的大多数鱼类无法确定其产卵类型，故对于该项目下的 M19 和 M20 两个指标无法获得足够的数据支持，应删除。

（5）耐污型。由于敏感型和耐受性强的鱼类包括上层鱼类、下层鱼类，只保留信息量大的指标，应将上层鱼类占总类数的比例、下层鱼类占总类数的比例两个指标删除。

4. 赋值标准的确定

总结上述指标筛选结果，最终确定 7 个符合要求的 IBI 评价指标。所谓的期望值其实就是某一指标能达到或历史曾达到的最理想状态。故本研究将 7 个指标所对应的最理想状态为期望值，确定赋值标准（表 5.11）。

5. 综合评价结果

计算得出漓江中下游的 3 个河段以及中下游全段的鱼类完整性分值（表 5.12），结合指标调查结果和等级划分标准确定河流健康等级。在本研究中，参照 Karr 等的评价等级和评价内容对漓江中下游及 3 个河段的鱼类完整性进行评价[7]。结果显示漓江中下游 IBI 总分为 46.3，处于较好与一般之间，但敏感型鱼类的减少、种类和丰度下降，杂食性和耐受性强的鱼类物种比例升高，鱼类营养结构和种群结构发生改变，使鱼类生态群落面临威胁，水生生态环境趋于恶化；在各河段评价结果中，桂林段 IBI 总分最高，为 49.7，河流健康等级处于较好水平；阳朔河段处于较好与一般之间；平乐河段 IBI 总分为 42.9，处于一般水平。综合 3 个河段的情况来看，各河段之间数据相差不大，说明各河段的鱼类完整性变化不大；另外，M1、M2、M9、M10、M21 均低于期望值，M15、M22 高于期望值，说明 3 个河段的鱼类完整性较历史记录水平发生了较大变化。

表 5.10　鱼类完整性候选指标及调查结果

Table 5.10　Candidate indices of fish community integrity and survey results

项目层	指标层	调查结果			
		桂林段	阳朔段	平乐段	漓江
物种组成与丰度	M1.鱼类总物种数	60	60	58	74
	M2.鲤科鱼类占总类数的比例（%）	53.3	50	55.2	52.7
	M3.鳅科鱼类占总类数的比例（%）	10	11.7	8.6	12.2
	M4.平鳍鳅科鱼类占总类数的比例（%）	1.7	3.3	1.7	2.7
	M5.鳠科鱼类占总类数的比例（%）	10	10	10.3	8.1
	M6.雅罗鱼亚科鱼类占总类数的比例（%）	6.7	6.7	6.9	5.4
	M7.野鲮亚科鱼类种数	3	3	4	4
	M8.鲃亚科鱼类种数	4	4	4	4
	M9.鮈亚科鱼类种数	9	8	9	11
	M10.鲌亚科鱼类种数	4	5	5	6
	M11.上层鱼类占总类数的比例（%）	22.9	21.4	25.4	28.4
	M12.下层鱼类占总类数的比例（%）	73.7	75.6	72.1	69.7
营养结构	M13.植食性鱼类数量比例（%）	11.7	11.7	12.1	10.8
	M14.肉食性鱼类数量比例（%）	21.7	23.3	24.1	22.7
	M15.杂食性鱼类数量比例（%）	34.3	35.0	36.8	31.5
	M16.浮游动物或无脊椎动物食性鱼类数量比例（%）	25.0	26.7	22.4	23.0
鱼类数量与入侵物种	M17.鱼类总个体数	3 722	3 904	2 535	10 161
	M18.外来鱼类个体数	1	3	0	4
繁殖共位群	M19.产黏性卵鱼类数量比例（%）	35.0	33.3	37.9	35.1
	M20.产漂浮性卵鱼类数量比例（%）	13.3	11.7	15.5	14.9
耐污型	M21.敏感型鱼类占总类数的比例（%）	37.3	31.7	29.6	27
	M22.耐受型鱼类占总类数的比例（%）	48.3	55	51.2	46.8

表 5.11　鱼类完整性指标赋值标准

Table 5.11　Scoring criteria of fish community integrity

序号	指标	期望值	赋值标准		
			1	3	5
M1	鱼类总物种数	144	<70	70-100	>100
M2	鲤科鱼类占总类数的比例（%）	59.7	>70	55-70	<55
M9	鮈亚科鱼类种数	23	>23	16-23	<16
M10	鲌亚科鱼类种数	11	>17	11-17	<11
M15	杂食性鱼类数量比例（%）	37.5	>43	38-43	<38
M21	敏感型鱼类占总类数的比例（%）	43.8	<28	28-36	>36
M22	耐受型鱼类占总类数的比例（%）	28.5	>55	43-55	<43

表 5.12 漓江中下游鱼类完整性的评分

Table 5.12 Scores of fish community integrity in the middle-lower reaches of Lijiang River

项目层	指标	评分结果			
		桂林段	阳朔段	平乐段	漓江
物种组成与丰度	鱼类总物种数	1	1	1	3
	鲤科鱼类占总类数的比例（%）	5	5	3	5
	鮈亚科鱼类种数	5	5	5	5
	鲃亚科鱼类种数	5	5	5	5
营养结构	杂食性鱼类占总类数的比例（%）	5	5	5	5
耐污型	敏感型鱼类占总类数的比例（%）	5	3	3	1
	耐受型鱼类占总类数的比例（%）	3	3	3	3
总计		29	27	25	27
IBI 总分		49.7	46.3	42.9	46.3
IBI 等级		较好	一般-较好	一般	一般-较好

5.2.3 分析与讨论

1. 评价结果与实际情况的符合程度

历史数据作为指标设置和初步筛选的重要依据，在 IBI 评价研究中起着非常重要的作用，因此使用 IBI 评价时应十分重视对历史数据的搜集。自 20 世纪 30 年代起，科学工作者就对漓江进行了诸多研究，积累了大量珍贵历史数据。本研究共设置 22 个初选指标，分属于种类组成与丰度、营养结构、鱼类数量与入侵物种、繁殖共位群、耐污型 5 个项目层。研究结果显示：①桂林段 IBI 评分最高为 49.7，鲤科鱼类占总类数的比例，鮈亚科、鲃亚科鱼类种数，杂食性鱼类占总类数的比例，耐受型鱼类占总类数的比例 5 个指标评分较高，对评价结果贡献较大；②阳朔段耐受型鱼类占总类数的比例最低为 55%，只有鲤科鱼类占总类数的比例，鮈亚科、鲃亚科鱼类种数，杂食性鱼类占总类数的比例 4 个指标评分为满分；③由于只有鮈亚科、鲃亚科鱼类种数，杂食性鱼类占总类数的比例 3 个指标评分较高，所以平乐段的 IBI 总分只有 42.9 分，为 3 个河段最低；④漓江中下游 IBI 总分为 46.3，河流健康等级处于较好与一般之间，但敏感型鱼类占总类数的比例评分只有 1 分，说明敏感型鱼类比例不及历史记录，与历史记录的 43.8%相比呈下降趋势。

漓江作为国内外游客的旅游胜地，随着桂林旅游业的发展，漓江桂林至阳朔段每年接待游客 300 多万人次，旅游在给当地带来经济效益的同时也使漓江生态环境承受了巨大压力[29]。船舶航运的影响，渔业的不合理开发利用，以及河岸景观建设等形式的人类活动对漓江生态环境仍然存在较大影响。结合当地实际环境状况来看，相比于平乐段，漓江桂林段和阳朔段航运虽然较为频繁，对鱼类栖息地影响较大，同时由于政府对中游（桂林段和阳朔段）的重视和保护，使中游河流状况较好，相反下游（平乐段）渔业管理较为疏松，非法捕鱼活动较为频繁。综合上述情况来看，评价结果与漓江中下游河段的实际情况是较为符合的。

2. 研究河段其他评估方式的比较讨论

历史上有关漓江的调查、科学研究数不胜数，但关于漓江河流健康评价的科学研究却寥寥无几。漓江有文献记录的河流评价方法有两种：一种为 IBI 评价法，另一种为 ISC 评价法[31]。2011 年蔡德所等在对漓江中下游河段河流健康的调查中采用了 ISC 评价法，即溪流状况指数评价法，综合反映了河流水文学、河流物理构造特征、河岸区状况、水质及水生生物 5 个要素[32,33]，采用划定分值的方法对河流进行对比评价[6,34]。与 IBI 评价法相比，该方法的特点是涵盖面广、周期长、涉及学科众多，但也正是由于这种方法的复杂性，不适宜作为一种常用的检测手段。广西贺江水污染事件被指死鱼比环境监测站可靠，可见河流健康状况与鱼类等水生生物的生存繁衍息息相关。IBI 评价法正是利用鱼类这种重要的指示作用，省去了中间繁杂的化验、分析等环节，可以快速、准确地评估给定河段河流的健康状况。

参 考 文 献

[1] 黄亮亮, 吴志强, 蒋科, 等. 东苕溪鱼类生物完整性评价河流健康体系的构建与应用. 中国环境科学, 2013, 33(7): 1280-1289.

[2] Karr J R. Assessment of biotic integrity using fish communities. Fisheries, 1981, 6(6): 21-27.

[3] 廖静秋, 黄艺. 应用生物完整性指数评价水生态系统健康的研究进展. 应用生态学报, 2013, 24(1): 295-302.

[4] Lyons J, Gutierrez-Hernandez A, Diaz-Pardo E, et al. Development of a preliminary index of biotic integrity(IBI)based on fish assemblages to assess ecosystem condition in the lakes of central Mexico. Hydrobiologia, 2000, 418(1): 57-72.

[5] Bozzetti M, Schulz U H. An index of biotic integrity based on fish assemblages for subtropical streams in southern Brazil. Hydrobiologia, 2004, 529(1-3): 133-144.

[6] Detenbeck N E, Cincotta D A. Comparability of a regional and state survey: effects on fish IBI assessment for West Virginia, U.S.A. Hydrobiologia, 2008, 603(1): 279-300.

[7] Karr J R, Fausch K D, Angermeier P L, et al. Assessing biological integrity in running waters: A method and its rationale. Illinois Natural History Survey Specific Publication, 1986, 5: 1-28.

[8] 孟伟, 张元, 渠晓东. 河流生态调查技术方法. 北京: 科学出版社, 2011.

[9] 宋智刚, 王伟, 姜志强, 等. 应用 F-IBI 对太子河流域水生态健康评价的初步研究. 大连海洋大学学报, 2010, 25(6): 480-487.

[10] 刘明典, 陈大庆, 段辛斌, 等. 应用鱼类生物完整性指数评价长江中上游健康状况. 长江科学院院报, 2010, 27(2): 1-6, 10.

[11] Barbour M T, Gerritsen J, Griffith G E. A framework for biological criteria for Florida streams using Benthic Macroinvertebrates. Journal of the North American Benthological Society, 1996, 15(2): 185-211.

[12] Blocksom K A, Kurtenbach J P, Klemm D J, et al. Development and evaluation of the Lake Macroinvertebrate Integrity Index(LMII)for New Jersey lakes and reservoirs. Environmental Monitoring and Assessment, 2002, 77(3): 311-333.

[13] Maxted J R, Barbour M T, Gerritsen J. Assessment framework for mid-Atlantic coastal plain streams using benthic macroinvertebrates. Journal of the North American Benthological Society, 2000, 19(1): 128-144.

[14] Morley S A, Karr J R. Assessing and restoring the health of urban streams in the Puget Sound basin. Conservation Biology, 2002, 16(6): 1498-1509.

[15] 裴雪姣, 牛翠娟, 高欣, 等. 应用鱼类完整性评价体系评价辽河流域健康. 生态学报, 2010, 30(21): 5736-5746.

[16] Moyle P B, Randall P J. Evaluating the biotic integrity of watersheds in the Sierra Nevada, California. Conservation Biology, 1998, 12(6): 1318-1326.

[17] 张远, 徐成斌, 马溪平, 等. 辽河流域河流底栖动物完整性评价指标与标准. 环境科学学报, 2007, 27(6): 919-927.

[18] 朱召军, 吴志强, 黄亮亮, 等. 漓江上游基于鱼类生物完整性指数(IBI)评价河流健康体系的构建与应用. 桂林理工大学学报, 2016, 36(3): 533-538.

[19] 朱召军. 漓江上游鱼类物种多样性及河流健康评价指标体系研究. 桂林: 桂林理工大学硕士学位论文, 2015.

[20] Southerland M T, Rogers G M, Kline M J. Improving biological indicators to better assess the condition of streams. Ecological Indicator, 2006, 7(4): 751-767.

[21] Qadir A, Malik R N. Assessment of an index of biological integrity(IBI)to quantify the quality of two tributaries of river Chenab, Sialkot, Pakistan. Hydrobiologia, 2009, 621(1): 127-153.

[22] 刘恺, 周伟, 李凤莲, 等. 广西河池地区河流基于鱼类的生物完整性指数筛选及其环境质量评估. 动物学研究, 2010, 31(5): 531-538.

[23] 中島淳, 島谷幸宏, 厳島怜, 等. 魚類の生物的指数を用いた河川環境の健全度評価法. 河川技術論文集, 2010, 16: 449-454.

[24] 朱迪. 长江中上游鱼类生物完整性指数体系的构建与初步应用. 武汉: 中国科学院水生生物研究所博士学位论文, 2007.

[25] 王备新, 杨莲芳, 胡本进, 等. 应用底栖动物完整性指数 B-IBI 评价溪流健康. 生态学报, 2005, 25(6): 1481-1490.

[26] 丁洋. 漓江中下游鱼类物种多样性及河流健康评价指标体系研究. 桂林: 桂林理工大学硕士学位论文, 2016.

[27] 郑海涛. 怒江中上游鱼类生物完整性评价. 武汉: 华中农业大学硕士学位论文, 2006.

[28] 毛成责, 钟俊生, 蒋日进, 等. 应用鱼类完整性指数(FAII)评价长江口沿岸碎波带健康状况. 生态学报, 2011, 31(16): 4609-4619.

[29]　Moyle P B, Randall P J. Evalulating the biotic integrity of watersheds in the Sierra Nevada, California. Conservation Biology, 1998, 12(6): 1318-1326.

[30]　丁洋, 吴志强, 黄亮亮, 等. 漓江中下游基于鱼类生物完整性指数的河流健康评价体系. 四川动物, 2016, 35(2): 288-293.

[31]　冯彦, 康斌, 杨丽萍. 将被广泛接受的指标作为河流健康评价关键指标的可行性分析 (英文). Journal of Geographical Sciences, 2012, (1): 48-58.

[32]　王佳, 郭纯青. 漓江城市段河流生态健康评价. 水科学与工程技术, 2011, (5): 68-71.

[33]　朱英. 河流生态健康评价中生物指标的研究与应用. 上海: 华东师范大学硕士学位论文, 2008.

[34]　蔡德所, 赵湘桂, 朱瑜, 等. 漓江鱼类资源调查及物种多样性分析. 广西师范大学学报(自然科学版), 2009, 27(2): 130-136.

第6章　漓江流域与周边水系鱼类比较研究

6.1　桂北湘江上游区鱼类物种多样性及群落研究

湘江属于长江水系,是长江最重要的支流之一,各支流的上游大多位于山地之中,表现出山溪河流的特征,流经山区,水流湍急,鱼类物种分化显著,其物种多样性丰富[1]。近年来,随着旅游业的发展、工业污染的加剧、栖息地的减少及江上大坝的建设等,河流生态系统严重退化,我国大多数河流鱼类生物多样性大幅降低[2,3]。近年来由于人类活动加剧了流域水环境的恶化,湘江水质呈恶化趋势,导致湘江鱼类生物多样性呈明显的下降趋势[4]。陈向阳对湘江株洲段渔业资源进行调查研究,发现株洲段鱼类物种数量及其捕捞产量有明显下降趋势,主要经济型鱼类大幅降低,渔获个体偏小、低质化[5]。贺旭成对长沙段的渔业资源进行研究,发现渔业生态环境恶化,渔业资源明显减少,渔获物物种少、个体偏小,鱼类品种和质量明显降低,并且鱼类的越冬场、索饵场、产卵场等栖息环境遭受严重的损坏,出现洄游通道堵塞等现象[6]。丁德明等在 2008-2010 年对湖南湘江的渔业资源现状作了调查,检测到湘江干流及支流鱼类 111 种,发现不同河段和不同季节的鱼类物种组成存在一定的差异性,渔获物中呈现出显著的个体偏小化和鱼龄偏低的情况,鱼类资源呈衰退状态[7]。然而,有关广西境内桂北湘江上游区的鱼类资源调查研究未见报道,鱼类组成及分布现状尚不清楚。本节通过对桂北湘江上游区进行调查,阐述该江段鱼类组成和分布状况,以期对区域内鱼类多样性组成和生态类型进行分析,为湘江鱼类生态学研究积累基础资料。

6.1.1　材料与方法

1. 研究区域

湘江属长江水系的七大支流之一。在广西境内干流长 174km,流域面积为6879km²。广西境内流经兴安县和全州县,并贯穿整个湖南省[1]。区域内支流的上游大多位于山地之中,表现出山溪河流的特征,流经山区,水流湍急。在地质结构和地貌上,湘江流域是一个长条形的洼地,水流方向自南向北呈现出地势南面高北面低的情况,自南向北缓慢倾斜并呈现出马蹄形,上游与下游海拔相差甚微。湘江流域的温度、光照、水资源都极其丰富,四季分明,春夏季雨水较多,秋冬季容易出现干旱，部分地区会出现干涸和断流现象。湘江流域年平均气温在 16-18℃，降雨比较丰富，上游桂北地区降水量甚至可超过 1900mm，年平均降水量维持在 1200-1700mm。由于气候温暖湿润，湘江流域河岸带植物较多，自然资源比较丰富[8,9]。

　　本研究区域是从湘江流域的广西境内发源地到全州县的干流部分以及其支流灌江（25°24′57.67″N-25°55′22.52″N，110°35′30.54″E-111°9′35.86″E），该区包含了桂林 3 个县级行政区，包括兴安县、全州县、灌阳县，其中研究区域的高尚镇位于湘江的支流海洋河，灌阳县位于湘江的支流灌江，兴安县位于海洋河和湘江的交界处，全州县位于湘江和灌江河口处，界首镇位于湘江的干流（图 6.1）。

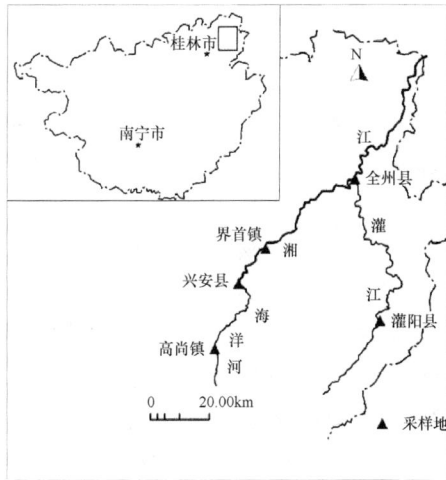

图 6.1　桂北湘江上游区采样点分布图
Figure 6.1　Sampling sites of upper Xiangjiang River in the north Guangxi Region

2. 采样方法

　　采样时间分别在 2014 年 4 月、2014 年 7 月、2014 年 10 月和 2015 年 1 月按季节分 4 次进行。采样时自湘江上游顺流而下分别对桂北湘江上游区的高尚镇、兴安县、界首镇、全州县及支流灌阳县 5 个采样点（图 6.1）进行鱼类标本采集。采集鱼类所采用的工具为地笼和背带式超声电鱼器。采集标本用 10%的福尔马林固定，然后带回实验室做进一步的分类鉴定，统计并记录各采样点鱼类种数、个体数和测量鱼类的体长体重[10]。依据《广西淡水鱼类志》（第二版）[11]、《湖南鱼类志》[12]（1980 版）进行分类和鉴定[11,12]。鉴定后的标本用 5%的福尔马林在标本瓶中保存。记录采样点的河岸类型及河岸两侧是否有居民居住、农田及工厂，根据各采样点附近的人为干扰程度，将采样点划分为 3 类，即 A、B 和 C 类型（表 6.1）。

表 6.1　桂北湘江上游区采样点人类活动情况

Table 6.1　Human activities of sampling sites in upper Xiangjiang
River in the North Guangxi Region

采样点	人为活动影响情况	类型	采样点	人为活动影响情况	类型
高尚镇 1	居住、农田	A	界首镇 2	居住、农田	A
高尚镇 2	居住、农田	A	全州镇 1	居住、人工护岸、工厂	B
兴安镇 1	居住、人工护岸、工厂	B	全州镇 2	居住、人工护岸、农田、工厂	C
兴安镇 2	居住、人工护岸、工厂	B	灌阳镇 1	居住、人工护岸、工厂	B
兴安镇 3	居住、人工护岸、农田、工厂	C	灌阳镇 2	居住、人工护岸、农田、工厂	C
界首镇 1	居住、农田	A			

3. 数据处理

分别对各个研究区域，每次采集的鱼类样本通过 Excel 记录相关数据并统计整理，并对采集鱼类的相对多度（P_i）、出现频率（F_i）及相对重要性指数（IRI）进行计算，公式如下：

相对多度（P_i）：$P_i = (N_i/N) \times 100\%$[12]

出现频率（F_i）：$F_i = (F_i/F) \times 100\%$；

用出现频率代表该区域物种的多寡，$F_i \geqslant 40\%$ 的物种代表常见种；$10\% \leqslant F_i < 40\%$ 的物种视为偶见种；$F_i < 10\%$ 的物种为稀有种[13]。

相对重要性指数（IRI）：$\text{IRI} = P_i \times F_i \times 10^4$；其中，$\text{IRI} > 100.0$ 为优势种[14]。

分别对 5 个研究样点、4 个季度共 20 次采集的鱼类采用 Excel 进行个体计数法统计整理，并利用多样性指数计算和分析鱼类的物种多样性，公式如下[13,15]：

Margalef 物种丰富度指数：$D_{\mathrm{ma}} = (S-1)/\ln N$

Shannon-Wiener 多样性指数：$H'_e = -\sum_{i=1}^{S} P_i \ln P_i (P_i = N_i/N)$

Pielou 均匀度指数：$J = H'_e/\ln S$

Simpson 优势度指数：$\lambda = \sum_{i=1}^{S} P_i^2 (P_i = N_i/N)$

式中，N_i 为第 i 种鱼类的个体数目；N 为总的个体数目；P_i 为第 i 种鱼类个体数占总个体数的比值；S 为调查的总鱼类物种数。

运用单因素方差分析（one-way ANOVA）分别检验鱼类物种数和个体数的时空变化的显著水平；若存在显著性差异，再通过 LSD 多重比较进行两两之间的差异性检验，以 $P < 0.05$ 代表显著水平。所有的统计分析均使用 SPSS 19.0 完成。

先对原始数据进行 lg（$X+1$）转化，然后用 PRIMER5.0 计算任意两样点间的 Bray-Curtis 相似性系数值，形成相似性矩阵。利用无度量多维排序（non-metric multidimensional scaling）分析不同季节和样点间鱼类群落组成的变化。利用单因素相似性分析（one-way analysis of similarities）分析鱼类群落时空变化的差异性水平。以 $P<0.05$ 代表显著性差异[16]。利用相似性百分比分析（similarity percentage，SIMPER）来分析导致群落相似性的主要贡献物种[17]。

6.1.2 研究结果

1. 桂北湘江上游区鱼类物种组成

2014-2015 年，对桂北湘江上游区 4 次野外采样共采集鱼类样本 11 888 尾，经分类鉴定隶属于 5 目 16 科 55 属，共计鱼类 81 种（表 6.2），其中，鲤形目 3 科 51 种，占总物种数的 62.96%，鲇形目 4 科 12 种，占总物种数的 14.81%，鳉形目 1 科 1 种，占总物种数的 1.23%，合鳃鱼目 2 科 3 种，占总物种数的 3.70%，鲈形目 6 科 14 种，占总物种数的 17.28%。科级水平上，鲤科鱼类最多，共 39 种，占总物种数的 48.15%；鳅科 10 种，占 12.35%；鳋科 7 种，占 8.64%；鲌科、虾虎鱼科均 4 种，各占 4.94%；鲇科 3 种，占 3.70%；平鳍鳅科、沙塘鳢科、鳢科、刺鳅科均 2 种，各占 2.47%；其他各科共占总物种数的 7.41%。分布在桂北湘江上游区的共有 9 个亚科，并且，鲌亚科的种类最多，占总鲤科鱼类物种数的 35.90%，其次为鲃亚科、鲃亚科、鳞亚科、鲴亚科、野鲮亚科、鲤亚科、鲴亚科，雅罗鱼亚科种类最少，仅占总鲤科鱼类物种数的 2.56%[18,19]。

表 6.2 桂北湘江上游区鱼类物种组成、出现频率、相对多度、相对重要性指数
Table 6.2 Species composition，frequency of occurrence，relative abundance and relative predominant index for fishes collected from upper Xiangjiang River in the north Guangxi Region

目/科	物种名	出现频率（%）	相对多度（%）	相对重要性指数	分布地点
鲤形目 Cypriniformes					
鳅科 Cobitidae					
条鳅亚科 美丽小条鳅 *Micronoemacheilus pulcher*（Nichols & Pope，1927）		45	0.24	10.60	1/2/3/4/5
平头平鳅 *Oreonectes platycephalus* Günther，1886		5	0.01	0.04	4
无斑南鳅 *Schistura incerta*（Nichols，1931）		15	0.04	0.63	2/5
横纹南鳅 *Schistura fasciolata*（Nichols & Pope，1927）		65	0.62	40.46	2/3/4/5
沙鳅亚科 后鳍薄鳅 *Leptobotia posterodorsalis* Lan & Chen，1992		35	0.98	34.15	2/3/5
斑纹薄鳅 *Leptobotia zebra*（Wu，1939）		35	0.24	8.54	2/3/5
花鳅亚科 中华花鳅 *Cobitis sinensis* Sauvage et Dabry de Thiersant，1874		50	0.66	33.23	1/2/3/4/5
沙花鳅 *Cobitis arenae*（Lin，1934）		5	0.02	0.08	5
泥鳅 *Misgurnus anguillicaudatus*（Cantor，1842）		50	0.87	43.74	1/2/5
大鳞副泥鳅 *Paramisgurnus dabryanus*（Dabry de Thiersant，1872）		90	2.21	199.11	1/2/3/4/5
鲤科 Cyprinidea					

续表

目/科	物种名	出现频率（%）	相对多度（%）	相对重要性指数	分布地点
	宽鳍鱲 Zacco platypus（Temminck & Schlegel，1846）	90	25.76	2318.14	1/2/3/4/5
	马口鱼 Opsariichthys bidens Günther，1873	85	4.10	348.21	1/2/3/4/5
	中华细鲫 Aphyocypris chinensis Günther，1868	20	0.07	1.35	1/2/3/4
	草鱼 Ctenopharyngodon idellus（Valenciennes，1844）	5	0.01	0.04	2
	䱗 Hemiculter leucisculus（Basilewsky，1855）	35	2.80	98.04	2/3/4/5
	伍氏半鱎 Hemiculterella wui（Wang，1935）	40	0.62	24.90	2/3/4/5
	南方拟鱎 Pseudohemiculter dispar（Peters，1881）	10	0.05	0.50	3
	翘嘴鲌 Culter alburnus Basilewsky，1855	10	0.03	0.34	4
	大眼华鳊 Sinibrama macrops（Günther，1868）	35	1.06	37.10	3/4
	银鲴 Xenocypris argentea（Günther，1868）	5	0.01	0.04	4
	细鳞鲴 Xenocypris microlepis Bleeker，1871	10	0.08	0.76	1/4
	花䱻 Hemibarbus maculates Bleeker，1871	25	0.22	5.47	2/3/5
	麦穗鱼 Pseudorasbora parva（Temminck & Schlegel，1846）	80	3.82	305.52	1/2/3/4/5
	小鳈 Sarcocheilichthys parvus Nichols，1930	5	0.01	0.04	5
	黑鳍鳈 Sarcocheilichthys nigripinnis（Günther，1873）	15	0.04	0.63	4/5
	银鮈 Squalidus argentatus（Sauvage & Dabry de Thiersant，1874）	25	1.07	26.71	1/2/3/4
	点纹银鮈 Squalidus wolterstorffi（Regan，1908）	60	1.52	91.35	2/3/4/5
	暗纹银鮈 Squalidus atromaculatus（Nichols & Pope，1927）	10	0.04	0.42	2/3
	胡鮈 Huigobio chenhsienensis Fang，1938	25	0.08	1.89	3/4/5
	棒花鱼 Abbottina rivularis（Basilewsky，1855）	70	0.73	51.23	1/2/3/4/5
	福建小鳔鮈 Microphysogobio fukiensis（Nichols，1926）	5	0.08	0.42	4
	长体小鳔鮈 Microphysogobio elongatus（Yao & Yang，1977）	5	0.37	1.85	4
	乐山小鳔鮈 Microphysogobio kiatingensis（Wu，1930）	15	0.86	12.87	3/4
	似鮈 Pseudogobio vaillanti（Sauvage，1878）	5	0.01	0.04	3
	蛇鮈 Saurogobio dabryi Bleeker，1871	10	0.16	1.60	4
	广西鱊 Acheilognathus meridianus（Wu，1939）	40	1.22	48.79	1/2/3/4/5
	短须鱊 Acheilognathus barbatulus Günther，1873	55	1.40	77.26	1/2/3/4/5
	越南鱊 Acheilognathus tonkinensis（Vaillant，1892）	95	5.21	494.66	1/2/3/4/5
	高体鳑鲏 Rhodeus ocellatus（Kner，1866）	85	2.51	213.07	1/2/3/4/5
	条纹小鲃 Puntius semifasciolatus（Günther，1868）	70	0.67	47.11	1/2/3/4/5
	光倒刺鲃 Spinibarbus hollandi Oshima，1919	20	0.04	0.84	3/4/5
	侧条光唇鱼 Acrossocheilus parallens（Nichols，1931）	80	1.61	128.53	1/2/3/4/5
	克氏光唇鱼 Acrossocheilus kreyenbergii（Regan，1908）	80	0.62	49.80	1/2/3/4/5
	异华鲮 Parasinilabeo assimilis Wu & Yao，1977	55	0.24	13.42	1/2/3/4/5
	长体异华鲮 Parasinilabeo longicorpus Zhang，2000	25	0.06	1.47	1/2/3/4
	云南盘鮈 Discogobio yunnanensis（Regan，1907）	5	0.03	0.13	2

续表

目/科	物种名	出现频率（%）	相对多度（%）	相对重要性指数	分布地点
	鲤 *Cyprinus carpio* Linnaeus，1758	50	0.50	24.81	1/2/3/4/5
	须鲫 *Carassioides cantonensis*（Richardon，1846）	5	0.02	0.08	2
	鲫 *Carassius auratus*（Linnaeus，1758）	95	2.78	264.51	1/2/3/4/5
平鳍鳅科 Homalopteridae					
	平舟原缨口鳅 *Vanmanenia pingchowensis*（Fang，1935）	45	0.19	8.33	1/2/3/4
	中华原吸鳅 *Protomyzon sinensis*（Chen，1980）	15	0.09	1.39	2/3
鲇形目 Siluriformes					
鲇科 Siluridae					
	越南鲇 *Silurus cochinchinensis*（Valenciennes，1840）	60	0.26	15.65	1/2/3/4/5
	南方鲇 *Silurus meridionalis* Chen，1977	5	0.01	0.04	1
	鲇 *Silurus asotus* Linnaeus，1758	30	0.13	3.79	2/3/4/5
鲿科 Bagridae					
	黄颡鱼 *Tachysurus fulvidraco*（Richardson，1846）	85	1.97	167.31	1/2/3/4/5
	长脂拟鲿 *Tachysurus adiposalis*（Oshima，1919）	25	0.10	2.52	3/5
	瓦氏黄颡鱼 *Pseudobagrus vachelli*（Richardson，1846）	5	0.02	0.08	4
	细体拟鲿 *Pseudobagrus pratti*（Günther，1892）	30	0.15	4.54	2/3/4/5
	白边拟鲿 *Pseudobagrus albomargintus*（Rendahl，1928）	10	0.03	0.34	2/5
	斑鳠 *Mystus guttatus*（Lacépède，1803）	10	0.06	0.59	4
	大鳍鳠 *Hemibagrus macropterus*（Bleeker，1870）	35	0.39	13.54	3/4/5
鮡科 Sisoridae					
	福建纹胸鮡 *Glyptothorax fokiensis*（Rendahl，1925）	60	0.41	24.73	1/2/3/4/5
钝头鮠科 Amblycipitidae					
	鳗尾鮡 *Liobagrus anguillicauda* Nichols，1926	10	0.09	0.93	5
鳉形目 Cyprinodontiformes					
胎鳉科 Poeciliidae					
	食蚊鱼 *Gambusia affinis*（Baird & Girard，1853）	35	0.38	13.25	2/3/5
合鳃鱼目 Synbranchiforme					
合鳃鱼科 Synbranchidae					
	黄鳝 *Monopterus albus*（Zuiew，1793）	45	0.20	9.08	1/2/4/5
刺鳅科 Mastacembelidae					
	大刺鳅 *Mastacembelus armatus*（Lacépède，1800）	50	0.22	10.94	1/2/3/4/5
	刺鳅 *Macrognathus aculeatus*（Bloch，1786）	80	3.34	267.16	1/2/3/4/5
鲈形目 Perciformes					
鮨科 Serranidae					
	中国少鳞鳜 *Coreoperca whiteheadi* Boulenger，1900	10	0.02	0.17	2/4

续表

目/科	物种名	出现频率（%）	相对多度（%）	相对重要性指数	分布地点
	漓江鳜 *Coreoperca loona*（Wu，1939）	5	0.01	0.04	5
	斑鳜 *Siniperca scherzeri*（Steindachner，1892）	25	0.09	2.31	2/3/4/5
	大眼鳜 *Siniperca knerii* Garman，1912	5	0.01	0.04	4
丽鱼科 Cichlidae					
	尼罗罗非鱼 *Oreochromis niloticus*（Linnaeus，1758）	5	0.01	0.04	2
沙塘鳢科 Odontobutidae					
	中华沙塘鳢 *Odontobutis sinensis* Wu，Chen & Chong，2002	90	18.57	1671.60	1/2/3/4/5
	侧扁小黄黝鱼 *Hypseleotris compressocephalus*（Chen，1985）	10	0.03	0.25	4
虾虎鱼科 Gobiidae					
	子陵吻虾虎鱼 *Rhinogobius giurinus*（Rutter，1897）	80	4.14	331.09	1/2/3/4/5
	溪吻虾虎鱼 *Rhinogobius duospilus*（Herre，1935）	30	0.15	4.54	2/4/5
	丝鳍吻虾虎鱼 *Rhinogobius filamentosus*（Wu，1939）	30	0.19	5.55	2/3/4/5
	李氏吻虾虎鱼 *Rhinogobius leavelli*（Herre，1935）	85	1.89	160.88	1/2/3/4/5
丝足鲈科 Osphronemidae					
	叉尾斗鱼 *Macropodus opercularis*（Linnaeus，1758）	65	0.41	26.79	1/2/3/4/5
鳢科 Channidae					
	斑鳢 *Channa maculate*（Lacépède，1801）	5	0.01	0.04	4
	月鳢 *Channa asiatica*（Linnaeus，1758）	15	0.05	0.76	4/5

注："分布地点"栏目中的1、2、3、4、5分别代表高尚镇、兴安县、界首镇、全州县、灌阳县采样点

　　美丽小条鳅、横纹南鳅、中华花鳅、泥鳅、大鳞副泥鳅、宽鳍鱲、马口鱼等32 种鱼类出现频率≥40%，属于桂北湘江上游区的常见种（F≥40%），平头平鳅、沙花鳅、草鱼、银鲴、小鳈等 16 种鱼类出现频率为 5.0%（仅出现一次），而南方拟鲿、翘嘴鲌、细鳞鲴、蛇鮈等 10 种鱼类出现频率为 10%，这些鱼类为研究区域内的稀有种（F≤10%）。而其他的鱼类如无斑南鳅、中华细鲫、鳘、银鮈等 23 种鱼类出现频率在 15%-35%，属于偶见种（10%＜F＜40%）（表 6.2）。

　　宽鳍鱲的相对多度最大（25.76%），中华沙塘鳢次之（18.57%），越南鱊（5.21%）、子陵吻虾虎鱼（4.14%）、马口鱼（4.10%）渐次之。大鳞副泥鳅、鳘、大眼华鳊、麦穗鱼、银鮈、点纹银鮈、广西鱊、短须鳡、高体鳑鲏、侧条光唇鱼、鲫、黄颡鱼、李氏吻虾虎鱼和刺鳅的相对多度也相对较高（1.0%＜P＜4.0%）。美丽小条鳅、横纹南鳅、伍氏半鱊、棒花鱼、条纹小鲃、鲤、叉尾斗鱼等 29 种鱼类的相对多度在 0.1%-1.0%。平头平鳅、无斑南鳅、中华细鲫、翘嘴鲌、福建小鳔鮈、云南盘鮈、斑鱊等 33 种鱼类的相对多度在 0.01%-0.1%，其中平头平鳅、

草鱼、银鲴、小鰁、似鮈、南方鲶、漓江鳜、大眼鳜、尼罗罗非鱼、斑鳢仅各采集到 1 尾（表 6.2）。

2. 鱼类生态类型

根据鱼类在成熟阶段所摄取的主要饵料将桂北湘江上游区鱼类划分为初级肉食性、肉食性、杂食性和植食性。其中，初级肉食性鱼类主要摄取无脊椎动物，其中包含浮游动物、昆虫等软体动物，如大眼华鳊、中华花鳅和虾虎鱼属等；肉食性鱼类主要摄食鱼类、虾类等游泳型生物，如越南鲶、黄颡鱼、斑鳜等鲶形目和鲈形目鱼类；杂食性鱼类以水中甲壳类、底栖生物、水草、昆虫等为食，如麦穗鱼、鮈属、鲤、鲫等；植食性鱼类主要摄取水生维管束植物和浮游植物等，如草鱼、银鲴等。根据鱼类长期在不同水层的生活位置，将桂北湘江上游区鱼类划分为中上层、中下层、底层 3 个生态位。以上鱼类食性、栖息水层的生态特征依据相关文献和专著[20-23]。

桂北湘江上游区所采集的鱼类中，经数据分析可知，在食性类型中，全部的杂食性的物种数和个体数量均为最多，虽然植食性的鱼类物种数最少，但是个体数量多于初级肉食性鱼类。在生态位类型中，全部的底层鱼类的物种数和个体数量均为最多，尽管中上层的鱼类物种数最少，但是个体数量多于中下层鱼类（表 6.3）。

表 6.3　桂北湘江上游区各种生态类型鱼类物种数及百分比

Table 6.3　Fish species number and species percentage of different ecological types from upper Xiangjiang River in the north Guangxi Region

生态类型		物种数	物种百分比（%）	数量百分比（%）
食性	初级肉食性	16	19.75	8.13
	杂食性	34	41.98	47.27
	肉食性	24	29.63	34.18
	植食性	7	8.64	10.43
生态位	底层	45	55.56	43.59
	中上层	12	14.81	40.17
	中下层	24	29.63	16.24

4 个季节杂食性鱼类所占物种数量均为最高，植食性鱼类所占物种数量均为最低。其中，冬季杂食性鱼类所占的物种比例最高为 46.67%，而植食性鱼类物种数所占比例最低为 6.67%。春季植食性鱼类物种比例最高为 10.71%，而杂食性鱼类物种比例仅次于冬季，为 41.07%（图 6.2）。4 个季节底层鱼类所占物种数量均为最高，中上层鱼类所占物种数量均为最低。其中，冬季底层鱼类所占的物种比

例最高，为 62.22%，而中上层鱼类物种数所占比例最低，为 15.56%；春季中上层鱼类种数所占比例最高，为 19.64%，而底层鱼类物种数比例仅次于冬季为 57.14%（图 6.3）。

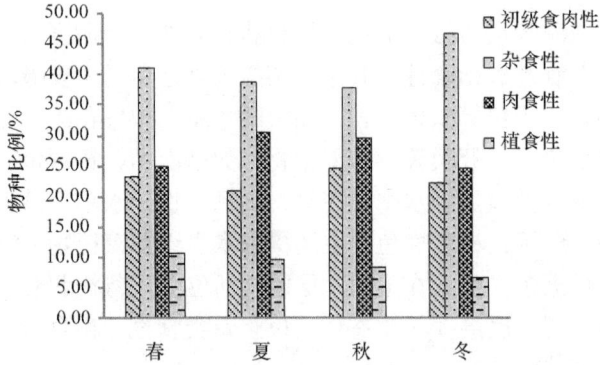

图 6.2 不同食性鱼类各个季节的物种比例

Figure 6.2 Percentage of species of each season in different dietary types

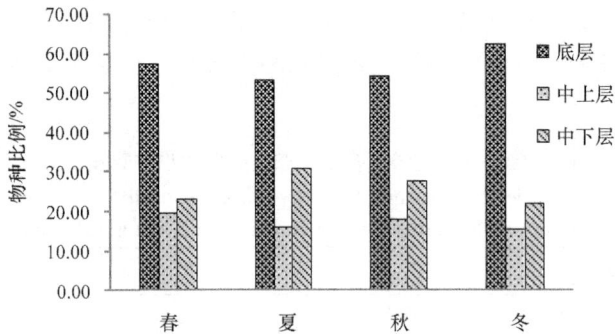

图 6.3 不同栖息水层鱼类各个季节的物种比例

Figure 6.3 Percentage of fish species of each season in different layers

　　4 个季节杂食性鱼类个体数量所占比例最高，植食性和初级肉食性鱼类个体数量所占比例相对较低。春季杂食性鱼类个体数量比例最高为 54.80%，而初级肉食性鱼类个体数最低为 5.16%；夏、秋、冬三季的杂食性鱼类个体数量所占比例分别为 44.31%、41.26%、42.86%，三者个体数比例相差不大。另外，夏、秋、冬三季的肉食性鱼类个体数量比例分别为 40.46%、40.07%、37.67%，均大于春季肉食性鱼类的个体数量（图 6.4）。4 个季节中下层鱼类个体数量所占比例均低于其他栖息水层的鱼类。冬季底层鱼类个体数量比例最高为 59.98%，而中上层鱼类个体数量最低为 26.19%；春季中上层鱼类个体数量比例最高为 50.07%，而底层鱼类个体数量比例最低为 32.05%（图 6.5）。

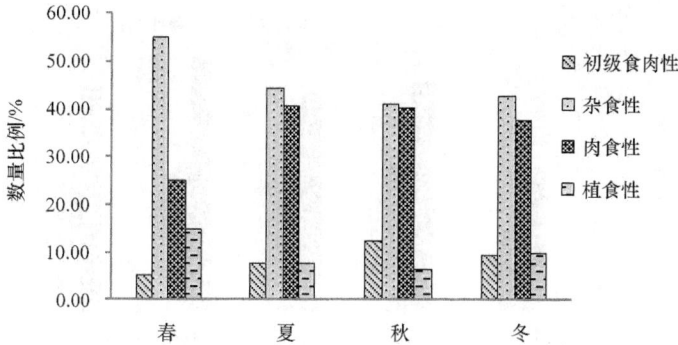

图 6.4　不同食性鱼类各个季节的个体比例

Figure 6.4　Percentage of individuals of each season in different dietary types

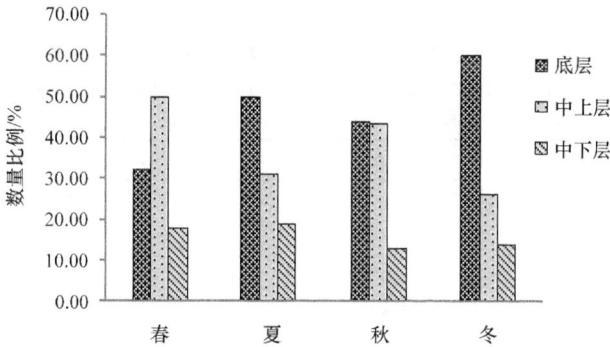

图 6.5　不同生态位鱼类各个季节的个体比例

Figure 6.5　Percentage of individuals of each season in different ecological position

3. 鱼类多样性的时空变化

桂北湘江上游区高尚镇、兴安县、界首镇、全州县和灌阳县采样点采集到的全部鱼类的物种数分别为 34 种、54 种、52 种、60 种和 53 种,其平均物种数($M \pm SD$)分别为 19.0±4.2、33.8±3.9、29.0±4.7、33.8±5.7 和 32.0±16.3（图 6.6）。通过单因素方差分析检验,整体上,全部采样点间的鱼类物种数差异不显著（$F=2.156$,$P=0.124 > 0.05$）,但高尚镇的鱼类物种数最少,显著低于兴安县、全州县和灌阳县（$P<0.05$）,与界首镇无显著性差异（$P>0.05$）（表 6.4）。5 个样点四季共采集到的鱼类个体数分别为 1421 尾、4418 尾、2308 尾、2438 尾和 1303 尾,其平均个体数分别为 355.3±100.1、1104.5±592.1、577.0±178.0、609.5±413.3 和 325.8±184.7（图 6.7）。通过单因素方差分析检验,各个研究样点间的鱼类个体数存在显著差异（$F=3.266$,$P=0.041 < 0.05$）,兴安县鱼类个体数最高,显著高于高尚镇、界首镇和灌阳县（$P<0.05$）,但与全州县差异不显著（$P>0.05$）（表 6.4）。

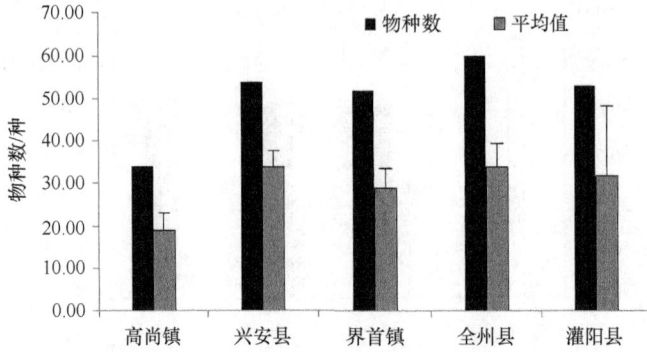

图 6.6　桂北湘江上游区鱼类物种数的空间变化

Figure 6.6　Spatial variations in fish species richness of upper Xiangjiang River in the north Guangxi Region

表 6.4　桂北湘江上游区鱼类物种数和个体数的空间变化

Table 6.4　Spatial variations in fish species richness and abundance of upper Xiangjiang River in the north Guangxi Region

研究样点	物种数	个体数
高尚镇	19.0 ± 4.2^a	355.3 ± 100.1^a
兴安县	33.8 ± 3.9^{bc}	1104.5 ± 592.1^b
界首镇	29.0 ± 4.7^{ac}	577.0 ± 178.0^a
全州县	33.8 ± 5.7^{bc}	609.5 ± 413.3^{ab}
灌阳县	32.0 ± 16.3^{bc}	325.8 ± 184.7^a

注：同列数据右上标字母不同代表统计学有显著性差异（单因素方差分析，$P<0.05$）

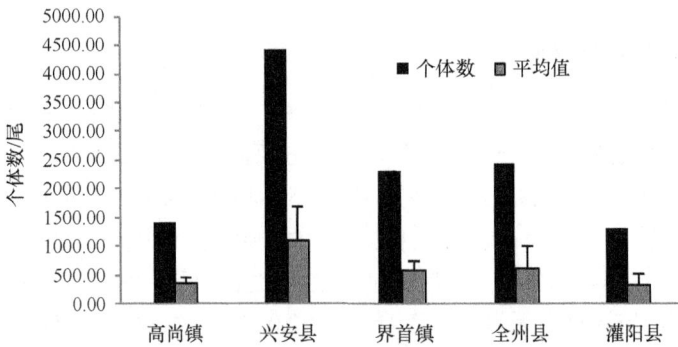

图 6.7　桂北湘江上游区鱼类个体数的空间变化

Figure 6.7　Spatial variations in fish abundance of upper Xiangjiang River in the north Guangxi Region

春季、夏季、秋季和冬季所采集的全部鱼类物种数分别为 56 种、62 种、61 种和 45 种，其平均物种数分别为 31.4 ± 6.8、33.4 ± 7.0、32.6 ± 10.2、20.6 ± 9.2（图

6.8）。通过单因素方差分析检验，4 个季节间的鱼类物种数整体上差异不显著
（$F=2.525$，$P=0.0944>0.05$）。但冬季的鱼类物种数最少，显著低于夏、秋季（$P<0.05$），
与春季差异不显著（$P>0.05$）（表 6.5）。春季、夏季、秋季和冬季的全部鱼类个
体数分别为 4434 尾、2652 尾、2763 尾和 2039 尾，其平均个体数分别为 886.8±696.6、
530.4±251.2、552.6±289.4、407.8±219.6（图 6.9）。通过单因素方差分析，4 个季
节间的鱼类个体数差异不显著（$F=1.236$，$P=0.329>0.05$）（表 6.5）。

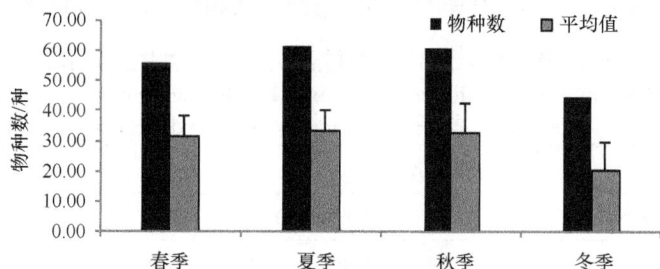

图 6.8　桂北湘江上游区鱼类物种数的季节变化

Figure 6.8　Seasonal variations in fish species richness of upper Xiangjiang River in the north Guangxi Region

表 **6.5**　桂北湘江上游区鱼类物种数和个体数的季节变化

Table 6.5　**Seasonal variations in fish species richness and abundance of upper Xiangjiang River in the north Guangxi Region**

季节	物种数	个体数
春季	31.4±6.8[ab]	886.8±696.6
夏季	33.4±7.0[a]	530.4± 251.2
秋季	32.6±10.2[a]	552.6±289.4
冬季	20.6±9.2[b]	407.8± 219.6

注：同列数据右上标字母不同代表统计学有显著性差异（单因素方差分析，$P<0.05$）

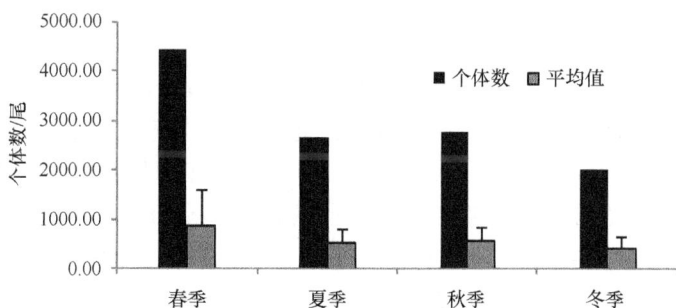

图 6.9　桂北湘江上游区鱼类个体数的季节变化

Figure 6.9　Seasonal variations in fish abundance of upper Xiangjiang River in the north Guangxi Region

对桂北湘江上游区鱼类生物多样性季节变化进行分析，结果显示（表 6.6）：夏季的物种丰富度指数（D_{ma}）较其他季节高，为 7.74，而春季的优势度指数（λ）较其他季节高，为 0.18，秋季的多样性指数（H_e'）较其他季节高，为 2.86，冬季的均匀度指数（J）较其他季节高，为 0.72。夏季和秋季鱼类多样性高，物种比较丰富，而春季和冬季的多样性相对较低，鱼类物种相对少。秋季共采集到鱼类 61种，其中有 41 种鱼类所占比例不超过 1%，优势种较明显，优势种有宽鳍鱲、麦穗鱼和中华沙塘鳢，分别占秋季个体总数量的 19.40%、10.7% 和 18.64%。

表 6.6　桂北湘江上游区不同样点不同季节鱼类生物多样性

Table 6.6　Different sampling sites and seasons of biodiversity indices of fish from upper Xiangjiang River in the north of Guangxi Region

多样性指数	研究样点					季节			
	高尚镇	兴安县	界首镇	全州县	灌阳县	春	夏	秋	冬
D_{ma}	6.45	9.00	7.98	10.62	9.41	6.36	7.74	7.57	5.77
λ	0.11	0.13	0.25	0.07	0.04	0.18	0.12	0.10	0.10
H_e'	2.70	2.75	2.13	3.29	3.66	2.39	2.84	2.86	2.76
J	0.69	0.63	0.51	0.74	0.86	0.60	0.69	0.69	0.72

由于采样点之间的生境条件不同，如河宽、流速、水深等，桂北湘江上游区不同研究样点的生物多样性指数存在差异（表 6.6）。全州县的 Margalef 物种丰富度指数（D_{ma}）（10.62）较其他研究样点高，最低值出现在高尚镇（6.45）。界首镇的优势度指数（λ）最高（0.25），而多样性指数（H_e'）（2.13）和均匀度指数（J）（0.51）均为最低，因此界首镇的生物多样性较低，优势种明显。灌阳县的优势度指数（λ）最低（0.04），而多样性指数（H_e'）（3.66）和均匀度指数（J）（0.86）均为最高，说明灌阳县的生物多样性相对较高，物种分布较均匀。

4. 鱼类群落结构的时空变化格局

根据鱼类群落的无度量多维空间排序图（NMDS），高尚镇的鱼类群落与其他样点明显分离，灌阳县有一个季度的鱼类群落与其他样点明显分离；灌阳县与全州县鱼类群落重叠明显（图 6.10）。单因素相似性分析结果表明，除兴安县与界首镇、灌阳县的鱼类群落差异不显著（$P > 0.05$），其余研究样点间鱼类群落结构存在显著差异性（$P < 0.05$）。鱼类群落无度量多维时间排序图（NMDS）表明 4 次采样的样点都有交叠聚集（图 6.11），季节性差异不大。但是单因素相似性分析结果表明 1 月和 4 月（$P=0.048 < 0.05$）、1 月和 7 月（$P < 0.05$）存在显著差异。

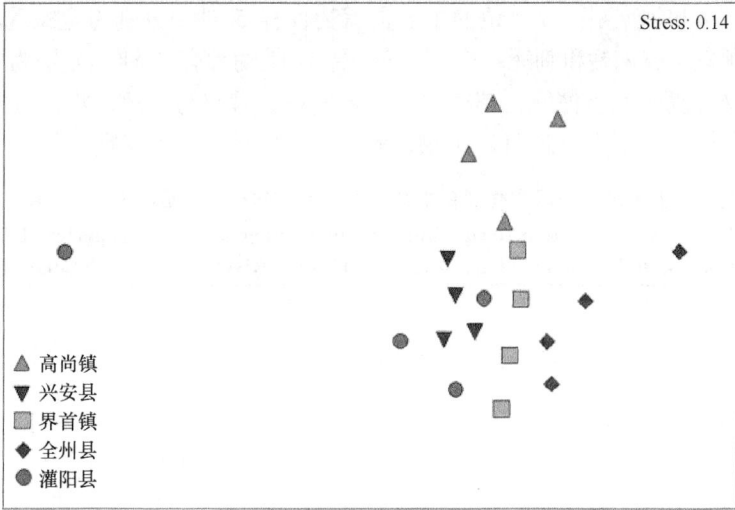

图 6.10　桂北湘江上游区鱼类群落无度量多维空间排序图

Figure 6.10　NMDS ordination of spatial variation of fish assemblage from upper Xiangjiang River in the north of Guangxi Region

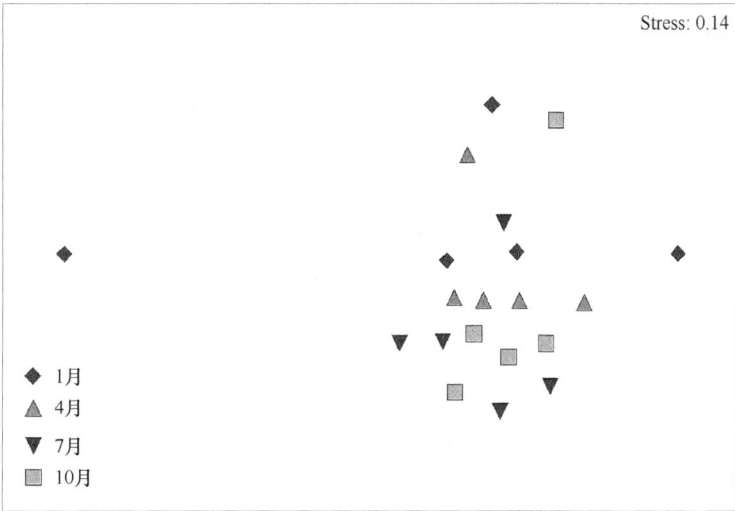

图 6.11　桂北湘江上游区鱼类群落无度量多维时间排序图

Figure 6.11　NMDS ordination of temporal variation of fish assemblage from upper Xiangjiang River in the north of Guangxi Region

　　由于桂北湘江上游区的鱼类群落空间差异显著，进一步利用相似性百分比分析（SIMPER）造成鱼类群落空间相似性的贡献物种（表 6.7）。由表 6.7 可知，高尚镇的主要贡献物种有 6 种，分别为越南鱊、中华沙塘鳢、高体鳑鲏、短须鱊、麦穗鱼和条纹小鲃；兴安县的主要贡献物种有 5 种，分别为宽鳍鱲、中华沙塘鳢、泥鳅、马口鱼和越南鱊；界首镇的主要贡献物种有 5 种，分别为宽鳍鱲、中华沙塘鳢、黄颡鱼、越南鱊和刺鳅；全州县的主要贡献物种有 7 种，分别为中华沙塘鳢、子陵吻虾虎鱼、宽鳍鱲、越南鱊、大眼华鳊、鲫和马口鱼；灌阳县的主要贡献物种有 5 种，分别为黄颡鱼、泥鳅、鲫、大鳞副泥鳅和宽鳍鱲。

表 6.7　桂北湘江上游区不同研究样点鱼类群落主要鱼种的相似性贡献度　　（单位：%）
Table 6.7　Contributions to the similarity percentage of essential species of fish community within different sites from upper Xiangjiang River in the North Guangxi Region

贡献物种	高尚镇 贡献值	兴安县 贡献值	界首镇 贡献值	全州县 贡献值	灌阳县 贡献值
大鳞副泥鳅 *Paramisgurnus dabryanus*	—	—	—	—	6.72
泥鳅 *Misgurnus anguillicaudatus*	—	7.35	—	—	9.65
宽鳍鱲 *Zacco platypus*	—	11.6	16.62	7.94	5.28
马口鱼 *Opsariichthys bidens*	—	6.95	—	5.07	—
大眼华鳊 *Sinibrama macrops*	—	—	—	5.89	—
麦穗鱼 *Pseudorasbora parva*	10.01	—	—	—	—
短须鱊 *Acheilognathus barbatulus*	11.43	—	—	—	—
越南鱊 *Acheilognathus tonkinensis*	15.96	6.04	6.85	7.20	—
高体鳑鲏 *Rhodeus ocellatus*	12.78	—	—	—	—
条纹小鲃 *Puntius semifasciolatus*	5.32	—	—	—	—
鲫 *Carassius auratus*	—	—	—	5.24	8.17
黄颡鱼 *Tachysurus fulvidraco*	—	—	7.13	—	9.73
中华沙塘鳢 *Odontobutis sinensis*	14.18	9.00	14.06	9.58	—
子陵吻虾虎鱼 *Rhinogobius giurinus*	—	—	—	8.70	—
刺鳅 *Macrognathus aculeatus*	—	—	5.56	—	—

注：表中仅罗列各群落中贡献值大于 5%的种类

5. 鱼类群落与人类活动的关系

根据鱼类群落与人类活动的无度量多维空间排序图，A 与 B、C 类型基本能分离（图 6.12）。单因素相似性分析结果表明受人类活动影响程度不同，其鱼类群落的组成也不相同。类型 A（居住、农田）与类型 B（居住、人工护岸、工厂）及类型 C（居住、人工护岸、农田、工厂）的鱼类组成存在显著性差异（$P<0.05$）。但是，类型 B（居住、人工护岸、工厂）与类型 C（居住、人工护岸、农田、工厂）的鱼类组成差异不显著（$P>0.05$）。以上结果表明，居住、人工护岸、农田、工业活动等人为活动都会对桂北湘江上游区的鱼类组成产生一定的影响，但是农业活动对鱼类群落组成的影响不大。

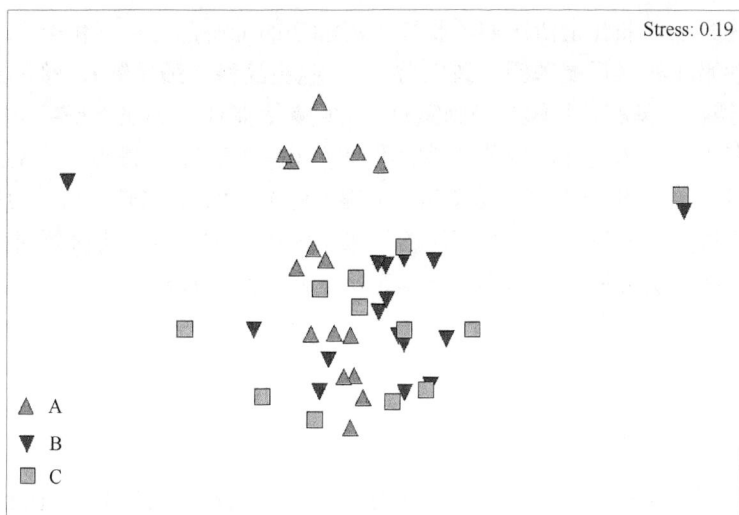

图 6.12　桂北湘江上游区鱼类群落与人类活动的无度量多维排序图

Figure 6.12　Impacts of human activities to NMDS of fish assemblages in upper Xiangjiang River in the north Guangxi Region

6. 湘江上游鱼类区系及动物地理学地位

在现在的湘江上游淡水鱼类中，鲃亚科、鲴亚科、鳜科、鮨科等起源于早第三纪原始类群的淡水种类有 18 种，其物种数占桂北湘江上游区鱼类总数的 22.22%。喜马拉雅山形成时的地壳活动改变了早第三纪的缓平地貌，特别是在晚第三纪之后，随着青藏高原的抬升而出现的适应热带、亚热带山溪急流生境的鱼类，如平鳍鳅科、鮡科有 6 种，以及起源于东南亚的暖水性鱼类，如丝足鲈科、鳢科和刺鳅科有 8 种，这些鱼类是珠江水系的固有成分[24]。随着青藏高原的隆起，起源于我国东部的东亚特有鱼类随之向南方扩散[25]，其中包含有鲤科的鲴亚科、鲌亚科、鳔亚科和鮈亚科的部分种类共有 35 种，其物种数占桂北湘江上游区鱼类总数的 43.21%。由以上分析可知，从鱼类区系的原始起源上来看，湘江上游鱼类区系以起源于早第三纪原始类群和中国江河平原鱼类的种类较多。

在世界动物区划中，我国淡水鱼类区系隶属东洋区和古北区[26]。在过去的动物地理区划分析研究中，陈宜瑜等从历史发展的角度对动物地理区划进行分析，认为东洋区与古北区的界线应该推至秦岭山脉，即自喜马拉雅山脉、秦岭山脉以南为东洋区[25]。陈宜瑜等依据珠江和长江水系鱼类区系间的差异，以南岭-武夷山为界线把南东亚亚区划分为华东小区和华南小区[25]。根据张鹗对赣东北地区鱼类区系的分析以及研究探讨[27]，并结合湘江鱼类的组成、分布及地理位置等特点，认为湘江水系同洞庭湖水系相同，在动物地理区划上均应隶属于东洋区南东亚亚区华东小区。桂北湘江上游区属于长江支流湘江的上游部分，其鱼类区系成分复杂，具有沙鳅亚科（后鳍薄鳅、斑纹薄鳅）、钝头鮠科（鳗尾鮡）、丝足鲈科（叉尾斗鱼）、鳢科（斑鳢、月鳢）和刺鳅科（大刺鳅、刺鳅）等属于华南小区的珠江水系的固有成分，又具有包括了鲤科的雅罗鱼亚科（草鱼）、鮈亚科（银鮈、细鳞鮈）、鲌亚科（鳘、伍氏半鳘、翘嘴鲌、大眼华鳊）、鳈亚科（广西鳈、短须鳈、越南鳈、高体鳑鲏）等与长江水系相同的华东小区的种类。由以上分析可知，湘江上游在地理区划上应属于华南小区与华东小区两区系的过渡带。

6.1.3 分析与讨论

1. 鱼类资源现状分析

丁德明等在 2008-2010 年对湘江进行渔业资源调查，两年共调查到湘江干流及支流鱼类有 111 种[7]，而在 1983 年对湘江鱼类调查，共采集到鱼类 147 种。与 1983 年的结果相比鱼类的种类数量呈减少的趋势，鱼类的种类减少了 24.5%，一些当时常见的种类如短须鳈、须鳈、南方白甲鱼、小口白甲鱼、福建纹胸鮡、中华纹胸鮡等在本次野外调查中没有采集到。本研究结果表明，桂北湘江上游区共调查到的鱼类有 81 种。与湖南境内相比，桂北江段的种类偏少，可能原因是地理位置不同、调查的水域面积不同等，在流域尺度上，流域中物种或特有物种数量与流域面积为显著正相关[3]。但是与湖南境内相比，新发现的物种有伍氏半鳘、小鳈、云南盘鮈、食蚊鱼、中国少鳞鳜、漓江鳜和尼罗罗非鱼。小鳈、云南盘鮈和中国少鳞鳜大多栖息在溪流中，喜底质为砾石的清水的生境。另外，食蚊鱼和尼罗罗非鱼均为外来入侵物种，喜生活在温度相对较高的流域，而湖南的气温相对较低，不适应这两种鱼类的生存。

尼罗罗非鱼作为推广养殖品种引入中国，最开始可能是人们管理疏漏使其从养殖场逃出，或者放流。已有研究报告显示，尼罗罗非鱼现已遍布我国华南各水系且已形成野化种群。食蚊鱼最初因可能会消灭蚊子而被引入国内，但其对栖息水层相似的土著鱼类造成极其严重的竞争压力，对这些物种的群落结构产生了不良的后果。另外，还有一些蠕虫能够寄生在食蚊鱼体内，导致这些寄生虫有极大可能被传染给当地的其他经济鱼类，从而导致鱼类死亡或质量下降并对人类的健康有潜在的影响。另外，外来引进鱼类也会通过"下行效应"产生一系列连锁的反应从而对生态产生影响，这将会造成其对浮游动物、浮游植物和藻类产生一些负面影响[28]。本研究共采集尼罗罗非鱼 1 尾，而采集到食蚊鱼 45 尾，占渔获物的 0.38%。目前桂北湘江上游区外来引进物种尚未对土著鱼类造成严重威胁，然而由于外来物种适应能力强、食性广泛，容易对本地原有的生态系统造成极大的影响。因此，相关部门应加快和加大对外来入侵鱼类制定法律法规的进度和力度，建立外来入侵风险评估体系，并对外来物种种群结构加强检测和管理，从而达到预防和消除鱼类入侵风险的目的[18,19]。

2. 鱼类生态类型与栖息地关系

分析桂北湘江上游区鱼类食性和生态位类型的物种数和个体数变化，结果表明，在物种数量上占优势的是杂食性鱼类和底层鱼类，并且优势生态类型的物种数量都表现出季节稳定性。在个体数量上相对占有优势的是杂食性鱼类、中上层鱼类和底层鱼类，并且杂食性鱼类的个体数量表现出季节稳定性；中上层鱼类和底层鱼类在夏、秋、冬季表现相对稳定。

通常情况下，鱼类群落是由不同食性和生态位的鱼类组成。为了使鱼类群落能够充分利用水体中不同种类的生物资源和不同水层的食物资源，鱼类的食性和生态位开始分化，从而出现食性不同和生态位类型不同的鱼类出现在不同的水层中，这有利于减少种间饵料资源的竞争[22]。某一食物资源量的变化会直接影响以这种食物为主的鱼类物种丰度[23]。桂北湘江上游区不同食性类型鱼类中物种丰度和所占物种比例最高的均为杂食性鱼类。在整个鱼类群落中，杂食性鱼类比例较高，说明湘江流域水环境质量不容乐观[17]。此外，还有一些研究表明，鱼类的营养状况，从肉食性占主要优势转变到杂食性为主是水质、食物资源和生境条件不断衰退导致的[24]。近年来，随着旅游业的发展，工业污染的加剧，沿岸居民排污、游船油污泄露以及生活废弃物的污染等人类活动的干预都对湘江的水质状况造成影响，这会引起敏感型鱼类、耐受能力较弱的鱼类尤其是肉食性鱼类物种数量减少。

栖息地的使用也是一个物种生态学研究的关键所在。另外，个体和群落如何利用，争夺，并在时间和空间分享栖息地和食物资源，与自己的生存能力和繁殖有密切的联系[28]。桂北湘江上游区地貌类型复杂多样，地势起伏不平，以山地、丘陵为主，表现出山溪河流的特性。这些形成了河流中下层的食物资源比上层富裕，因此桂北湘江上游区鱼类群落中以底层鱼类物种数较多。由于湘江流域温度、水资源都极其富裕，并且流域内河岸带植被茂盛，自然资源和生物量丰富，能满足不同摄食行为类型鱼类的捕食需求。湘江流域季节变化明显，流域中的大部分饵料生物在春季、夏季和秋季大量繁殖，但在冬季由于光照、水温等外界条件的影响多数生物繁殖速率下降甚至死亡。由于冬季鱼类的食物资源短缺，加之鱼类冬季繁殖速率降低，因此，春季、夏季和秋季的中上层和中下层鱼类的数量较冬季高。另外，为了在食物相对匮乏的冬季得以生存和不断适应，桂北湘江上游区的鱼类以杂食性鱼类为主。桂北湘江上游区既有水流湍急的山溪急流和滩头，又有宽阔大水体、流速缓慢的渊和潭，这与清水江的河流生境相似[19]。

3. 鱼类多样性的时空变化

桂北湘江上游区的鱼类物种数和个体数季节差异不显著（$P>0.05$），春季和冬季的物种数较夏季和秋季的少。鱼类物种数的空间差异不显著（$P>0.05$），但鱼类个体数的空间差异性显著（$P<0.05$）。对于鱼类物种数而言，高尚镇物种数显著低于其他 4 个样点，因为高尚镇位于河源的上游，物种数相对流域下部少。而兴安县、界首镇、全州县、灌阳县样点间无显著性差异，可能原因是兴安县、界首镇、全州县均位于湘江的干流，3 个样点的流量和栖息地类型较为相似。本次调查结果显示，桂北湘江上游区的鱼类多样性存在显著性的空间变化，即兴安县、界首镇和全州县与高尚镇和灌阳县有较大差异。

对于河流鱼类来说，影响鱼类物种组成和空间分布及多样性情况的原因有很多，包括历史条件、生物内部间相互作用和外界环境因子等；在流域尺度上，溪流或河流鱼类群落的多样性从源头到流域下部一般是增加的。对于同一条河流来说，不同河岸类型、不同生境的复杂程度和多样性情况是造成鱼类多样性空间分布不同的主要环境因子[29]。从上游源头至下游，许多生物因子和环境因子以及其生态过程都表现出显著的空间变化，如河流等级大小、栖息地的复杂程度、饵料来源等[30]。一般来说，河流干流的流量和栖息地的复杂性通常都高于支流[31]，由于灌阳县样点属于湘江的一个支流，因此兴安县、全州县的鱼类物种数和个体数高于灌阳县样点。本研究还显示了兴安县、界首镇和全州县的鱼类多样性相似，这可能是因为这 3 个样点的栖息地类型和河流大小比较相似。

4. 鱼类群落结构时空变化

桂北湘江上游区的鱼类群落组成存在显著性的空间变化特征，但季节性差异不大。鱼类物种组成的空间变化与不同物种的栖息地选择密切联系，即物种栖息环境复杂性程度越高，鱼类多样性及群落稳定程度也相对较高[29]。NMDS 结果显示高尚镇的鱼类群落与兴安县、界首镇、全州县和湘江支流灌阳县采样点相比，鱼类物种组成明显不同。这主要是由于高尚镇属于上游源头部分，栖息地环境与干流兴安县、界首镇和全州县存在显著差异，因而导致了其群落结构的不同。这种差异的贡献源主要来自宽鳍鱲的相对多度的空间变化。且兴安县、界首镇、全州县的水深和河宽较上游区域的高尚镇采样点的大，所以个体数较高尚镇的多。另外一个主要原因是与上游低级别河流相比，下游等级高的河流中的鱼类种类数量往往更多[32]。而总体上，桂北湘江上游区的鱼类群落结构受流域内生境环境条件与样品采集空间位置的不同联合影响。

通常，鱼类群落的季节变化受内源性（鱼类自身的生活史，如繁殖、洄游等）和外源性因素（如季节性干旱和洪涝等）共同影响[29,33]。就内源性因素来说，河流鱼类自身的生活史（繁殖、洄游等）是引起鱼类群落季节变化的主要原因，如繁殖活动可增加大量补充群体、洄游鱼类的周期性的栖息地变化可造成局部区域鱼类群落组成的变化等[34]。就外源性因素来说，季节性的干旱和洪涝会引起栖息地稳定性的显著季节变化，从而导致鱼类群落组成的相应变化[34,35]。本研究区域属太平洋季风湿润气候，春夏季降雨较多，秋冬季相对较干旱，温度和降水均存在明显的季节变化[36]。由于流域内季节变化明显，因此，该流域内的鱼类群落结构及其多样性也应该呈现出显著的季节性变化。但本研究表明，桂北湘江上游区的鱼类群落组成季节性差异不大。这可能是因为，流域内的优势种鱼类，宽鳍鱲和中华沙塘鳢广泛分布在多个研究样点且对季节性气候变化不敏感，表现出很好的适应性，从而使得鱼类群落组成不出现季节性变化。

5. 与周边水系鱼类比较研究

将桂北湘江上游区作为一个独立的单元，并将其鱼类区系与漓江上游区[15,37]、漓江[38]、柳江[39]、赣江[40]、湘江[7,41]鱼类区系聚类分析，方便进一步了解该地区的鱼类区系特点。通过对桂北湘江上游区与漓江上游、漓江、柳江、赣江和湘江的鱼类进行聚类分析，结果显示聚类分为三大聚组（图 6.13）。

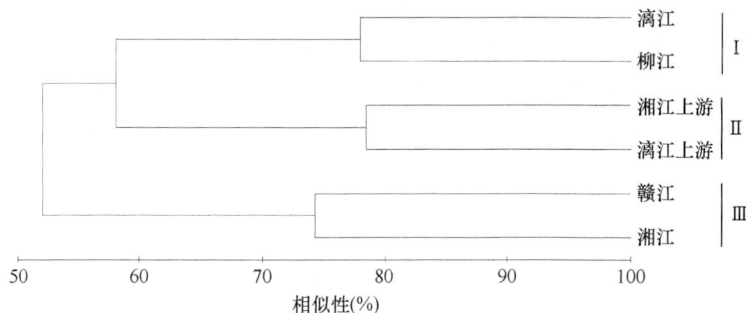

图 6.13　各比较单元间鱼类区系相似性
Figure 6.13　The similarity of fish fauna among different units

总体来看，湘江上游及邻近地区鱼类分布呈现出明显的过渡性，即自北向南由长江水系的两条支流赣江和湘江，到珠江水系的两条支流柳江和漓江之间鱼类组成表现出明显的区域差异。

从聚类分析结果来看，组 I 的鱼类组成较为相似，具有明显的珠江水系的特点。与东亚淡水鱼类区系组成的特点相同，珠江水系鱼类以鲤形目鱼类占主体，且以原始的暖水性鲤科鱼类为主体[32]。与珠江水系鱼类特点相似，柳江水系中以鲤形目鱼类占主体，且鲤科鱼类以鲃亚科和鮈亚科种类最多[33]。朱瑜对漓江流域鱼类区系进行分析，认为从地理位置来看漓江流域应该位于华南区；与珠江水系鱼类特点相似，漓江水系中以鲤形目鱼类占主体，且鲤科鱼类以鮈亚科和鲃亚科种类最多[37]。

聚类分析结果显示，组Ⅱ两者之间鱼类组成具有更多的相似性。主要原因分别为，从鱼类组成上来看，湘江上游与漓江上游相比共有种56种，占湘江上游鱼类总数的69.1%，种级水平上的平均相似度为73.4%。从水系上来分析，漓江发源于猫儿山，为桂江水系的上游部分，属于珠江水系，而湘江属长江水系，虽然两者水系不同，但桂江上游与湘江上游之间开通的灵渠，成为连接长江水系与珠江水系的水道，可能给两个区域的鱼类交流提供了条件。从地理位置上来看，湘江上游与漓江上游均位于南岭山脉以南，处于岭南与岭北的交界处，二者的气候特征相似、地理位置相近等也是促成两地鱼类分化有着较一致的外界因素，最终导致两者鱼类组成相似性较高。

聚类分析结果显示，组Ⅲ与组Ⅰ和组Ⅱ之间存在差异性，组Ⅱ中的湘江上游（长江水系支流）和组Ⅰ（珠江水系东北侧支流）之间较组Ⅲ（长江水系支流）更为相似。组Ⅰ（柳江和漓江）为珠江水系的支流，组Ⅲ（湘江和赣江）为长江水系的支流，二者所属水系不同，地理位置及气候条件的差异，都是造成两者差异的原因。湘江上游区鱼类区系组成与整个湘江流域鱼类之间存在差异，可能是由于受栖息地环境和自然分布的限制，湘江上游的这些鱼类未能进一步向湘江中下游扩散。例如，分布在湘江上游的条鳅亚科、沙鳅亚科、野鲮亚科和平鳍鳅科等8种鱼类属于适应急流性鱼类而未在湘江中下游分布。如前所述，南岭山脉是中国南方主要的自然地理界限，本次调查范围是广西境内湘江上游区，由于南岭能够阻挡南北气流的运动，南北坡的水资源及光和热有一定差异性，从而也有可能影响湘江上游与中下游的鱼类分布。这种在同一河流的上游与中下游形成明显不同的鱼类区系现象也是金沙江水系鱼类最明显的一个特征[42]。

6.2　桂江鱼类物种多样性及群落研究

桂江属于西江一级大支流，是连接漓江和西江的重要河段，起到承上启下的作用。桂江不仅给西江输送大量的水生生物资源，而且也为两岸居民提供最基本的生活保障。桂江流经生境复杂且多山的桂林市、贺州市、梧州市，水生生物物种资源丰富。《广西淡水鱼类志》（第二版）记录广西淡水及河口鱼类290种和亚种，隶属于15目37科144属，纯淡水鱼类有258种。其中鲤形目鱼类有204种，占全区淡水鱼类总数的79.07%；其次为鲈形目。2014年，桂江流域鱼类资源调查显示整个桂江流域（含漓江）约有162种，属于7目21科92属，其中包含4个外来物种（食蚊鱼、莫桑比克罗非鱼、尼罗罗非鱼、太湖新银鱼）[43]。

近些年，随着中国经济的高速发展，水生生态系统退化严重，加剧水生生物多样性的减少。桂江流域作为西江一大支流，近年来随着上游漓江旅游业的蓬勃发展、沿岸居民人口的增加、人类对渔业资源的需求量增加、环境污染的加剧、过度捕捞、鱼类栖息地的破坏等，上游漓江鱼类生物多样性下降，下游桂江水环境恶化，鱼类物种资源呈现单一化。随着平乐县、昭平县以及梧州市养殖渔业的产业化，经济鱼类如青鱼、草鱼、鲢、鳙、罗非鱼、鲮等开始大量养殖，虽然满足居民日常需求，但在管理过程中会使部分养殖鱼进入野外环境中，改变桂江鱼类群落结构。近年来，桂江水电站陆续建立，虽然提升了整个桂江的通航能力，均化了年内水资源的分布及供给，但会对桂江鱼类及其生物多样性产生一定影响。以前研究桂江流域鱼类多样性主要聚焦于漓江段，有关桂江的鱼类物种组成及分布状况鲜有报道。因此，本节主要通过野外布点采样调查研究桂江鱼类物种种类组成及时空分布情况，填补桂江鱼类资源研究的空白，为桂江鱼类资源及桂江水生生态环境保护、桂江河流健康评价提供有力的研究基础。

6.2.1 材料与方法

1. 研究区域

桂江位于广西东南部（23°28′29.7″N-24°38′20.88″N，110°38′46.6″E-111°19′13.5″E），发源于广西桂林市兴安县猫儿山，流经平乐县、昭平县、苍梧县、梧州市，在梧州市汇入浔江。全长 212km，流域面积 13 238km²。整个区域属亚热带季风气候，全年雨量充沛，河流底质以卵石为主。研究区域内水土保持较好，河水含沙量较上游漓江较少。桂江在平乐县由荔浦河、恭城河、漓江汇合而成，在昭平县有思勤江汇入，在马江镇有富群河汇入，因此，相比漓江而言，桂江通航能力较大、水利资源丰富、全年枯水期短、为渔业发展提供良好的生境平台。

2. 采样方法

本研究在桂林市平乐县至梧州市段设立 9 个采样点，分别为平乐（S1）、昭平（S2）、五将（S3）、马江（S4）、木格（S5）、大郎（S6）、京南（S7）、倒水（S8）、梧州（S9）（图 6.14）。于 2015 年 1 月、2015 年 4 月、2015 年 7 月、2015 年 10 月分 4 次对采样点进行采样，采样时采用背负式捕鱼器（功率 2kW，6 场管）和渔网（0.8m，一指眼）。每个采样点辐射范围约 2km。采样获得的标本用 10%福尔马林溶液固定带回实验室进行分类鉴定。

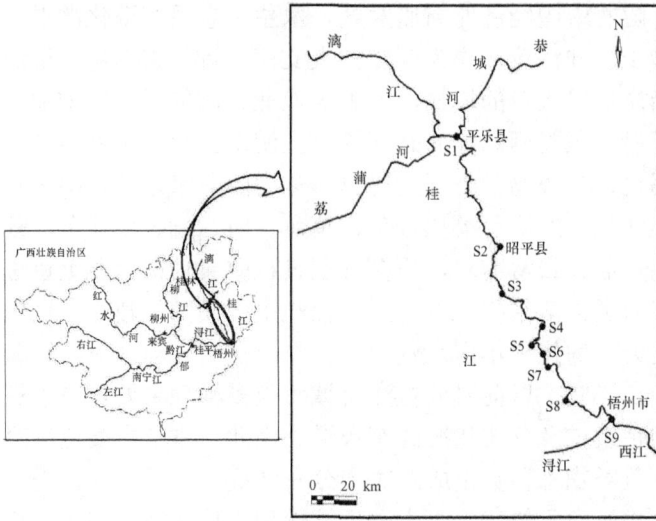

图 6.14　桂江采样点分布图

Figure 6.14　Samlping sites in the Guijiang River

3. 数据处理

为了分析 9 个采样点的鱼类群落物种多样性变化，采用 Margalef 物种丰富度指数、Shannon-Wiener 多样性指数、Pielou 均匀度指数和 Simpson 优势度指数来进行分析，公式见 6.1.1 节。

利用相对多度（relative density）可对每个采样点及全年出现的鱼类物种进行研究，分析其在整体群落中的出现频率。近年来 RD 已经被广泛用于群落优势种的分析。其公式为

$$RD=渔获 A 物种数/总渔获物种数×100\%$$

一般将 RD＞10%划为优势种，RD 在 1%-10%划为常见种，RD＜1%划为偶见种[44-46]。

运用单因素方差分析（one-way ANOVA）分别检验鱼类物种数和个体数的时空变化的显著水平；若存在显著性差异，再通过 LSD 多重比较进行两两之间的差异性检验，以 $P<0.05$ 代表显著水平。所有的统计分析均使用 SPSS 19.0 完成。

先对原始数据进行 lg（X+1）转化，然后用 PRIMER5.0 计算任意两样点间的 Bray-Curtis 相似性系数值，形成相似性矩阵。利用无度量多维排序分析不同季节和样点间鱼类群落组成的变化。利用单因素相似性分析鱼类群落时空变化的差异性水平。以 $P<0.05$ 代表显著性差异[16]。利用相似性百分比分析导致群落相似性的主要贡献物种[17]。

6.2.2　研究结果

1. 桂江鱼类物种组成

2015 年 1 月至 2015 年 10 月在桂江分 4 次采样，共获得鱼类标本 6212 尾，共计 96 种，隶属于 6 目 17 科 66 属（表 6.8）。其中鲤形目鱼类 4714 尾，隶属于 3 科 43 属，占总个体数的 75.89%。鲈形目鱼类 1244 尾，隶属于 7 科 9 属，占总个体数的 20.03%。鲇形目鱼类 183 尾，分属于 3 科 6 属，占总个体数的 2.95%。合鳃目鱼类 58 尾，隶属于 2 科 3 属，占总物种数 0.93%。鳗鲡目鱼类 8 尾，隶属于 1 科 1 属，占总个体数的 0.13%，鲱形目鱼类 4 尾，隶属于 1 科 1 属，占总个体数的 0.06%。其中鲤形目由鲤科、鳅科、平鳍鳅科构成；鲤科又由鲃亚科、雅罗鱼亚科、鲃亚科、鲌亚科、鲴亚科、鲢亚科、鲄亚科、鳊亚科、野鲮亚科、鲤亚科组成[47]。

表 6.8　桂江鱼类物种名录及分布
Table 6.8　Fish list and its distribution in the Guijiang River

种类	分布								
	梧州	倒水	京南	大郎	木格	马江	五将	昭平	平乐
鳗鲡目 Anguilliformes									
鳗鲡科 Anguillidae									
日本鳗鲡 *Anguilla japonica*	+			+			+		
鲤形目 Cypriniformes									
鳅科 Cobitidae									
条鳅亚科 Noemacheilinae									
美丽小条鳅 *Micronoemacheilus pulcher*		+		+	+	+	+	+	
横纹南鳅 *Schistura fasciolata*		+				+			
沙鳅亚科 Botiinae									
壮体沙鳅 *Botia robusta*			+			+		+	
美丽沙鳅 *Botia pulchra*		+				+			
点面副沙鳅 *Parabotia maculosa*	+	+							
花斑副沙鳅 *Parabotia fasciata*		+							
漓江副沙鳅 *Parabotia lijiangensis*	+								
大斑薄鳅 *Leptobotia pellegrini*		+							
斑纹薄鳅 *Leptobotia zebra*		+							
花鳅亚科 Cobitinae									
中华花鳅 *Cobitis sinensis*		+				+	+	+	+
泥鳅 *Misgurnus anguillicaudatus*	+	+	+			+	+	+	+

续表

种类	分布								
	梧州	倒水	京南	大郎	木格	马江	五将	昭平	平乐
鲤科 Cyprinidea									
鲌亚科 Danioninae									
宽鳍鱲 *Zacco platypus*	+	+	+	+	+	+	+	+	
马口鱼 *Opsariichthys bidens*			+	+	+	+	+	+	
南方波鱼 *Rasbora steineri*	+								+
雅罗鱼亚科 Leuciscinae									
草鱼 *Ctenopharyngodon idellus*	+			+		+		+	+
赤眼鳟 *Squaliobarbus curriculus*	+	+		+					
鲌亚科 Culterinae									
细鳊 *Rasborinus lineatus*	+								
大眼华鳊 *Sinibrama macrops*	+		+	+	+	+	+	+	+
海南似鲚 *Toxabramis houdemeri*	+								
鲦 *Hemiculter leuciculus*	+	+	+	+		+	+	+	+
伍氏半鲦 *Hemiculterella wui*	+					+	+	+	+
南方拟鲦 *Pseudohemiculter dispar*	+		+	+	+	+	+		
海南拟鲦 *Pseudohemiculter hainanensis*	+	+				+		+	+
翘嘴鲌 *Culter alburnus*	+	+	+	+		+	+	+	+
海南鲌 *Culter recurviceps*					+				
鳊 *Parabramis pekinensis*	+		+						
鲴亚科 Xenocyprinae									
银鲴 *Xenocypris argentea*	+							+	+
细鳞鲴 *Xenocypris microlepis*		+		+		+	+	+	+
鲢亚科 Hypophthalmichthyinae									
鲢 *Hypophthalmichthys molitrix*	+						+		
鮈亚科 Gobioninae									
间鳈 *Hemibarbus medius*				+				+	
花鳈 *Hemibarbus maculatus*			+			+	+	+	+
麦穗鱼 *Pseudorasbora parva*	+								
黑鳍鳈 *Sarcocheilichthys nigripinnis*					+			+	+
银鮈 *Squalidus argentatus*	+	+	+	+	+	+	+	+	+
暗斑银鮈 *Squalidus atromaculatus*									+
点纹银鮈 *Squalidus wolterstorffi*						+			
桂林似鮈 *Pseudogobio guilinensis*		+			+				+
胡鮈 *Huigobio chenhsienensis*					+			+	+
清徐胡鮈 *Microphysogobio chinssuensis*					+				

续表

种类	分布								
	梧州	倒水	京南	大郎	木格	马江	五将	昭平	平乐
棒花鱼 *Abbottina rivularis*								+	
福建小鳔鮈 *Microphysogobio fukiensis*			+	+	+	+	+	+	+
洞庭小鳔鮈 *Microphysogobio tungtingensis*									+
片唇鮈 *Platysmacheilus exiguus*					+				
鱊亚科 Acheilognathinae									
短须鱊 *Acheilognathus barbatulus*	+	+	+	+	+	+	+	+	+
越南鱊 *Acheilognathus tonkinensis*						+	+		
高体鳑鲏 *Rhodeus ocellatus*	+			+	+			+	+
鲃亚科 Barbinae									
条纹小鲃 *Puntius semifasciolatus*	+					+		+	
光倒刺鲃 *Spinibarbus hollandi*	+		+	+				+	+
倒刺鲃 *Spinibarbus denticulatus*						+			
侧条光唇鱼 *Acrossocheilus parallens*		+				+	+		+
克氏光唇鱼 *Acrossocheilus kreyenbergii*		+	+		+	+	+		+
厚唇光唇鱼 *Acrossocheilus paradoxus*					+	+			
野鲮亚科 Labeoninae									
桂华鲮 *Sinilabeo decorus*								+	
鲮 *Cirrhinus molitorella*	+	+	+	+	+			+	
卷口鱼 *Ptychidio jordani*								+	
东方墨头鱼 *Garra orientalis*	+	+							
纹唇鱼 *Osteochilus salsburyi*		+	+						
四须盘鮈 *Discogobio tetrabarbatus*					+				
鲤亚科 Cyprininae									
尖鳍鲤 *Cyprinus acutidorsalis*	+								
三角鲤 *Cyprinus multitaeniata*									+
鲤 *Cyprinus carpio*	+		+	+				+	+
鲫 *Carassius auratus*	+	+		+	+	+	+	+	+
平鳍鳅科 Balitoridae									
腹吸鳅亚科 Gastromyzoninae									
平舟原缨口鳅 *Vanmanenia pingchowensis*					+				
信宜原缨口鳅 *Vanmanenia xinyiensis*		+							
鲇形目 Siluriformes									
鲇科 Siluridae									
西江鲇 *Silurus gilberti*		+							
南方鲇 *Silurus meridionalis*								+	

续表

种类	分布								
	梧州	倒水	京南	大郎	木格	马江	五将	昭平	平乐
越南鲇 *Silurus cochinchinensis*								+	
鲇 *Silurus asotus*		+			+	+	+	+	
胡子鲇科 Clariidae									
胡子鲇 *Clarias fuscus*	+							+	
鲿科 Bagridae									
黄颡鱼 *Tachysurus fulvidraco*	+	+	+	+	+	+	+	+	+
长脂拟鲿 *Tachysurus adiposalis*									+
叉尾鮠 *Pseudobagrus tenuifurcatus*	+								
瓦氏黄颡鱼 *Pseudobagrus vachelli*	+	+			+	+	+		
越南拟鲿 *Pseudobagrus kyphus*									+
白边拟鲿 *Pseudobagrus albomargintus*			+	+					
斑鳠 *Mystus guttatus*	+	+			+			+	
大鳍鳠 *Hemibagrus macropterus*	+	+	+		+	+	+	+	+
鳉形目 Cyprinodontiformes									
胎鳉科 Poeciliidae									
食蚊鱼 *Gambusia affinis*								+	+
合鳃鱼目 Synbranchiformes									
合鳃鱼科 Synbanchidae									
黄鳝 *Monopterus albus*	+	+						+	+
刺鳅科 Mastacembelidae									
大刺鳅 *Mastacembelus armatus*	+	+	+		+		+	+	+
刺鳅 *Macrognathus aculeatus*		+					+	+	+
鲈形目 Perciformes									
鮨科 Serranidae									
花鲈 *Lateolabrax japonicus*	+								
中国少鳞鳜 *Coreoperca whiteheadi*					+		+	+	
漓江鳜 *Coreoperca loona*			+				+		
斑鳜 *Siniperca scherzeri*			+		+	+	+	+	+
丽鱼科 Cichlidae									
莫桑比克罗非鱼 *Oreochromis mossambicus*	+	+	+		+		+	+	
尼罗罗非鱼 *Oreochromis niloticus*	+	+	+	+	+	+	+	+	+
沙塘鳢科 Odontobutidae									
中华沙塘鳢 *Odontobutis sinensis*	+	+		+	+		+	+	+
海南细齿塘鳢 *Sineleotris chalmersi*				+					
虾虎鱼科 Gobiidae									

续表

种类	分布								
	梧州	倒水	京南	大郎	木格	马江	五将	昭平	平乐
子陵吻虾虎鱼 *Rhinogobius giurinus*	+		+	+	+	+	+	+	+
舌虾虎鱼 *Glossogobius giuris*	+	+	+					+	
丝足鲈科 Osphronemidae									
叉尾斗鱼 *Macropodus opercularis*					+			+	+
鳢科 Channidae									
斑鳢 *Channa maculata*	+			+	+			+	+
月鳢 *Channa asiatica*	+						+	+	+

在捕获的鱼类物种中，优势种为鳘，有 794 尾，RD 值 12.78%。个体数最少的是花斑副沙鳅、大斑薄鳅、点纹银鮈、棒花鱼、三角鲤、信宜原缨口鳅、西江鲇、南方鲇、越南鲇、长脂拟鲿、越南拟鲿、白边拟鲿、花鲈，仅发现 1 尾。

1 月共捕获鱼类 49 种，隶属于 4 目 10 科 39 属；其中，鲤形目共捕获 1795 尾，约占 83.57%，其次为鲈形目，共捕获 312 尾，占 14.53%；鲇形目占 1.86%，鳗鲡目中日本鳗鲡 1 尾。4 月共捕获鱼类 66 种，隶属于 4 目 15 科 52 属；其中，鲤形目共捕获 1229 尾，约占 73.37%，其次为鲈形目共捕获 395 尾，约占 23.58%；鲇形目约占 2.87%，鳗鲡目仅占 0.18%。7 月共捕获鱼类 64 种，隶属于 5 目 14 科 44 属；鲤形目以 74.30%占主要部分，其次鲈形目占 20.35%，鳗鲡目中日本鳗鲡捕获 3 尾，占 0.23%。鳉形目胎鳉科食蚊鱼 4 尾，占总数的 0.30%。10 月捕获鱼类 50 种，分别属于 5 目 14 科 41 属，鲤形目占 64.49%，其次为鲈形目，占 31.54%，鲇形目共捕获 43 尾，占 3.35%，合鳃目黄鳝捕获 7 尾，占 0.55%，鳗鲡目中日本鳗鲡仅获得 1 尾，占 0.08%。

桂江鱼类以鲤形目种类为主，其次为鲈形目；合鳃鱼目仅在 10 月捕获 7 尾，鳉形目仅在 7 月捕获 4 尾。从月份来看，鱼类物种数先升高后降低。4 月科、属、种在全年中都是最高（分别为 15 科 52 属 66 种），随着时间推移，鱼类物种数开始下降，1 月（冬季）达到最低（10 科 39 属 49 种）（图 6.15）。

2. 桂江鱼类优势种组成

规定 RD>10%的为优势种，全年优势种仅 1 种，为鳘，占全年总捕获量的 12.75%。1 月采样中优势种有 3 种，为伍氏半鳘、鳘、宽鳍鱲，其中伍氏半鳘共捕获 503 尾，占当季捕获量的 23.42%；鳘共捕获 329 尾，占当季捕获量的 15.32%；捕获宽鳍鱲 237 尾，占当季总捕获量的 11.03%。从空间分布上来看：伍氏半鳘主要分布在木格、五将和昭平，倒水和京南未捕获到；鳘主要分布在大郎，倒水未捕获到；宽鳍鱲主要分布在京南、马江和五将，梧州和倒水未捕获到。

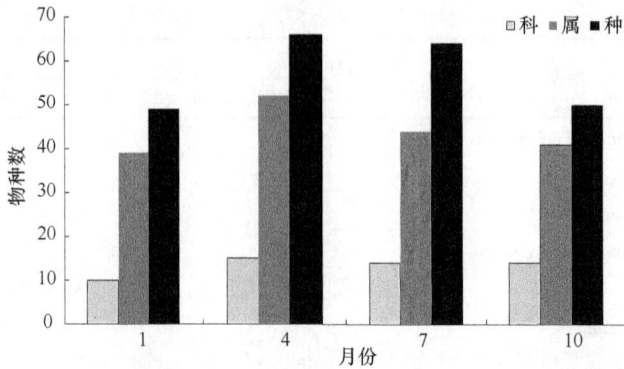

图 6.15　桂江鱼类物种组成的时间变化

Figure 6.15　Temporal variations of fish composition in the Guijiang River

4 月采样优势种不明显，其中南方拟鳘、泥鳅分别捕获 155 尾和 152 尾，分别占当季总捕获量的 9.25%和 9.13%。

7 月采样中优势种有 3 种，为鳘、大眼华鳊、南方拟鳘，其中鳘共捕获 151 尾，占当季总捕获量的 11.38%；大眼华鳊共捕获 144 尾，占当季总捕获量的 10.85%；捕获南方拟鳘142 尾，占当季总捕获量的 10.70%。从空间分布上来看：鳘主要分布在大郎，马江和平乐分别仅捕获 1 尾和 2 尾；大眼华鳊主要分布在倒水、木格和大郎，马江仅捕获到 2 尾；南方拟鳘主要分布在京南，马江和平乐未捕获到，大郎也仅捕获 2 尾。

10 月采样中优势种有 3 种，为鳘、莫桑比克罗非鱼、尼罗罗非鱼，其中鳘共捕获 205 尾，占当季捕获量的 15.97%；莫桑比克罗非鱼共捕获 191 尾，占当季总捕获量的 14.88%；捕获尼罗罗非鱼 130 尾，占当季总捕获量的 10.12%。从空间分布上来看：鳘主要分布在大郎，梧州、倒水、京南、五将和昭平均未捕获到；莫桑比克罗非鱼主要分布在梧州和木格，倒水未捕获到；尼罗罗非鱼主要分布在梧州、京南、木格和五将，平乐未捕获到。

3. 桂江鱼类多样性变化

桂江鱼类物种多样性的季节变化结果（图 6.16）显示：4 月（春季）和 7 月（夏季）的 Margalef 丰富度指数（D_{ma}）相同且最大，为 8.76，1 月（冬季）最小（6.26）。而其 Pielou 均匀度指数（J）却刚好相反，4 月（春季）最小为 0.05，1 月（冬季）达到最大为 0.11。Shannon-Wiener 多样性指数（H_e'）和优势度指数（λ）在 7 月（夏季）达到最大，分别为 3.31 和 0.80，1 月（冬季）达到最小，为 2.70 和 0.69。7 月（夏季）鱼类多样性达到最高且物种最丰富，1 月（冬季）鱼类多样性和丰富度都达到全年最低。

从图 6.17 可以看出：马江的 Margalef 指数（D_{ma}）最大（7.61），京南最小（4.12），说明马江鱼类物种比较丰富。对于优势度指数（λ）而言，最大值出现在昭平（0.37），最小值出现在木格（0.06），说明昭平优势种明显，而大郎优势种不明显。梧州、倒水和马江的优势度指数一样（0.07）。Shannon-Wiener 多样性指数（H_e'）最大值出现在马江（3.12），最小值出现在昭平（1.70）。倒水的 Pielou 均匀度指数（J）最大（0.83），说明倒水鱼类分布比其他地区均匀；而昭平最低（0.50）。马江 Margalef 指数（D_{ma}）和 Shannon-Wiener 多样性指数均比其他采样点大（分别为 7.61 和 3.12），说明马江鱼类物种非常丰富且多样性最高。昭平 Pielou 均匀度和多样性指数最小（0.50 和 4.25），说明昭平鱼类物种多样性比较低且分布不均匀。

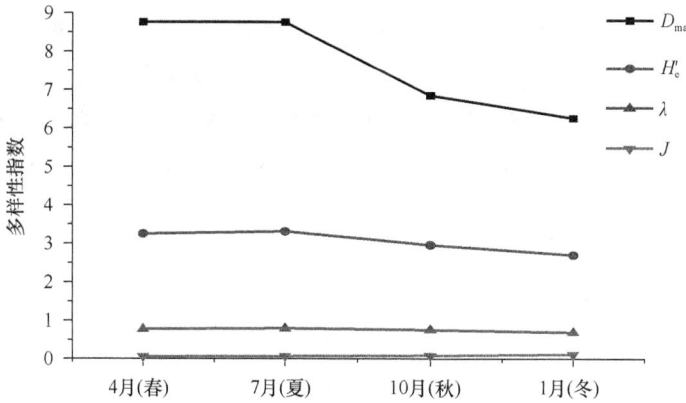

图 6.16　桂江鱼类多样性指数的季节变化

Figure 6.16　Seasonal variation of diversity index of fish in the Guijiang River

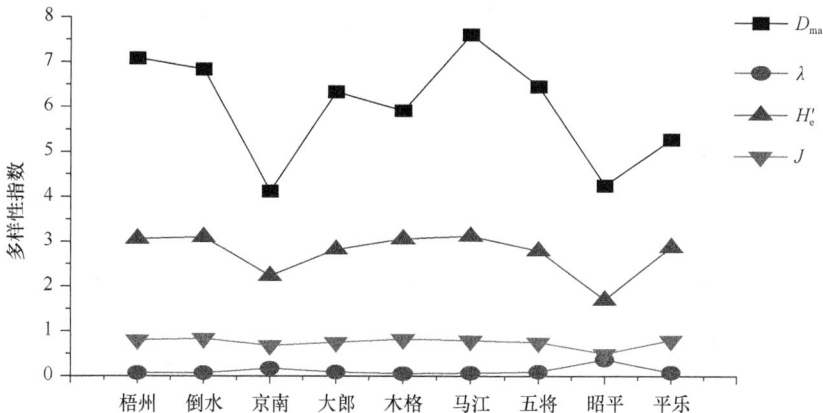

图 6.17　桂江鱼类多样性指数的空间变化

Figure 6.17　Spatial variation of diversity index of fish in the Guijiang River

4. 鱼类群落结构的时空变化格局

利用无度量多维排序（NMDS）对数据进行处理获得整个桂江时空鱼类群落格局变化关系图。其中胁强系数（stress）$S>0.2$ 表示吻合较差，$0.1<S<0.2$ 表示吻合一般，$0.05<S<0.1$ 表示吻合较好，$S<0.05$ 表示吻合极好。由此可知本次的NMDS 分析能够反映时间和空间的相似程度。利用单因子相似性分析（ANOSIM）对不同采样点时间和空间群落结构差异的显著性进行分析，$P<0.05$ 表示存在显著差异。

根据鱼类群落的无度量多维时间排序图（NMDS）显示（图 6.18）：4 月在图左下角聚成一团，7 月在右下角聚成一团，这说明四季之间存在显著差异性。单因素相似性分析结果也显示季节性变化差异较大。无度量多维空间排序图（NMDS）显示（图 6.19）：除了平乐点外，其余各点能在图中间聚成一团，表明大多数采样点之间鱼类群落结构存在显著相关性。单因素相似性分析（ANOSIM）显示：梧州和倒水、梧州和大郎、梧州和昭平、倒水和大郎、京南和平乐、京南和大郎、大郎和五将、大郎和昭平、大郎和平乐、马江和平乐存在显著性差异。

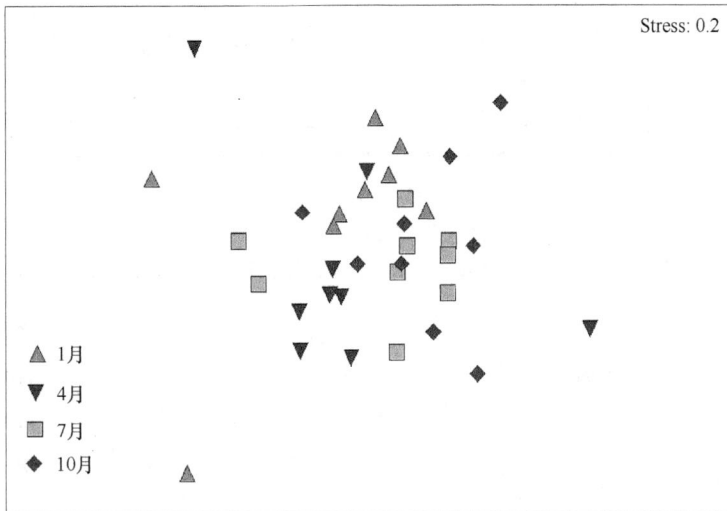

图 6.18　桂江鱼类群落无度量多维时间排序图

Figure 6.18　NMDS ordination of temporal variation of fish assemblage in the Guijiang River

6.2.3　分析与讨论

1. 鱼类物种组成及分布特征

桂江鱼类主要以上层鱼类为主（如鲨、伍氏半鲨、宽鳍鱲等）。这些鱼类基本

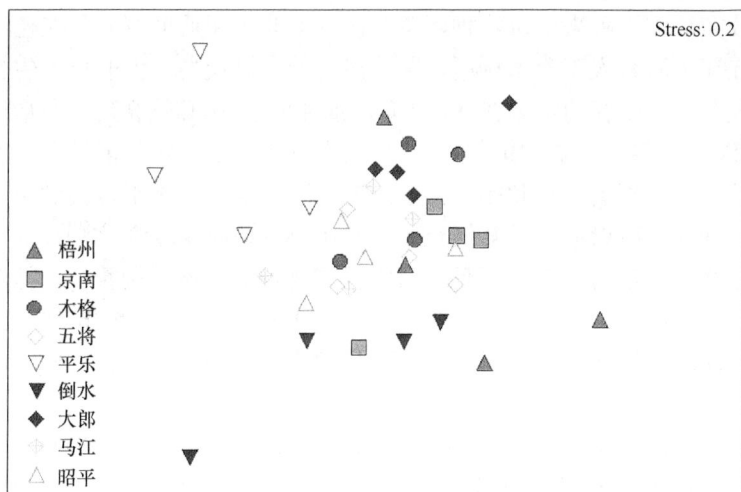

图 6.19　桂江鱼类群落无度量多维空间排序图

Figure 6.19　NMDS ordination of spatial variation of fish assemblage in the Guijiang River

属于湖泊型鱼类，这与以喜急流型鱼类（鳅科、平鳍鳅科）为主的漓江上游有一定的环境差异性。从桂江鱼类组成上看，1 月鱼类数量较低（49 种），4 月达到最高（66 种），7 月为 64 种，10 月为 50 种。鱼类物种数的变化主要体现在鲤形目数量变化上，1 月和 10 月鲤形目物种数分别为 27 种和 25 种，4 月和 7 月则分别为 31 种和 34 种。造成这些现象的原因是：①冬季水温比较低，这会影响鱼类的觅食活动强度和范围，造成物种捕捞量的减少。②每年 4 月昭平县和梧州市水产畜牧局都会组织开展人工增殖放流活动，主要以"四大家鱼"为主，辅以黄颡鱼、鲇、鲤等。此外，4-6 月是珠江水系的禁渔期，会给鱼类提供生养繁息的机会。

2. 桂江鱼类优势种及多样性变化

桂江全年鱼类优势种为𩽾，但是各个季节的优势种略有差异。1 月的优势种是伍氏半𩽾、𩽾、宽鳍鱲，4 月优势种不明显，7 月的优势种为𩽾、大眼华鳊、南方拟𩽾，10 月的优势种为𩽾、莫桑比克罗非鱼、尼罗罗非鱼。1 月以伍氏半𩽾作为第一优势种，而 7 月和 10 月则以𩽾作为第一优势种。

𩽾作为全年优势种的原因是：𩽾产卵期在 4 月，繁盛期在 5 月，且繁殖能力很强，在广西分布很广。𩽾、伍氏半𩽾、宽鳍鱲、南方拟𩽾均属于山区溪流型鱼类，主要分布在上层水域，最易被捕获。大眼华鳊属于中小型鱼类，喜缓流和湖泊，产卵期集中在 4-5 月，繁盛期在 7 月，桂江部分湖泊型河道给大眼华鳊提供良好的繁殖场所。7 月大眼华鳊主要出现在倒水、大郎、木格，分别占该地捕获量的28.3%、15.6%、19.1%。莫桑比克罗非鱼和尼罗罗非鱼在桂江水域（除平乐外）

全年均有分布，作为外来引进物种，莫桑比克罗非鱼和尼罗罗非鱼在桂江缺少天敌以及在桂江下游有人工养殖场所，因此出现频率比较高。罗非鱼的生长对水温的要求比较苛刻，生存的水温在 15-35℃，水温低于 10℃就会死亡，最适生长温度在 28-32℃，繁殖水温在 20℃以上。因此在春季、夏季虽然能捕获罗非鱼，但是数量比较少，主要集中在秋季。由于纬度原因，桂江上游平乐县到中下游梧州市水温逐步增加，所以在平乐县捕获较少而在中下游捕获较多[48-50]。

物种多样性指数可以较全面反映研究区域物种的群落结构特征，桂江群落多样性指数呈现明显的时间和空间变化。Margalef 丰富度指数（D_{ma}）和 Shannon-Wiener 多样性指数（H_e'）在 7 月（夏季）达到最高（分别为 8.76 和 3.31），冬季达到最低（分别为 6.26 和 2.70）。说明 7 月鱼类数量(鳌占当季捕获量的 6.5%，南方拟鳌占 7.3%，海南拟鳌占 9.3%)、丰富度、多样性都保持在较高水平。但随着时间推移，10 月（秋季）以后丰富度、多样性开始降低。但是优势鱼种越来越明显，1 月（冬季）均匀度达到最大（0.11）。1 月（冬季）水温较低，部分上层鱼类活动强度减小使得多样性和丰富度降低，从采样来看，冬季鲤科、鳜科、鳢科等物种数急剧减少。

从空间来看：各采样点的物种多样性变化比较复杂，马江点丰富度指数（D_{ma}）和多样性指数（H_e'）均比其他各点高，说明马江鱼类物种多样性高、比较丰富。从地理位置上看，马江采样点处于金牛坪电站和京南电站之间，河流的库区化为鱼类提供良好的生长环境。库区内采砂活动比下游少，不会对生态环境产生较大干扰。其物种分布比较均匀，但优势种不明显。京南丰富度指数和多样性指数比较低，主要是因为京南采样点刚好设在京南水电站的下游 1km 处，电站的运行使小范围内水文波动比较大，使得鱼类多样性和丰富度降低。数据表明宽鳍鳢、南方拟鳌等上层鱼类分布较多，而鲈形目、鲇形目等中下层鱼类较其他样点明显减少。昭平点除优势度比其他地区大，丰富度、均匀度和多样性都处于最低水平。

3. 鱼类群落结构的时空变化

无度量多维时间排序图和单因素相似性分析显示桂江鱼类群落在季节上存在明显的差异性。通常认为鱼类繁殖、洄游等习性以及气候异常变化等因素会引起鱼类群落结构变化。从图 6.18 可以看出：4 月单独在图的左下角聚成一团，主要是因为 4 月是桂江鱼类的禁渔期和繁殖季节，鱼类物种无论是多样性和丰富度都有明显的增加。从捕获的鱼类来看，洄游型鱼类（日本鳗鲡）较少，不会对整体鱼类群落结构产生较大影响。气象数据显示区域内气候变化明显，年内 72%以上降水集中在春夏，而秋冬季则出现干旱，所以 1 月与其他月份存在差异性。而漓江上游和下游的研究表明四季差异性不明显，从侧面反映桂江与漓江的生境及气

候存在差异性

在空间上除平乐、京南和大郎外其他采样点之间不存在显著性差异。平乐单独地聚集在左上角，主要是因为：①平乐与下游采样点之间距离较远，鳅科（泥鳅）、鮨科（斑鳜）、丽鱼科（尼罗罗非鱼）均只捕获 1 种，此外鲇科未捕获，这与其他 8 个采样点存在明显的差异。②除平乐外，其他各个采样点均分布在库区内，独特的库区环境使得平乐点与其他点存在地理差异。此外人类活动（过度采砂、河道硬质化等）也会引起区域内水生微生物灭绝，进一步改变鱼类群落结构[51,52]。

6.3　漓江与广西周边水系鱼类比较分析

漓江、桂江、红水河、柳江、西江 5 条河流构建了广西中北部主要水系网（图 6.20）。其中漓江在桂江上游同属于桂江水系，在地理位置上桂江水系、红水河、柳江则处于平行位置，4 条河流最终汇流进入西江。

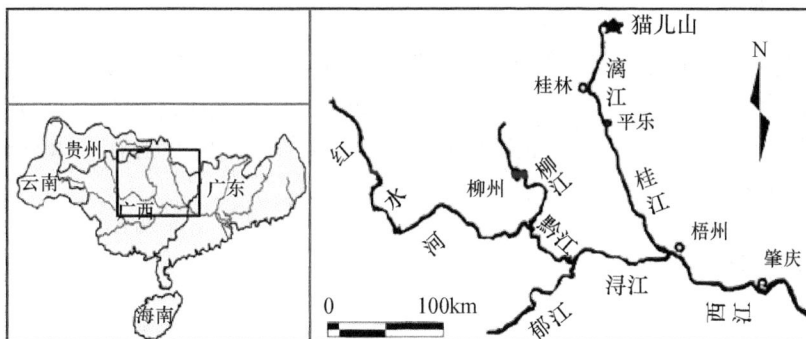

图 6.20　广西 5 条河流分布图
Figure 6.20　Location of five rivers in the Guangxi Region

6.3.1　材料与方法

1. 数据来源

对漓江、桂江、红水河、柳江、西江 5 条河流的鱼类研究资料进行整理，运用 PRIMER5.0 软件对数据进行分析。所有鱼类名称根据 fishbase 网站（www.fishbase.org）进行校正。

2. G-F 指数分析

根据保护区内鱼类的物种组成，分别计算 G 指数和 F 指数，然后用 G/F

进行标准化。*G-F* 指数值既可以为正也可以为负。*F* 指数 D_F（科的多样性）计算式为

$$D_F = \sum_{k=1}^{m} D_{F_k} = -\sum_{k=1}^{m}\sum_{i=1}^{n} p_i \ln p_i$$

式中，$p_i = \dfrac{S_{ki}}{S_k}$，$S_{ki}$ 为名录中 k 科 i 属中的物种数；S_k 为名录中 k 科的物种数；n 为 k 科中的属数；m 为名录中鱼类的科数。

G 指数 D_G（属的多样性）计算：$D_G = -\sum_{j=1}^{p} D_{Gi} = -\sum_{j=1}^{p} q_j \ln q_j$

式中，$q_j = S_j/S$，S_j 为 j 属中的物种数；S 为名录中鱼类的物种数；p 为名录中鱼类的属数。多样性 D_{G-F} 指数计算：

$$D_{G-F} = 1 - \frac{D_G}{D_F}$$

3. 聚类分析

本研究将 5 条河流作为独立区域，以鱼类在各区域中有分布或无分布作为二元性状，有分布的编码为"1"，无分布的编码为"0"。对上述数据以分布区域为分类单元，以物种的分布为性状进行聚类分析。本研究采用 PRIMER5.0 软件利用等级聚类分析 5 条河流之间鱼类物种关系。

6.3.2 研究结果

1. 鱼类物种组成

5 条河流调查鱼种共为 204 种，隶属 13 目 30 科，约占广西鱼类 290 种的 70.35%[46]。其中，鲤形目为 3 科 136 种，占总数的 66.67%，鲈形目 7 科 24 种，占总数的 11.77%，鲇形目 7 科 23 种，占总数的 11.28%。鲱形目 2 科 2 种，脂鲤目 2 科 2 种，鳉形目 1 科 1 种，鲀形目 1 科 2 种，鳗鲡目 1 科 2 种，鲑形目 1 科 2 种，鲻形目 1 科 1 种，颌针鱼目 1 科 1 种，合鳃鱼目 2 科 3 种，鲽形目 1 科 1 种。其中美丽小条鳅、壮体沙鳅、中华花鳅、泥鳅、宽鳍鱲、草鱼、鳘、银鲴、鲢、麦穗鱼、银鮈、点纹银鮈、高体鳑鲏、条纹小鲃、倒刺鲃、鲮、鲤、鲫、鲇、胡子鲇、黄颡鱼、斑鳠、斑鳜、子陵吻虾虎鱼、斑鳢、大刺鳅在 5 条河流里均有出现，说明这些物种属于广布种。而花鳅、七丝鲚、太湖新银鱼、条纹鲮脂鲤、短盖巨脂鲤等 61 种鱼仅在 5 条河里出现一次（表 6.9）。

表 6.9　广西 5 条河流鱼类名录

Table 6.9　Fish list of five rivers in the Guangxi Region

物种名	分布				
	桂江	漓江	西江	柳江	红水河
鲱形目 Clupeiformes					
鲱科 Clupeidae					
花鰶 *Clupanodon thrissa*			+		
鳀科 Engraulidae					
七丝鲚 *Coilia grayii*			+		
鳗鲡目 Anguilliformes					
鳗鲡科 Anguillidae					
花鳗鲡 *Anguilla marmorata*			+		+
日本鳗鲡 *Anguilla japonica*	+	+		+	+
鲑形目 Salmoniformes					
银鱼科 Salangidae					
太湖新银鱼 *Neosalanx taihuensis*					+
白肌银鱼 *Salanx chinensis*			+		
脂鲤目 Characiformes					
原唇齿脂鲤科 Prochilodontidae					
条纹鲮脂鲤 *Prochilodus lineatus*			+		
锯脂鲤科 Serrasalmidae					
短盖巨脂鲤 *Colossoma brachypomus*			+		
鲤形目 Cypriniformes					
鳅科 Cobitidae					
条鳅亚科 Noemacheilinae					
美丽小条鳅 *Micronoemacheilus pulcher*	+	+	+	+	+
平头平鳅 *Oreonectes platycephalus*		+		+	
横纹条鳅 *Noemacheilus fasciolatus*				+	
无斑南鳅 *Schistura incerta*		+		+	
横纹南鳅 *Schistura fasciolata*	+	+			+
沙鳅亚科 Botiinae					
壮体沙鳅 *Botia robusta*	+	+	+	+	+
美丽沙鳅 *Botia pulchra*	+			+	+
点面副沙鳅 *Parabotia maculosa*	+				
花斑副沙鳅 *Parabotia fasciata*	+		+	+	+
武昌副沙鳅 *Parabotia banarescui*				+	
漓江副沙鳅 *Parabotia lijiangensis*	+	+			
大斑薄鳅 *Leptobotia pellegrini*	+			+	+

续表

物种名	分布				
	桂江	漓江	西江	柳江	红水河
斑纹薄鳅 *Leptobotia zebra*	+	+			+
花鳅亚科 Cobitinae					
中华花鳅 *Cobitis sinensis*	+	+	+	+	+
泥鳅 *Misgurnus anguillicaudatus*	+	+	+	+	+
鲤科 Cyprinidea					
鲌亚科 Danioninae					
宽鳍鱲 *Zacco platypus*	+	+	+	+	+
拟细鲫 *Nicholsicypris normalis*			+		
马口鱼 *Opsariichthys bidens*	+	+		+	+
瑶山鲤 *Yaoshanicus arcus*				+	+
南方波鱼 *Rasbora steineri*	+		+	+	
雅罗鱼亚科 Leuciscinae					
青鱼 *Mylopharyngodon piceus*		+	+	+	+
草鱼 *Ctenopharyngodon idellus*	+	+	+	+	+
赤眼鳟 *Squaliobarbus curriculus*	+		+	+	+
大眼黑线鳘 *Atrilinea macrops*				+	
鳡 *Ochetobius elongatus*			+	+	+
鳡 *Elopichthys bambusa*			+		+
鲌亚科 Cultrinae					
银飘鱼 *Pseudolaubuca sinensis*			+	+	+
大眼华鳊 *Sinibrama macrops*	+	+		+	
海南似鲚 *Toxabramis houdemeri*	+		+		
鳘 *Hemiculter leucisculus*	+	+	+	+	+
四川半鳘 *Hemiculterella sauvagei*			+		
伍氏半鳘 *Hemiculterella wui*	+			+	
细鳊 *Metzia lineata*	+	+	+		+
台细鳊 *Rasborinus formosae*			+		
南方拟鳘 *Pseudohemiculter dispar*	+	+		+	+
海南拟鳘 *Pseudohemiculter hainanensis*	+	+		+	+
红鳍原鲌 *Chanodichthys erythropterus*			+		
蒙古鲌 *Chanodichthys mongolicus*			+	+	
翘嘴鲌 *Culter alburnus*	+			+	
海南鲌 *Culter recurviceps*	+	+	+		
大眼近红鲌 *Ancherythroculter lini*				+	+
鳊 *Parabramis pekinensis*	+		+	+	+

续表

物种名	分布				
	桂江	漓江	西江	柳江	红水河
团头鲂 *Megalobrama amblycephala*			+		
三角鲂 *Megalobrama terminalis*			+	+	
鲴亚科 Xenocyprinae					
圆吻鲴 *Distoechodon tumirostris*				+	
银鲴 *Xenocypris argentea*	+	+	+	+	+
黄尾鲴 *Xenocypris davidi*			+	+	+
细鳞鲴 *Xenocypris microlepis*	+	+			
鲢亚科 Hypophthalmichthyinae					
鳙 *Hypopthalmichthys nobilis*		+	+	+	+
鲢 *Hypophthalmichthys molitrix*	+	+	+	+	+
鮈亚科 Gobioninae					
唇䱻 *Hemibarbus labeo*				+	+
间䱻 *Hemibarbus medius*	+			+	
花䱻 *Hemibarbus maculates*	+			+	+
花棘䱻 *Hemibarbus umbrifer*				+	+
麦穗鱼 *Pseudorasbora parva*	+	+	+	+	+
小鳈 *Sarcocheilichthys parvus*				+	+
江西鳈 *Sarcocheilichthys kiangsiensis*		+		+	
黑鳍鳈 *Sarcocheilichthys nigripinnis*	+				
银鮈 *Squalidus argentatus*	+	+	+	+	+
暗斑银鮈 *Squalidus atromaculatus*	+				
点纹银鮈 *Squalidus wolterstorffi*	+	+	+	+	+
似鮈 *Pseudogobio vaillanti*			+		
桂林似鮈 *Pseudogobio guilinensis*	+	+		+	
胡鮈 *Huigobio chenhsienensis*	+				
棒花鱼 *Abbottina rivularis*	+		+	+	+
清徐胡鮈 *Microphysogobio chinssuensis*	+	+		+	
福建小鳔鮈 *Microphysogobio fukiensis*	+	+	+	+	
乐山小鳔鮈 *Microphysogobio kiatingensis*			+	+	
长体小鳔鮈 *Microphysogobio elongatus*				+	
洞庭小鳔鮈 *Microphysogobio tungtingensis*	+			+	
片唇鮈 *Platysmacheilus exiguus*	+	+			
蛇鮈 *Saurogobio dabryi*			+	+	+
鳅鮀亚科 Gobiobotinae					
桂林鳅鮀 *Gobiobotia guilinensis*			+		

续表

物种名	分布				
	桂江	漓江	西江	柳江	红水河
南方鳅鮀 *Gobiobotia meridionalis*				+	+
鱊亚科 Acheilognathinae					
大鳍鱊 *Acheilognathus macropterus*					+
须鱊 *Acheilognathus barbatus*				+	
短须鱊 *Acheilognathus barbatulus*	+			+	
越南鱊 *Acheilognathus tonkinensis*	+	+		+	+
广西鱊 *Acheilognathus meridianus*		+			
高体鳑鲏 *Rhodeus ocellatus*	+	+	+	+	+
彩色鳑鲏 *Rhodeus lighti*			+		+
鲃亚科 Barbinae					
条纹小鲃 *Puntius semifasciolatus*	+	+	+	+	+
光倒刺鲃 *Spinibarbus hollandi*	+	+		+	+
倒刺鲃 *Spinibarbus denticulatus*	+	+	+	+	+
单纹似鳡 *Luciocyprinus langsoni*				+	+
侧条光唇鱼 *Acrossocheilus parallens*	+	+	+		
克氏光唇鱼 *Acrossocheilus kreyenbergii*	+	+			+
北江光唇鱼 *Acrossocheilus beijiangensis*		+		+	
云南光唇鱼 *Acrossocheilus yunnnaensis*		+		+	+
厚唇光唇鱼 *Acrossocheilus paradoxus*	+				
细身光唇鱼 *Onychostoma elongatum*				+	+
长鳍光唇鱼 *Acrossocheilus longipinnis*				+	+
多耙光唇鱼 *Acrossocheilus clivosius*				+	+
粗须白甲鱼 *Onychostoma barbatum*				+	+
白甲鱼 *Onychostoma simum*				+	+
南方白甲鱼 *Onychostoma gerlachi*			+	+	+
小口白甲鱼 *Onychostoma lini*				+	+
卵形白甲鱼 *Onychostoma ovale*				+	+
稀有白甲鱼 *Onychostoma rarum*				+	
瓣结鱼 *Folifer brevifilis*	+	+		+	+
叶结鱼 *Parator zonatus*					
野鲮亚科 Labeoninae					
异华鲮 *Parasinilabeo assimilis*			+		
长体异华鲮 *Parasinilabeo longicorpus*					+
桂华鲮 *Bangana decorus*	+		+	+	
伍氏华鲮 *Bangana wui*				+	+

续表

物种名	分布				
	桂江	漓江	西江	柳江	红水河
鲮 *Cirrhinus molitorella*	+	+	+	+	+
麦瑞加拉鲮 *Cirrhinus mrigala*			+		
露斯塔野鲮 *Labeo rohita*			+		+
纹唇鱼 *Osteochilus salsburyi*	+		+	+	+
直口鲮 *Rectoris posehensis*				+	+
唇鲮 *Semilabeo notabilis*				+	+
暗色唇鲮 *Semilabeo obscurus*					+
巴马拟缨鱼 *Sinocrossocheilus bamaensis*					+
柳城拟缨鱼 *Pseudocrossocheilus liuchengensis*				+	
东方墨头鱼 *Garra orientalis*			+	+	
泉水鱼 *Pseudogyrinocheilus prochilus*					+
卷口鱼 *Ptychidio jordani*			+	+	
大眼卷口鱼 *Ptychidio macrops*				+	
小口华缨鱼 *Hongshuia microstomatus*					+
多线盘鮈 *Discogobio multilineatus*					+
四须盘鮈 *Discogobio tetrabarbatus*	+		+	+	
鲤亚科 Cyprininae					
乌原鲤 *Procypris merus*				+	
尖鳍鲤 *Cyprinus acutidorsalis*	+				
三角鲤 *Cyprinus multitaeniata*	+				+
鲤 *Cyprinus carpio*	+	+	+	+	+
须鲫 *Carassioides cantonensis*				+	+
鲫 *Carassius auratus*	+	+	+	+	+
平鳍鳅科 Balitoridae					
腹吸鳅亚科 Gastromyzoninae					
平舟原缨口鳅 *Vanmanenia pingchowensis*	+	+		+	+
线纹原缨口鳅 *Vanmanenia lineata*				+	
信宜原缨口鳅 *Vanmanenia xinyiensis*	+				
巴马似原吸鳅 *Paraprotomyzon bamaensis*					+
厚唇原吸鳅 *Yaoshania pachychilus*				+	
中华原吸鳅 *Protomyzon sinensis*				+	
长汀拟腹吸鳅 *Pseudogastromyzon changtingensis*				+	
方氏品唇鳅 *Pseudogastromyzon fangi*				+	
贵州爬岩鳅 *Beaufortia kweichowensis*		+		+	
平鳍鳅亚科 Homalopterinae					

物种名	分布				
	桂江	漓江	西江	柳江	红水河
广西华平鳅 *Balitora kwangsiensis*				+	+
伍氏华吸鳅 *Sinogastromyzon wui*				+	+
鲇形目 Siluriformes					
鲇科 Siluridae					
西江鲇 *Silurus gilberti*	+		+		
南方鲇 *Silurus meridionalis*	+			+	+
越南鲇 *Silurus cochinchinensis*	+	+		+	+
鲇 *Silurus asotus*	+	+	+	+	+
胡子鲇科 Clariidae					
胡子鲇 *Clarias fuscus*	+	+	+	+	+
革胡子鲇 *Clarias gariepinus*			+		+
长臀鮠科 Cranoglanididae					
长臀鮠 *Cranoglanis bouderius*		+	+	+	+
鲿科 Bagridae					
黄颡鱼 *Tachysurus fulvidraco*	+	+	+	+	+
条纹鮠 *Tachysurus virgatus*			+	+	
纵带鮠 *Tachysurus argentivittatus*			+	+	
长脂拟鲿 *Tachysurus adiposalis*	+				
瓦氏黄颡鱼 *Pseudobagrus vachelli*	+		+	+	+
粗唇鮠 *Pseudobagrus crassilabris*		+	+		+
叉尾鮠 *Pseudobagrus tenuifurcatus*	+				
越南拟鲿 *Pseudobagrus kyphus*	+				
细体拟鲿 *Pseudobagrus pratti*		+		+	
白边拟鲿 *Pseudobagrus albomargintus*	+	+			
斑鳠 *Mystus guttatus*	+	+	+	+	+
大鳍鳠 *Hemibagrus macropterus*	+	+		+	+
钝头鮠科 Amblycipitidae					
鳗尾鮡 *Liobagrus anguillicauda*				+	
鮡科 Sisoridae					
福建纹胸鮡 *Glyptothorax fokiensis*		+	+	+	+
长尾鮡 *Pareuchiloglanis longicauda*					+
鮰科 Ictaluridae					
斑点叉尾鮰 *Ictalurus punctatus*			+		
鲻形目 Mugiliformes					
鲻科 Mugilidae					

续表

物种名	分布				
	桂江	漓江	西江	柳江	红水河
鲅 *Liza haematocheila*			+		
颌针鱼目 Beloniformes					
鱵科 Hemirhamphidae					
间下鱵 *Hyporhamphus intermedius*			+		
鳉形目 Cyprinodontiformes					
胎鳉科 Poeciliidae					
食蚊鱼 *Gambusia affinis*	+		+		+
合鳃鱼目 Synbranchiformes					
合鳃鱼科 Synbanchidae					
黄鳝 *Monopterus albus*	+		+	+	+
刺鳅科 Mastacembelidae					
大刺鳅 *Mastacembelus armatus*	+	+	+	+	+
刺鳅 *Macrognathus aculeatus*	+	+			
鲈形目 Perciformes					
鮨科 Serranidae					
花鲈 *Lateolabrax japonicus*	+		+		
中国少鳞鳜 *Coreoperca whiteheadi*	+				+
漓江鳜 *Coreoperca loona*	+	+			
斑鳜 *Siniperca scherzeri*	+	+	+	+	+
波纹鳜 *Siniperca undulata*				+	+
大眼鳜 *Siniperca knerii*		+	+	+	+
丽鱼科 Cichlidae					
莫桑比克罗非鱼 *Oreochromis mossambicus*	+		+		+
尼罗罗非鱼 *Oreochromis nilotius*	+		+		+
沙塘鳢科 Odontobutidae					
沙塘鳢 *Odontobutis obscura*				+	
中华沙塘鳢 *Odontobutis sinensis*	+	+			
海南细齿塘鳢 *Sineleotris chalmersi*	+				+
大鳞细齿塘鳢 *Neodontdoutis hainanensis*					+
尖头塘鳢 *Eleotris Oxycephala*			+	+	
虾虎鱼科 Gobiidae					
褐吻虾虎鱼 *Rhinogobius brunneus*				+	
瑶山吻虾虎鱼 *Rhinogobius yaoshanensis*				+	
子陵吻虾虎鱼 *Rhinogobius giurinus*	+	+	+	+	+
溪吻虾虎鱼 *Rhinogobius duospilus*		+	+	+	+

续表

物种名	分布				
	桂江	漓江	西江	柳江	红水河
丝鳍吻虾虎鱼 *Rhinogobius filamentosus*					+
李氏吻虾虎鱼 *Rhinogobius leavelli*		+			+
斑纹舌虾虎鱼 *Glossogobius olivaceus*			+		
舌虾虎鱼 *Glossogobius giuris*	+				
攀鲈科 Anabantidae					
攀鲈 *Anabas testudineus*			+		
丝足鲈科 Osphronemidae					
叉尾斗鱼 *Macropodus opercularis*	+	+	+	+	
鳢科 Channidae					
斑鳢 *Channa maculata*	+	+	+	+	+
月鳢 *Channa asiatica*	+		+	+	+
鲽形目 Pleuronectiformes					
舌鳎科 Cynoglossidae					
三线舌鳎 *Cynoglossus trigrammus*			+		
鲀形目 Tetraodontiformes					
鲀科 Tetraodontidae					
弓斑东方鲀 *Takifugu ocellatus*			+	+	
虫纹东方鲀 *Takifugu vermicularis*			+		

2. 广西 5 条河流鱼类多样性特征

根据 5 条河流鱼类的分布组成和 *G-F* 指数计算公式获得 *F* 指数、*G* 指数和 *G-F* 指数（表 6.10）。从表可以看出：柳江鱼类 *F* 指数最大（20.34），说明科级多样性水平高。其次为红水河，*F* 指数达到 17.29。漓江的 *F* 指数最小（11.09）。从各河流的 *G* 指数来看，桂江的属的多样性最大（5.32）。西江、柳江、红水河三者

表 6.10　广西 5 条河流鱼类生物多样性指数
Table 6.10　Biodiversity index variation of fish for five rivers in the Guangxi Region

地点	*F* 指数	*G* 指数	*G-F* 指数
漓江	11.09	3.72	0.66
桂江	14.23	5.32	0.63
西江	14.79	4.23	0.71
柳江	20.34	4.26	0.79
红水河	17.29	4.18	0.76

属的多样性指数相差不大。漓江 G 指数最低（3.72），这与在漓江仅捕获 66 种鱼相符（隶属于 50 属）。从 G-F 指数水平来看，柳江指数最大（0.79），说明属级别的多样性水平高。其次为红水河（0.76）、西江（0.71）和漓江（0.66），而桂江的 G-F 指数最低（0.63）。当地区捕获的物种数越多时，F 指数、G 指数、G-F 指数也会变大，说明地区科、属多样性水平取决于物种数的多少。

3.5 条河流鱼类物种相似性分析

由表 6.11 可以看出桂江与漓江之间相似性要比桂江和红水河之间的相似性高（58.07%＞56.59%）。在这几组对比中，红水河与柳江之间的相似性最大（65.85%）。而漓江与西江之间的相似性最小（41.83%）。红水河与漓江（52.33%）和红水河与西江（51.23%）之间的相似性非常接近，说明这 3 个地方鱼类物种组成非常相似。从图 6.21 看出：5 条河流被分为 3 组，其中漓江先和桂江聚成一组，说明两者关系比其他 3 个地方密切。因为漓江在桂江上游，属于桂江水系。其次红水河和柳江聚成一组，最后两大组与西江组成聚类组。西江位于所有河流的下游，通过浔江和黔江与红水河和柳江联系，所以鱼类物种与其他河流有一定差异性。

表 6.11　广西 5 条河流鱼类物种之间的相似性　　　　（单位：%）

Table 6.11　The similarity of fish species among Five Rivers in the Guangxi Region

	桂江	漓江	西江	柳江	红水河
桂江	—	—	—	—	—
漓江	58.07	—	—	—	—
西江	47.31	41.83	—	—	—
柳江	54.15	50.00	45.82	—	—
红水河	56.59	52.33	51.23	65.85	—

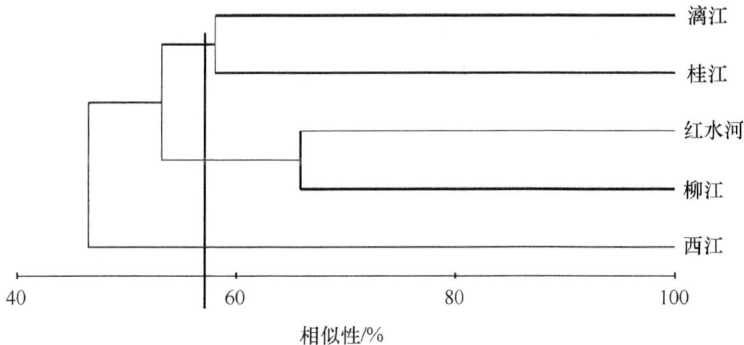

图 6.21　广西 5 条河流鱼类聚类分析图

Figure 6.21　The cluster of five rivers in the Guangxi Region based on fish

6.3.3 分析与讨论

1. 鱼类物种组成及多样性

将 5 条河流鱼类进行对比发现有 61 种鱼只分布在 5 条河流中的一条，而有 25 种在 5 条河均有分布。在 204 种鱼中，鲤形目鱼类所占比例最大（67.65%），其次为鲈形目和鲇形目。此外，单目单科鱼类 7 种。5 条河流中，柳江获得鱼类最为丰富达到 134 种，而漓江仅获得 70 种。蒋志刚指出：与生态多样性不同的是，利用动植物名录和 G-F 指数就可以评价不同地区动植物科属间生物多样性[53]。在对漓江、桂江、红水河和柳江、西江 5 条河流内淡水鱼类的多样性分析我们发现，当所捕获的鱼类品种多且较均匀地分布在各科属时，G 指数、F 指数和 G-F 指数都会显示较大的值，如柳江鱼类比较均匀地分布在 16 科内，其各指数都比较大。当某个地区所获得鱼的品种较多但不能均匀地分布在各科属，若出现单科单属的现象，这样会对 F 指数贡献值为 0，导致 G 指数变大，F 指数变小。例如，桂江的 F 指数较小，但 G 指数却是最大。总体来看，红水河和柳江、西江 3 条河流的 G 指数差异较小，而 F 指数差异比较大。从数据看：红水河虽然捕获的鱼类物种数最多，但是由于上游梯级运站的影响，导致 G-F 指数小于柳江，由于桂江人口压力增大、人类活动频繁和环境恶化等因素的影响导致其生物多样性最小。

生态多样性测度方法主要体现在种的多样性，而 G-F 指数主要体现在科属水平上的多样性，因此能够反映群落的整体多样性水平[53]。在研究大范围且没有具体捕获量地区的鱼类多样性时，G-F 指数能够整体把握研究区域的生物多样性，为改善鱼类生存环境提供科学依据。

2. 不同水系鱼类群落比较分析

在对 5 条河流进行聚类分析时发现，5 条河流之间鱼类物种相似度超过 40%，且聚类分析关系与河流地理位置及流向完全吻合，说明河流鱼类多样性在空间上有很大的联系。在对漓江与桂江分析时发现，有 43 种鱼类同时出现在漓江与桂江里，且鲤形目占 48.8%。因为漓江位于桂江上游，所以大部分鱼类在桂江都可以获得。但桂江在平乐县有恭城河和荔浦河汇入，在昭平县有思勤江、富群江和桂花江汇入。所以桂江生境要比漓江复杂，鱼类物种数总体要比漓江丰富。此外漓江环境压力比较大，导致近年漓江鱼类物种数持续减少，这也会影响两江之间鱼类相似度[54]。

在对红水河和柳江分析时发现有 79 种鱼在柳江和红水河同时发现。其中鲤形目有 50 种，占相同鱼种的 63.3%。红水河与柳江都处于岩溶地带，水急滩多，河流落差大，喜急流的山区型鱼类（鳅科、马口鱼、宽鳍鱲和鮡亚科等）占相同鱼种的 70.1%。从历史数据来看，红水河曾记录有 192 种鱼类，但是梯级电站的建立破坏了当地的鱼类生境，2009 年仅捕获（不含调查访问鱼种）113 种[55]。说明人类活动的干扰严重影响鱼类的物种组成，也导致与柳江存在差异性。在地理位置上看，桂江直接与西江相连，红水河和柳江通过黔江和浔江相连，使得西江河水丰盈、矿物质和有机质丰富，定居型鱼类（鲮、赤眼鳟、鲤等）占主要部分，这使得西江与其余 4 条河流有显著差别[56]。

参 考 文 献

[1] 广西壮族自治区地方志编纂委员会. 广西通志: 自然地理志. 南宁: 广西人民出版社, 1994.

[2] Li J H, Huang L L, Sato T, et al. Distribution pattern, threats and conservation of fish biodiversity in the East Tiaoxi, China. Environmental Biology of Fishes, 2013, 96(4): 519-533.

[3] He Y, Wang J, Lek-Ang S, et al. Predicting assemblages and species richness of endemic fish in the upper Yangtze River. Science of the Total Environment, 2010, 408(19): 4211-4220.

[4] 唐家汉, 陈锡涛. 湘江污染对鱼类资源的影响. 淡水渔业, 1983, (6): 15-18.

[5] 陈向阳. 湘江株洲段天然渔业资源调查研究. 中国渔业经济, 2010, 28(1): 99-104.

[6] 贺旭成. 湘江长沙段渔业资源现状及保护对策. 当代水产, 2007, (9): 4-5.

[7] 丁德明, 廖伏初, 李鸿, 等. 湖南湘江渔业资源现状及保护对策.中国南方十六省(市, 区)水产学会渔业学术论坛第二十六次学术交流大会论文集(上册). 重庆. 2010: 122-136.

[8] 杨纫章. 湘江流域水文地理. 地理学报, 1957, 23(2): 161-182.

[9] 湖南省水文水资源勘测局. 湖南省水文志. 北京: 中国水利水电出版社, 2006.

[10] 黄亮亮, 吴志强, 胡茂林, 等. 江西省庐山自然保护区鱼类物种多样性. 南昌大学学报(理科版), 2008, 32(2): 161-164.

[11] 广西壮族自治区水产研究所, 中国科学院动物研究所. 广西淡水鱼类志. 第二版. 南宁: 广西人民出版社, 2005.

[12] 湖南省水产科学研究所. 湖南淡水鱼类志. 长沙: 湖南科学技术出版社, 1980.

[13] Yan Y Z, Xiang X Y, Chu L, et al. Influences of local habitat and stream spatial position on fish assemblages in a dammed watershed, the Qingyi Stream, China. Ecology of Freshwater Fish, 2011, 20(2): 199-208.

[14] 刘斌, 张远, 渠晓东, 等. 辽河干流自然保护区鱼类群落结构及其多样性变化. 淡水渔业, 2013, 43(3): 49-55.

[15] 朱召军, 吴志强, 黄亮亮, 等. 漓江上游鱼类物种组成及其多样性分析. 四川动物, 2015, 34(1): 126-132.

[16] Hossain M S, Das N G, Sarker S, et al. Fish diversity and habitat relationship with environmental variables at Meghna river estuary, Bangladesh. The Egyptian Journal of Aquatic Research, 2012, 38(3): 213-226.

[17] 邓朝阳, 朱仁, 严云志. 长江芜湖段鱼类多样性及其群落结构的时空格局. 淡水渔业, 2013, 43(1): 28-36.

[18] 师瑞丹, 吴志强, 黄亮亮, 等. 湘江上游区桂北江段鱼类物种多样性研究. 广西师范大学学报: 自然科学版, 2015, 33(4): 127-136.

[19] 师瑞丹. 湘江上游区桂北江段鱼类物种多样性及区系分析. 桂林: 桂林理工大学硕士学位论文, 2016.

[20] 黄亮亮. 东苕溪鱼类环境生物学及河流健康评价指标体系研究. 上海: 同济大学博士学位论文, 2012.

[21] 代应贵, 陈毅峰. 清水江的鱼类区系及生态类型. 生态学杂志, 2007, 26(5): 682-687.

[22] 朱瑜, 蔡德所, 周解, 等. 漓江鱼类生态类型及生物多样性变化情况. 广西师范大学学报(自然科学版), 2012, 30(4): 146-151.

[23] 程兴华. 长江靖江段沿岸鱼类群聚的物种多样性及生态特征的时间格局. 上海: 上海海洋大学硕士学位论文, 2011.

[24] 吴江, 吴明森. 金沙江的鱼类区系. 四川动物, 1990, 9(3): 23-26.

[25] 陈宜瑜, 曹文宣, 郑慈英. 珠江的鱼类区系及其动物地理区划的讨论. 水生生物学报, 1986, 10(3): 228-236.

[26] 李思忠. 中国淡水鱼类的分布区划. 上海: 上海人民出版社, 1981.

[27] 张鹗, 陈宜瑜. 赣东北地区鱼类区系特征及我国东部地区动物地理区划. 水生生物学报, 1997, 21(3): 254-261.

[28] Karr J R, Dudley D R. Ecological perspective on water quality goals. Environmental Management, 1981, 5(1): 55-68.

[29] 王文剑, 储玲, 司春, 等. 秋浦河源国家湿地公园溪流鱼类群落的时空格局. 动物学研究, 2013, 34(4): 417-428.

[30] Vannote R L, Minshall G W, Cummins K W, et al. The river continuum concept. Canadian Journal of Fisheries & Aquatic Sciences, 1980, 37(2): 130-137.

[31] Yan Y Z, He S, Chu L, et al. Spatial and temporal variation of fish assemblages in a subtropical small stream of the Huangshan Mountain. Current Zoology, 2010, 56(6): 670-677.

[32] Granados-Dieseldorff P, Baltz D M. Habitat use by nekton along a stream-order gradient in a Louisiana Estuary. Estuaries & Coasts, 2008, 31(3): 572-583.

[33] Belyea L R, Lancaster J. Assembly rules within a contingent ecology. Oikos, 1999, 86(3): 402-416.

[34] Welcomme R L. The biology and ecology of the fishes of a small tropical stream. Journal of Zoology, 1969, 158(4): 485-529.

[35] Grossman G D, Moyle P B, Whitaker Jr J O. Stochasticity in structural and functional characteristics of an Indiana stream fish assemblage: a test of community theory. American Naturalist, 1982, 120(4): 423-454.

[36] 刘淳, 刘明, 王克林, 等. 湘江流域中上游景观格局及其变化. 生态学杂志, 2007, 26(11): 1822-1827.

[37] 朱召军. 漓江上游鱼类物种多样性及河流健康评价指标体系研究. 桂林: 桂林理工大学硕士学位论文, 2015.

[38] 朱瑜, 蔡德所, 周解, 等. 漓江流域鱼类区系组成分析. 广西师范大学学报(自然科学版), 2012, 30(4): 136-145.

[39] 朱瑜, 罗春业, 龚竹林. 广西柳江鱼类资源调查. 广西水产科技, 2001, (2): 15-20.

[40] Huang L L, Wu Z Q, Li J H. Fish fauna, biogeography and conservation of freshwater fish in Poyang Lake Basin, China. Environmental Biology of Fishes, 2013, 96(10-11): 1229-1243.

[41] 贺顺连, 张继平, 许明金. 湖南鱼类新纪录及鱼类区系特征. 湖南农业大学学报(自然科学版), 2000, 26(5): 379-382.

[42] 梁亮, 覃建才, 刘传玺, 等. 柳江鱼类区系. 广西农学院学报, 1986, (1): 83-98.

[43] 覃永义, 韦慕兰, 唐秀剑, 等. 桂江鱼类资源调查研究. 现代农业科技, 2014, (5): 279-280, 283.

[44] 王雪辉, 邱永松, 杜飞雁, 等. 北部湾鱼类多样性及优势种的时空变化. 中国水产科学, 2011, 18(2): 427-436.

[45] 王雪辉, 邱永松, 杜飞雁, 等. 北部湾秋季底层鱼类多样性和优势种数量的变动趋势. 生态学报, 2012, 32(2): 333-342.

[46] 陈校辉, 边文冀, 赵钦, 等. 长江江苏段鱼类种类组成和优势种研究. 长江流域资源与环境, 2007, 16(5): 571-577.

[47] 尹超. 桂江鱼类群落时空变化格局及河流健康评价研究. 桂林: 桂林理工大学硕士学位论文, 2016.

[48] 贺燕辉, 张红燕, 龚斌翀, 等. 我国罗非鱼养殖品种及养殖发展分析. 水产养殖, 2009, (2): 12-14.

[49] 吴福煌, 刘寒文. 尼罗罗非鱼抗寒性状若干指标初探. 淡水渔业, 1997, 27(5): 14-15.

[50] 韩耀全, 周解, 吴祥庆. 漓江的自然地理与水质调查. 广西水产科技, 2007, (2): 8-16.

[51] Oliveira J M, Segurado P, Santos J M, et al. Modelling stream-fish functional traits in reference conditions: Regional and local environmental correlates. PLoS One, 2012, 7(9): e45787.

[52] Elron E, Gasith A, Goren M. Reproductive strategy of a small endemic cyprinid, the Yarqon bleak(*Acanthobrama telavivensis*), in a mediterranean-type stream. Environmental Biology of Fishes, 2006, 77(2): 141-155.

[53] 蒋志刚, 纪力强. 鸟兽物种多样性测度的 G-F 指数方法. 生物多样性, 1999, 7(3): 61-66.

[54] 刘恺, 周伟, 李凤莲, 等. 广西河池地区河流基于鱼类的生物完整性指数筛选及其环境质量评估. 动物学研究, 2010, 31(5): 531-538.

[55] 韩耀全, 何安尤, 施军, 等. 珠江水域(广西段)三年禁渔期效果评估. 水产科技情报, 2015, 3(3): 135-139.

[56] 蒋才云, 曾小飚. 广西百色 11 个自然保护区两栖动物多样性研究. 湖北农业科学, 2015, 54(6): 1425-1429.

第 7 章   漓江流域鱼类与环境的关系研究

区域的局部气候和地理特征对河流的结构和功能影响巨大，不同地理区域经过环境因子及生物因子的长期作用而进化成独特的生物区系[1]。淡水生态系统因受人类活动强度最大，被视为地球上受人类影响变化最多、受危害最大的生态系统[2]。河流鱼类生态学家普遍认为不同的栖息地生存着不同的鱼类群落，因此，河流栖息地的改变可能导致河流中鱼类群落组成的临时或永久性改变[3]。维持河流鱼类物种多样性是河流生态系统的主要功能之一，而且河流鱼类群落变化格局及其潜在机制的研究是经典河流生态学主要研究内容之一，水生态系统中鱼类的群落结构是生物因素和非生物因素共同作用的结果，如水环境的时空变化、竞争、捕食等[4,5]。河流鱼类群落呈显著的纵向变化格局，即从上游到下游鱼类群落结构逐渐发生变化，而且鱼类物种数及个体数有递增的趋势，可能是由于河流的下游河段栖息地的复杂性和多样性不断增加，然而河流的水质污染可导致下游鱼类物种数减少[6]。

目前，溪流鱼类群落的时空变化格局研究多聚焦于美国中西部山区及欧洲地中海区域，缺乏不同地理环境的鱼类群落时空变化格局的全球性描述，尤其缺乏年度气温和降水变化较大的亚热带和温带地区的数据[7]。我国鱼类生态学偏重于寻觅经济种类的个体生物学研究，种群生态学研究也限于少数重要经济鱼类物种，缺乏区域内鱼类群落时空变化格局和人为干扰对鱼类群落影响的相关研究。与此同时，我国在种群、群落和水域生态系统的基础理论研究方面尚存在许多薄弱环节和空白领域。因此，本研究以典型的亚热带山区河流漓江为例，研究溪流鱼类的时空变化格局及其与环境因子的关系，并试图解析流域内的人类活动对鱼类群落的影响。

7.1   漓江上游鱼类与环境因子的关系

漓江上游水系发达，支流众多，沿岸植被丰富，浮游动植物、昆虫、高等植物等繁多，地势陡峭，水浅流急，为鱼类等水生生物提供了天然的栖息场所和觅食场所。由于水流湍急，没有固定的产卵场所，使得该区域聚集了大量游泳力强、喜流水环境的小型鱼类。目前，我国鱼类研究多聚焦于鱼类组成及分布的分析，相对缺乏栖息地的环境因子对鱼类群落结构的影响。本研究于 2013-2014 年，分季度对漓江上游进行鱼类和环境因子的调查，以期了解掌握该区域鱼类组成及分布，并记录相应的环境数据，探讨环境因子和鱼类之间的关系，为更好保护该区域的鱼类资源提供科学依据。

7.1.1 材料与方法

1. 研究区域

同 3.1.1 节。

2. 采样方法

同 3.1.1 节。在鱼类样品采集的同时，利用手持 GPS 卫星定位仪（Garmin eTrex10，USA）记录采样点的经纬度、海拔，以便分析时利用 Google Earth 软件计算采样点距离支流交汇处的长度，同时在各采样点利用便携式水质分析仪（HACH sensION156，USA）、便携式流速仪（Meter MT-LS10，China）分别测定 pH、水温、溶解氧、流速。另外，使用标尺测量河宽和水深以及游标卡尺测量底质颗粒中间轴长度[8,9]。

3. 数据处理

采用典范对应分析（canonical correspondence analysis，CCA）探讨鱼类群落结构与环境的关系。为减少偶见种对鱼类群落结构的影响，剔除出现频率小于 5% 的鱼类物种[9]，采用 Monte Carlo 对分析结果检验，结果采用鱼类物种名和环境因子排序图表示，分析采用 CANOCO4.5 软件。

7.1.2 研究结果

1. 环境因子变化

采样期间漓江上游水温全年在 9.6-30.5℃，平均 17.9℃，季节之间温度变化幅度大，春季平均 18.6℃，夏季平均 25.8℃，秋季平均 15.1℃，冬季平均 11.9℃；全年溶解氧含量在 7.12-11.08mg/L，平均 9.68mg/L，夏季最低平均 8.20mg/L，冬季最高平均 10.47mg/L，秋冬两季相差不大；各采样点流速相差较大，在 0.05-1.01m/s，平均 0.47m/s，接近河源处的采样点由于地势较陡，落差较大，故流速较快。接近河口处采样点由于水面较宽，水力坡度相对较低，故流速也相对较低；pH 在 5.5-8.9，平均 7.1，总体呈中性；底质颗粒类型在中砾、中巨砾和巨砾之间；海拔在 169-491m，平均 314m，高度落差 322m。

2. 鱼类多样性与环境因子的关系

鱼类群落与 9 个环境因子及多样性指数之间的相关性矩阵见表 7.1。其中各变量之间的相关关系大致可以分为 3 类：第一类，鱼类群落与河流特征及环境因子、鱼类多样性之间存在显著相关性。物种数和个体数之间呈显著正相关关系；物种数与 pH、水温、河宽、水深、Margalef 物种丰富度指数（D_{ma}）、Pielou 均匀度指数（J）和 Shannon-Wiener 指数（H_e'）呈显著正相关，河宽水深越大，河流流域面积越大，适合各种鱼类栖息的环境就越丰富，鱼类物种数和个体数越多，物种数越高多样性指数就越高；相反，物种数与溶解氧和优势度指数（λ）呈显著负相关，优势度高，优势种明显就会造成鱼类结构单一，鱼类物种数相应较少。第二类，环境因子之间存在显著相关性。温度与流速、河宽、水深呈显著正相关；pH 与流速、底质颗粒尺寸呈显著负相关，与河宽呈显著正相关；河宽与水深呈显著正相关，与海拔和距离河口长度呈显著负相关，海拔越高与距离河口长度越远的地方一般接近河流的河源处，此处的河流一般较小，河宽和水深较小；海拔与底质

表 7.1　漓江上游鱼类与环境因子之间相关性矩阵

Table 7.1　Matrix of Spearman r_s correlation coefficients of variables measured in the upper reaches of Lijiang River

	N	S	DO	V	T	pH	Wid.	Dep.	Par.	Dis.	Alt.	D_{ma}	λ	H_e'	J
N	1.000														
S	**0.621****	1.000													
DO	−0.116	**−0.318****	1.000												
V	−0.053	−0.075	**−0.302***	1.000											
T	0.167	**0.425****	**−0.851****	**0.302***	1.000										
pH	0.229	**0.326****	−0.036	**−0.364****	0.170	1.000									
Wid.	0.183	**0.309****	−0.141	−0.073	**0.346****	**0.364****	1.000								
Dep.	0.177	**0.344****	**−0.318****	0.184	**0.450****	−0.078	**0.538****	1.000							
Par.	−0.041	−0.141	0.071	−0.106	−0.107	**−0.331****	−0.229	−0.135	1.000						
Dis.	0.128	−0.049	−0.058	−0.224	−0.084	−0.038	**−0.417****	**−0.371****	**0.484****	1.000					
Alt.	0.077	−0.149	−0.079	0.044	−0.109	−0.222	**−0.534****	**−0.476****	**0.514****	**0.842****	1.000				
D_{ma}	**0.373****	**0.936****	**−0.318****	−0.040	**0.417****	**0.284****	**0.240****	**0.295***	−0.169	−0.076	−0.175	1.000			
λ	−0.155	**−0.662****	**0.244***	0.066	**−0.379****	−0.219	**−0.252***	**−0.245***	−0.034	−0.006	0.130	**−0.794****	1.000		
H_e'	**0.265***	**0.796****	**−0.290***	−0.065	**0.413****	**0.273***	**0.288***	**0.270***	−0.052	−0.004	−0.157	**0.895****	**−0.966****	1.000	
J	−0.140	**0.319****	−0.090	0.006	0.217	0.040	0.204	0.158	0.099	0.006	−0.038	**0.509****	**−0.910****	**0.799****	1.000

注：N: 鱼类个体数；S: 鱼类总物种数；DO: 溶解氧；V: 流速；T: 水温；Wid.: 河宽；Dep.: 平均水深；Par.: 底质颗粒尺寸；Dis.: 距离河口长度；Alt.: 海拔；D_{ma}: Margalef 物种丰富度指数；λ: Simpson 优势度指数；H_e': Shannon-Wiener 指数；J: Pielou 均匀度指数

显著性水平：**$P<0.01$；*$P<0.05$；显著相关性用加粗表示

颗粒尺寸和距离河口长度呈正相关。第三类，鱼类多样性与环境因子之间存在显著相关性。Margalef 物种丰富度指数（D_{ma}）和 Shannon-Wiener 指数（H_e'）与溶解氧呈显著负相关关系，与温度、pH、河宽、水深呈显著正相关关系，而与优势度指数（λ）呈显著负相关。

3. 鱼类群落与环境因子的关系

对鱼类进行出现频率计算，由于平头平鳅、黑鳍鳈、后鳍薄鳅、短须鱊、叉尾斗鱼等 23 种鱼类出现频率小于 5%被剔除。将 9 个环境因子进行典范对应分析（CCA），有 8 个环境因子与鱼类群落组成显著相关（Monte Carlo permutation test，$n=499$，$P<0.05$），且相关性较高（表 7.2），仅流速不符合条件被排除，其相关性大小依次为海拔、距离河口长度、河宽、水温、溶解氧、pH、水深和底质颗粒尺寸（图 7.1）。由于不同鱼类所适宜的栖息环境不同，不同鱼类与不同的环境因子之间存在差异，如美丽小条鳅、台湾白甲鱼、丝鳍吻虾虎鱼、宽鳍鱲等与溶解氧呈正相关，与水温、距离河口长度、海拔呈负相关；斑纹薄鳅、长脂拟鲿、中国少鳞鳜等

表 7.2　CCA 排序轴的相关系数及排序概要
Table 7.2　Correlation coefficients of CCA ordination axes and ordination summary

环境因子	第一轴	第二轴	第三轴	第四轴
特征值	0.25	0.129	0.076	0.057
物种环境相关性	0.88	0.795	0.725	0.729
物种环境关系的方差累积比例	40.5	61.5	73.9	83.1
所有典范轴的显著性检验		$P=0.002$		

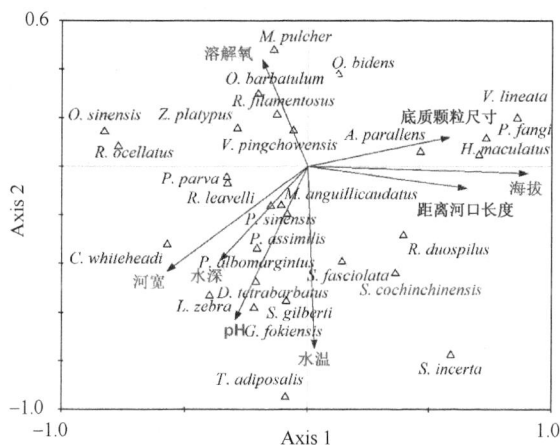

图 7.1　漓江上游鱼类与环境因子之间 CCA 排序图
Figure 7.1　Canonical correspondence analysis（CCA）of environmental variables and fish assemblage in the upper reaches of Lijiang River

与河宽、pH、水深呈正相关，与底质颗粒尺寸呈负相关；无斑南鳅、越南鲇、横纹南鳅等与海拔、水温、距离河口长度呈正相关，与溶解氧呈负相关；线纹原缨口鳅、方氏品唇鳅、花鲷等与底质颗粒尺寸呈正相关，与河宽、pH、水深呈负相关。

　　另外，不同采样点的不同季节的鱼类群落组成与环境因子之间也存在着相关性（图 7.2）。例如，大部分样点与溶解氧呈正相关；S1、S2、S3、S5 采样点的鱼类群落与底质颗粒尺寸呈正相关；而 S9、S18 与海拔、水温、距离河口长度呈正相关，与溶解氧呈负相关。

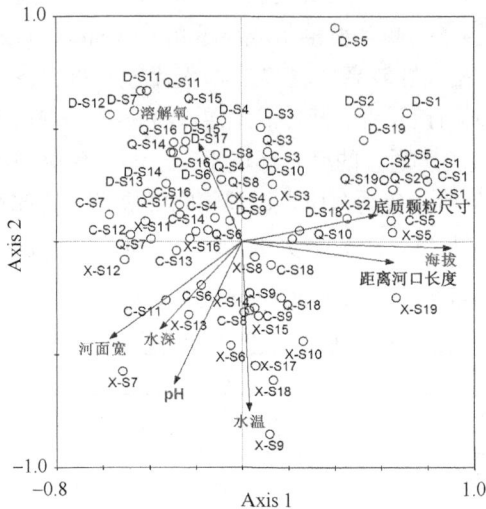

图 7.2　漓江上游区环境因子与采样点的 CCA 排序图（C、X、Q、D 分别表示春、夏、秋、
冬，如 C-S9：2013 年春季 S9 采样点。下同）

Figure 7.2　Canonical correspondence analysis biplot for environmental variables and sampling sites in the upper reaches of Lijiang River（C. spring; X. summer; Q. autumn; D. winter, e.g., C-S9: S9 was sampled in Spring, 2013. The same below）

7.1.3　分析与讨论

　　该区域鱼类群落受环境影响程度各有不同，且不同鱼类物种与不同环境因子之间的相关性关系不同，是不同鱼类对栖息环境选择而导致的[10]。有些鱼类如线纹原缨口鳅、方氏品唇鳅等偏好于底质颗粒较大的环境，因此在各支流的上游及河源处分布较多。这种环境大多水深较浅，流速较快，河面较窄，一部分鱼类自身的器官发生改变，如肤色、体型、口的形状等，如福建纹胸鮡、中华原吸鳅。水温和溶解氧对鱼类生存具有重要影响作用，影响鱼类的活动强度，进而造成了鱼类的分布差异。河流流至下游河道时，水深变深，河道变宽，流速减缓，一些适应缓流的鱼类数量逐渐增多，如中华沙塘鳢、高体鳑鲏、大眼华鳊、鳘、鲤等。

7.2　漓江中游仔稚鱼与环境因子的关系

河岸带水域作为水生生物的重要生境是水域和陆域生态系统的过渡地带，河岸带和近岸水域为水生生物生境提供着可供栖息的物理结构、丰富的饵料和有效的遮蔽物。鱼类对水文环境变化较为敏感，尤其是处于发育早期阶段的鱼类，因此鱼类早期资源可作为水环境质量的指示生物。有规律地进行繁殖活动是维持种群数量动态补充的重要组成部分。鱼类的繁殖、发育和生长等与诸多的环境因素密切相关。鱼类选择适宜的生境条件作为产卵场或保育场是物种长期演化的结果。很多研究表明鱼类的繁殖与温度、溶解氧、电导率浊度、pH、水量等因子有关。鱼类行为活动对生态环境的适应性延续着种群的繁衍和发展。目前，漓江已有不少关于鱼类多样性和生态环境的研究，但尚未进行过有关鱼类早期资源的研究。本节以漓江中游近岸水域仔稚鱼为对象，研究漓江中游流域仔稚鱼对水文及水环境特征的选择性和适应性，探讨哪些环境因子对鱼类的繁殖过程有较大影响，并为鱼类多样性保护提供理论依据[11-13]。

7.2.1　材料与方法

1. 研究区域

漓江地处亚热带地区，属于亚热带湿润季风气候，高温多雨，年均气温为 19.1℃，年均降水量为 1627mm，水位、水量受降水影响明显，为典型雨源性河流[14]。汛期一般为每年 3-8 月，其中 5-6 月水位较高，汛期洪水暴涨暴落特征明显。采样区域为漓江中游，调查期间水量为 24.7-2620m^3/s，水温为 11.2-29.4℃，溶解氧为 5.67-20.74mg/L，pH 为 6.8-9.8，电导率为 108.1-413.0μS/cm，浊度为 0.81-62.12NTU。

2. 采样方法

同 3.5.1 节。环境因子的测定包括：用便携式分析仪（HACH HQ40d）测定水体的温度、pH、电导率和溶解氧，浊度数据由便携式浊度仪（HACH 2100Q-01）测定获得。水文数据（日均水量和日降水量）从广西水利信息网（http：//www.gxwater.gov.cn）获得，数据由桂林水文站提供。

3. 数据处理

为方便讨论环境因子的变化，根据采样时段和地理坐标位置将 13 个采样站分成 4 个区域：A 区——T1、T2 和 L1、L2、L3，B 区——X1、X2、N1、N2 和 L5，C 区——L6，D 区——L7。Primer 是基于等级相似性的非参数大型多元统计软件，目前已被广泛应用于生物生态学统计。根据漓江中游仔稚鱼分布特征，以 0/1 代表物种的无/有，用 Jaccard 指数计算各采样点间的相似性系数矩阵，然后用非加权平均聚类法（unweighted pair group method with arithmetic means，UPGMA）对采样点进行聚类分析。单位努力捕捞量（CPUE）用每站渔获数量来表示。对 CPUE 数据进行正态性检验，不符合正态分布数据要进行 lg（CPUE+1）转换。用双因子方差分析（two-way ANOVA）来检验不同区域和/或不同月份仔稚鱼物种是否存在显著性差异[11]。

用主成分分析（PCA）检验不同月份或不同区域环境因子之间的差异，特征根数值大于 1.0 被保留作解释[15-17]。用无度量多维排序（non-metric multidimensional scaling，NMDS）分析仔稚鱼群落结构的时空变化格局，并用 Bray-Curtis 相似性系数构建相似矩阵，采用相似性分析来检验各采样站或月份之间的仔稚鱼群落结构差异的显著性[18,19]。降趋对应分析（DCA）用来分析采样站或月份之间的仔稚鱼群落结构的变化。由于 DCA 对稀有种的敏感性，因此丰度大于 1%的仔稚鱼物种用来做进一步分析[20]。DCA 分析第一排序轴梯度长度大于 4.0，才能用典范对应分析（CCA）对物种和环境数据进一步分析，如果在 3.0-4.0，则使用线性模型冗余分析（RDA）或 CCA，若小于 3.0 则使用 RDA 分析[21,22]。方差分析，PCA 分析用 SPSS 19.0 软件进行，NMDS 和 one-way ANOSIM 用 Primer 5.0 软件完成，DCA 和 CCA 分析用 Canoco 4.5 系列软件完成。

7.2.2　研究结果

1. 环境因子分析

环境因子随季节变化明显，水温和浊度较大值出现在夏季 [图 7.3（a）和图 7.3（e）]，溶解氧和电导率较大值出现在冬季 [图 7.3（b）和图 7.3（c）]。漓江是典型的雨源型河流，据往年资料记载汛期一般在 3-8 月，图 7.3（f）中洪峰和降水量的变化反映了这一典型特征。

依据特征值大于 1.0 原则，PCA 分析得到 3 个主成分，共解释了总环境变量的 73.62%。第一主成分（PC1）的特征值为 2.90，解释了总环境变量的 41.45%。水温、浊度、水量和降水量与第一主成分呈正相关关系，pH 与第一主成分呈负相关关系。第二主成分（PC2）的特征值为 1.24，解释了总环境变量的 17.69%，溶解氧与第二主成分呈正相关关系，但电导率与其呈负相关关系。第三主成分（PC3）的特征值为 1.01，解释了总环境变量的 14.48%。电导率、水量和降水量与第三主成分呈正相关关系（表 7.3）。

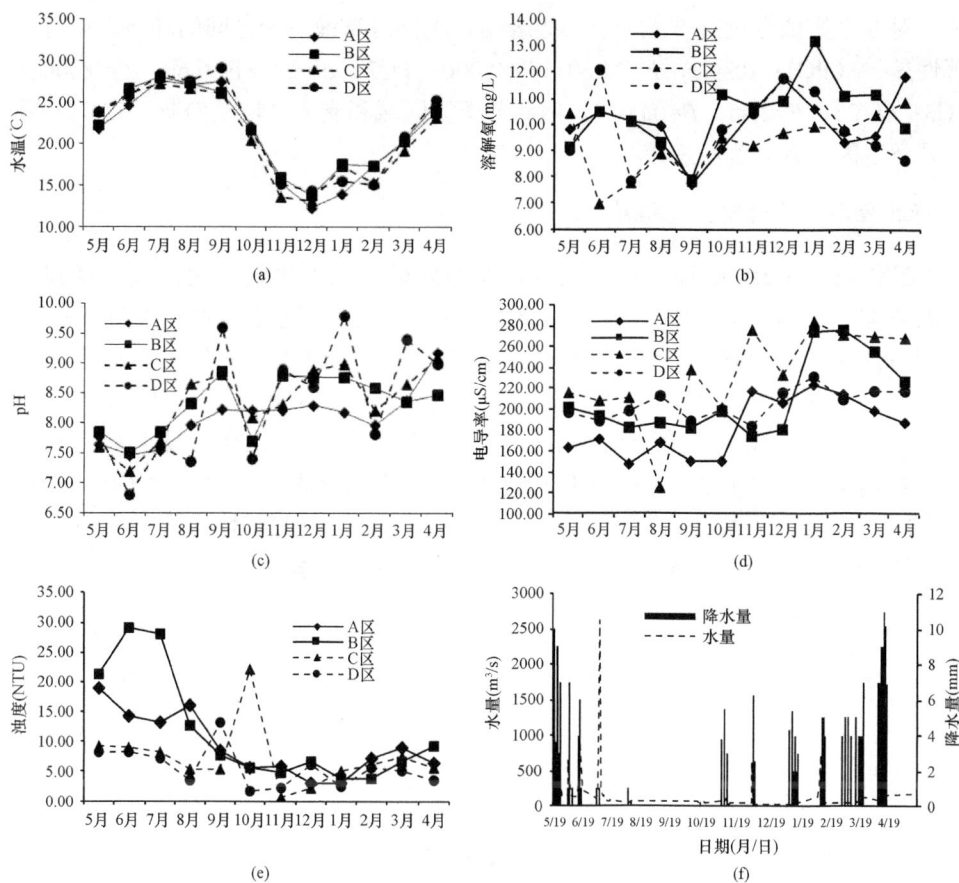

图 7.3　漓江中游环境变量随时间变化的变化

Figure 7.3　Environmental variations values and standard error recorded in the middle reaches of Lijiang River in the research period from May 2014 to April 2015

表 7.3　主成分分析结果

Table 7.3　Result of the principal component analysis（PCA）for the axes retained for interpretation

环境变量	PC1	PC2	PC3
水温	0.69	0.19	−0.29
溶解氧	−0.28	0.69	0.41
pH	−0.55	0.34	0.27
浊度	0.70	0.09	−0.38
电导率	−0.06	−0.79	0.40
水量	0.88	0.07	0.44
降水量	0.89	0.07	0.42
特征值（λ）	2.90	1.24	1.01
贡献率（%）	41.45	17.69	14.48

对 3 个主成分进行方差分析结果表明，不同区域或月份之间的环境因子有显著性差异（PC1：df=23，F=24.60，P=0.000；PC2：df=23，F=6.60，P=0.000；PC3：df=23，F=2.47，P=0.001）。由此，干流区域和支流区域及 D 区（L7）和其他区环境因子有显著性差异。

2. 仔稚鱼类群落时空变化格局

NMDS（stress=0.12）结果显示，大部分采样站聚集在一起，很难找到明显的界限，所以漓江中游仔稚鱼群落在空间尺度上的变化不明显（图 7.4）。采用 one-way ANOSIM 相似性分析，结果只有很少站点之间仔稚鱼群落结构存在显著性差异（$P<0.05$），因此仔稚鱼群落结构随空间变化无明显规律。对仔稚鱼群落时间尺度上的变化采用 NMDS 分析（stress=0.12）结果显示，相似性分析结果显示 5 月、4 月分别和其他 11 个月份均存在显著性差异（$P<0.05$）（图 7.5）；7 月和其他 10 个月份（除 6 月、8 月）均存在显著性差异（$P<0.05$）；8 月和其他 10 个月份（除 6 月、7 月）均存在显著性差异（$P<0.05$）。

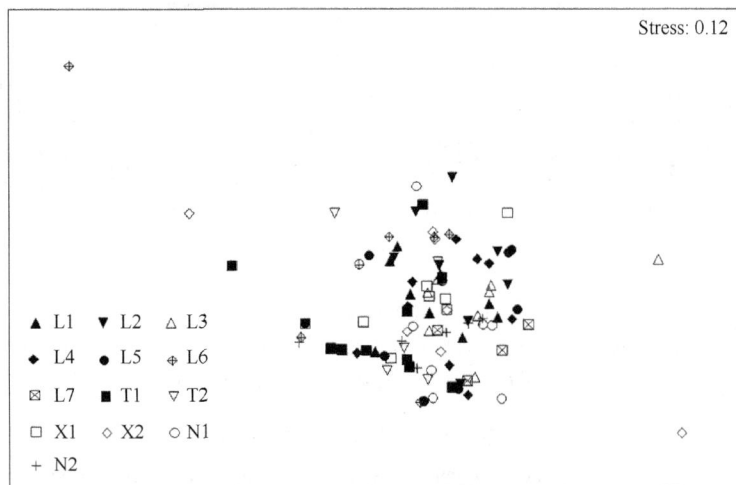

图 7.4　漓江中游仔稚鱼群落结构无度量多维空间排序图
Figure 7.4　NMDS ordination of spatial variation of fish assemblage in the middle
reaches of Lijiang River

3. 环境因子的影响

对采样站仔稚鱼群落结构数据采用降趋对应分析（DCA），结果显示 DCA第一排序轴梯度长度是 5.0（大于 4.0），因此可以采用 CCA 对物种与环境变量数据进一步分析。通过对水温、pH、浊度、水量和降水量 5 个环境因子进行典范对应分析（CCA）（图 7.6），其中前 2 个排序轴解释了物种数量的 89.3%，第 1 排序轴贡献率为 55.9%，特征值为 0.183，第 2 排序轴贡献率为 33.4%，特征值为 0.109。又通过蒙特卡罗检验排除影响较小的因子 pH，结果表明，对漓江中游仔稚鱼群落结构有显著影响的环境因子依次为水温、浊度、降水量和水量（$P<0.05$）（表 7.4）。

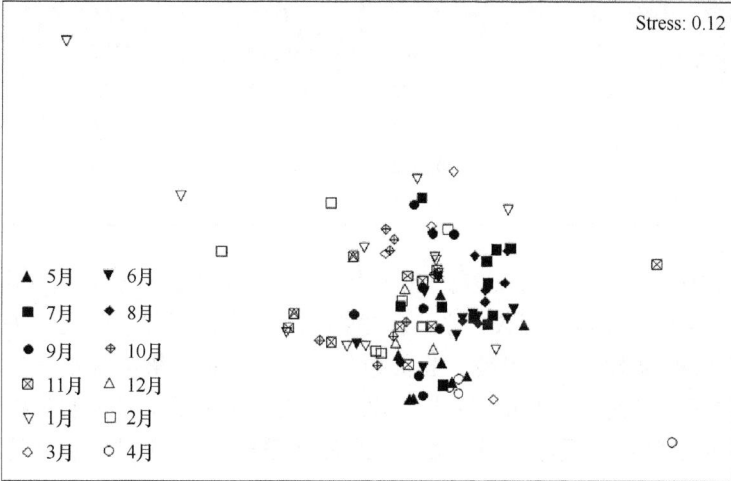

图 7.5　漓江中游仔稚鱼群落结构无度量多维时间排序图
Figure 7.5　NMDS ordination of temporal variation of fish assemblage in the middle reaches of Lijiang River

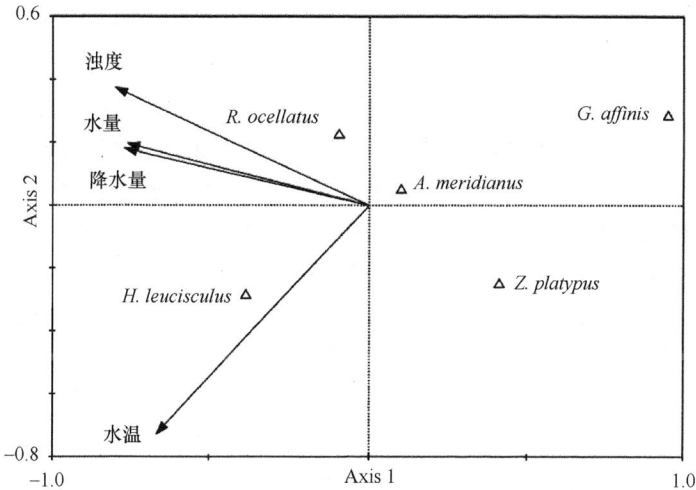

图 7.6　漓江中游仔稚鱼与环境变量之间的 CCA 排序图
Figure 7.6　Canonical corresponding analysis（CCA）of species-environmental variation in the middle reaches of Lijiang River

表 7.4　对物种与环境数据进行 CCA 分析的结果

Table 7.4　Result of canonical correspondence analysis for species-environment data

环境因子	第 1 排序轴	第 2 排序轴	第 3 排序轴	第 4 排序轴
特征值	0.183	0.109	0.033	0.002
物种-环境相关系数（R）	0.624	0.446	0.226	0.065
物种-环境关系方差累计比例（%）	55.9	89.3	99.5	100
pH	0.3335	0.1386	0.2018	0.8612
水温	−0.6173	−0.7681	0.0351	0.039
浊度	−0.8123	0.2694	0.4208	−0.2618
水量	−0.7722	0.1126	−0.4279	0.0419
降水量	−0.7935	0.1032	−0.4464	0.0384

　　水温和浊度、降水量、水量与 CCA 第 1 排序轴呈显著负相关关系，水温与 CCA 第 2 排序轴呈显著负相关关系。仔鱼期的鳘与水温呈显著的正相关关系，而广西鳈和食蚊鱼与水温呈现出显著的负相关关系。高体鳑鲏与降水量、浊度和水量呈显著的正相关关系，而宽鳍鱲与降水量、浊度和水量呈显著的负相关关系。因此，仔稚鱼群落结构受环境因子影响，尤其是受 CCA 中贡献率较高的环境变量影响较大。

7.2.3　分析与讨论

　　PCA 分析结果表明干流和支流以及下游站点与上游站点环境因子有显著性差异，不同地点的环境变量有差异，这点已有相关研究可供参考，韩耀全等[14]和覃焕荣[23]对漓江水文及环境进行调查，2006 年 5-6 月洪峰达到最大值，汛期为当年 3-8 月。2006 年 3 月和 11 月，阳朔的 pH 高于其上游的 3 个站。2007 年溶解氧较大值出现在 10 月和 12 月等。这都可以说明漓江中游不同站点的环境因子不同。

　　采集到的鱼类多处于外源营养期和稚鱼期，并且不随站点和时间变化发生变化，这可能就是采样网具的规格对仔稚鱼的选择结果。鱼类发育至外源营养期或稚鱼期已具有一定的游泳和捕食能力，选择在近岸浅水区、回水区或水生植被覆盖区等生境有利于继续生长和发育。尽管仔稚鱼的鉴定有一定的困难，这也是广大鱼类学者面临的共同困难。本次调查所采仔稚鱼物种数是韩耀全等关于鱼类多样性调查的 25%。但在此之前没有关于漓江鱼类早期资源的调查。鲤科鱼类的仔稚鱼鉴定较为困难，主要是因为该科鱼类物种数很多，形态特征极为相似，可参考的文献较少。

　　水温是对鱼类代谢过程尤其是鱼卵的孵化、仔鱼的发育和稚鱼的生长有重要影响的环境变量。鳘是一种小型经济鱼类，调查期间发现其较高丰度值出现在水温 21-28℃，即 5-8 月丰度值较高说明其成鱼的产卵高峰期发生在该时段的前 20-30 天，即可能在 4-7 月。广西鱲仔鱼较高丰度值出现在水温 21-24℃，即 5 月期间，其亲鱼产卵可能发生在 4 月。由此可见，不同鱼类有不同适宜的产卵温度和时间。

水量、降水量和浊度是影响鱼类繁殖较为重要的因素，洪峰来临使水体环境条件匀质化，可以为水生生物提供更多的食物资源和可供庇护的遮蔽物，这些都是维持生物多样性的必要条件。当水位上升，鲨、高体鳑鲏出现率较高。对漓江来说降水量与水量呈较强的正相关关系，当水位上升，水量增大，水体受到扰动，悬浮颗粒物和有机物随扰动浓度变大。因此 CCA 排序图中水量、降水量和浊度 3 个环境变量呈现出较强的正相关关系。

研究仔稚鱼丰度和环境因子之间的关系与类似研究结论较为相似。环境因子与鱼类的繁殖策略和生命周期中的活动都密切相关[24,25]。一直以来，漓江都保持着一个自然的水文节律，这对鱼类的生境保持和顺利繁殖以及仔稚鱼的发育生长都极为有利。目前对于漓江鱼类资源最大的威胁就是漓江上游区域正修建的 3 座水库，一旦投入运营，漓江水量将被削减，原有的水文节律将被改变。鱼类的多样性维持和延续需要良好的水质和足够的水量。因此，为使漓江早日实现生态流，更全面地调查漓江鱼类早期资源和建立科学合理的生态需水（ecological water requirement，EWR）模型已迫在眉睫。

7.3 漓江中游仔稚鱼对近岸水域生境的利用研究

河道整治与生境退化一直被认为是水生生物多样性的巨大威胁。一般认为河岸的人工硬质化会改变水生生态系统的功能和结构，会进一步对水生生物造成直接或间接的影响。近岸水区的河岸带陆生植物的根系和草木残骸，可以为水生生物提供有效的遮蔽物和适宜的生境。自然的河道内部着生有包括水生植物、微生物在内的其他生物，这些生物对水质保持有着重要作用。然而随着河岸的硬质化，这种状态会被破坏，使河流固有的资源储蓄和生态功能退化，使水生态系统遭到破坏[26]。

目前，国外关于河岸带河岸类型对鱼类群落的影响的研究多聚焦于湖泊，对河口、溪流和其他水生态系统也有涉及。美国北温带一些湖泊经常作为研究对象，随着湖岸的固化，鱼类群聚空间特征和丰富度已发生了明显的变化[27,28]。随着护岸进程，河口和沿海湿地环境的本土鱼类物种的丰富度和丰度已经明显下降[29,30]。而对于河流自然河岸带的重要性已有很多研究证明[31]，硬质的护岸已经大大降低了鲑鱼的生境质量[32]，相对来讲河流方面的研究较少。Schiemer 等研究表明，近岸水域是稚鱼的重要生境，因为近岸水域提供了优良的结构、生产力和独特的河水热动态条件，此外，也可以躲避洪水。河流近岸水域的意义随鱼类在近岸产卵活动发生变化，而离岸的大型植物是没有影响的[33]。尽管一些研究已经证明了鱼类和河岸类型的联系[33,34]，但由于结论的重要性，仍需要更多的研究来进一步验证。本节以漓江中游干流近岸水域仔稚鱼为研究对象，深入调查该区域的河岸类型、水生植被状况以及底质类型，以生物和环境数据分析鱼类在仔稚鱼时期对生境的选择和利用，从生态学角度为河流修复工程提供理论依据。

7.3.1　材料与方法

1. 研究区域

漓江流域属岩溶地貌，河道复杂，滩潭众多，形成了具有特色的生态系统，河床比降较大，平均比降为 4‰。在漓江中游干流河段选取南洲、解放桥、净瓶山、大圩、冠岩、杨堤、阳朔 7 个采样站（图 7.7），每处设 4-6 个采样点。综合分析各采样点河岸、主要底质类型和水生植物情况的调查结果，可将采样生境大致分为 4 个组合类型：A——复合河岸+卵石底质+有水生植物、B——天然河岸+沙底质+有水生植物、C——人工护岸+卵石底质+有水生植物、D——人工护岸+卵石底质+无水生植物（图 7.8）。各站采样点包括 2-4 种生境，属于生境类型 A、B、C、D 的采样点个数分别为 5 个、15 个、5 个、10 个（表 7.5）。

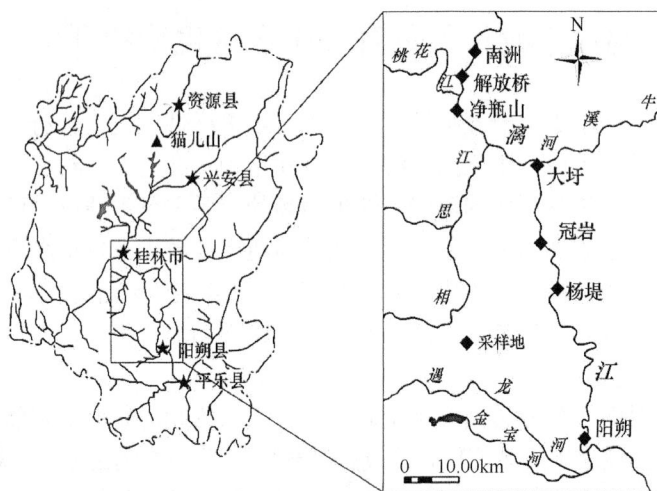

图 7.7　漓江中游采样点分布

Figure 7.7　Sampling sites in the middle reaches of Lijiang River

2. 采样方法

2014 年 5 月、6 月和 7 月进行采样，大部分鱼类在此期间产卵，漓江中游近

图 7.8　漓江中游 4 种典型生境类型（A. 复合河岸+卵石底质+有水生植物、B. 天然河岸+沙底质+
　　有水生植物、C. 人工护岸+卵石底质+有水生植物、D. 人工护岸+卵石底质+无水生植物）

Figure 7.8　The four habitat types in the middle reaches of Lijiang River（A. compound bank with
grait and aquatic plants，B. Natural bank with sand and aquatic plants，C. constructed bank with grait
and aquatic plants，D. constructed bank and graits without aquatic plants）

表 7.5　采样点生境类型划分
Table 7.5　The habitat classification of sampling sites

项目	A	B	C	D
采样点数	5	15	5	10
河岸类型	复合	天然	人工	人工
主要底质类型	卵石	沙	卵石	卵石
水生植物	有	有	有	无

注：复合河岸为人工护岸与天然河岸的组合

岸水域河床平缓，因此适于选择小型浅滩围网在近岸浅水水域围成一定面积的区
域，用网口直径 40cm、网孔为 80 目的抄网捞取，根据 4 月的预实验捕捞经验，
最后 4-5 网无鱼为止，每次采样操作均为同一人。采集仔稚鱼样品用浓度为 7%的
福尔马林溶液固定分拣，然后转至浓度 5%的福尔马林溶液中保存，采样结束带回
实验室，依据《长江鱼类早期资源》、《广西淡水鱼类志》，在 MoticSMZ-168 型体
视显微镜下进行形态学鉴定，并尽可能鉴定至种级水平[35]。

3. 数据处理

仔稚鱼的物种组成以科属种分类单元描述，优势种用优势度 Y 表示，计算式为

$$Y = F_i \times n_i / N$$

式中，n_i 为第 i 个物种的个体数（ind/m^3）；N 为总个体数（ind/m^3）；F_i 为第 i 个物种的出现频率。优势度 $Y \geqslant 0.02$ 为优势种。

描述不同生境的物种组成的差异用 β 多样性中的 Cody 指数（β_c），计算式为

$$\beta_c = (g+l) / 2$$

式中，g 为生境 A 有而生境 B 无的物种数；l 为生境 A 无而生境 B 有的物种数。仔稚鱼丰度（d_i）计算式为

$$d_i = N_i / (2 \times h_i)$$

式中，d_i 为第 i 个采样点仔稚鱼丰度（ind/m^3）；N_i 为第 i 个采样点的仔稚鱼数量；h_i 为第 i 个采样点的平均水深（m）；仔稚鱼的生境分布特征主要以物种丰富度和丰度描述，不同类型生境对仔稚鱼物种丰富度和丰度的影响采用单因素方差分析（one-way ANOVA），然后用 LSD 法进行多重比较，$P < 0.05$ 为差异显著。一般数据处理均采用 Excel 2010，one-way ANOVA 用 SPSS 19.0 软件处理。

7.3.2 研究结果

1. 物种组成与分布

调查共采集仔稚鱼样本 5416 尾，其中，经鉴定为 11 种，隶属于 3 目 5 科 10 属，1 种鉴定到属为吻虾虎鱼。鲤形目 6 种，占总物种数的 54.55%；鲈形目 4 种，占总物种数的 36.36%；鳉形目 1 种，占总物种数的 9.09%。鲤科鱼类 6 种，占总物种数的 54.55%；虾虎鱼科 2 种，占总物种数的 18.18%；鮨科、沙塘鳢科、胎鳉科各 1 种，各占 9.09%。优势种为高体鳑鲏（$Y=0.031$）、鳘（$Y=0.026$）、侧条光唇鱼（$Y=0.022$）、食蚊鱼（$Y=0.021$）。其中，高体鳑鲏和鳘分布最广，在各采样点各生境中均出现，其次是侧条光唇鱼只在 L4 及生境 D 中未出现。广西鱲、草鱼、斑鳜只在单一采样点中出现。采集仔稚鱼样品多为外源营养期仔鱼和稚鱼，且大部分为小型鱼类。漓江中游近岸水域仔稚鱼的种类组成及分布如表 7.6 所示。

2. 生境类型与丰富度的关系

β 多样性是反映生境间物种组成差异的重要指标，不同生境间的共同种越多，β 多样性的数值就越小。Cody 多样性指数（β_c）是测度 β 多样性的一个重要方法[36]。

表 7.6　漓江中游近岸水域仔稚鱼的种类组成及分布

Table 7.6　Species composition and distribution of larval and juvenile fish in the middle reaches of Lijiang River

种类组成	生境类型				采样点						
	A	B	C	D	L1	L2	L3	L4	L5	L6	L7
鲤科 Cyprinidea											
宽鳍鱲 *Zacco platypus*	+	+						+			+
草鱼 *Ctenopharyngodon idellus*		+						+			
鳘 *Hemiculter leucisculus*	+	+	+	+	+	+	+	+	+	+	+
高体鳑鲏 *Rhodeus ocellatus*	+	+	+	+	+	+	+	+	+	+	+
侧条光唇鱼 *Acrossocheilus parallens*	+	+	+		+	+	+		+	+	+
广西鱊 *Acheilognathus meridianus*			+	+							+
鮨科 Serranidae											
斑鳜 *Siniperca scherzeri*				+							+
沙塘鳢科 Odontobutidae											
中华沙塘鳢 *Odontobutis sinensis*	+	+						+		+	
虾虎鱼科 Gobiidae											
吻虾虎鱼 *Rhinogobius* sp.	+		+		+				+		
子陵吻虾虎鱼 *Rhinogobius giurinus*	+	+	+		+			+		+	
胎鳉科 Poeciliidae											
食蚊鱼 *Gambusia affinis*	+	+	+			+		+		+	

注："+" 表示出现

4 种生境间的 β 多样性 Cody 指数测度矩（表 7.7）显示，以 2.5 为分界值，高于 2.5 的有 2 个，低于 2.5 的有 2 个。高于 2.5 的是生境 D 分别与生境 A、B 的物种组成比较的结果，存在较大差异，而生境 A 与生境 B 比较结果最小，物种组成差异也最小。物种丰富度是物种组成定量分析的一个简单指标。4 种生境的仔稚鱼物种丰富度分别为 4.20、4.73、3.60、2.40，4 种生境的仔稚鱼物种丰富度的单因素方差分析和 LSD 多重比较结果显示，生境 A、B 的物种丰富度显著高于生境 D（$P < 0.05$），表明有水生植物的生境仔稚鱼物种丰富度显著高于无水生植物的生

表 7.7　4 种生境间的 β 多样性 Cody 指数测度矩

Table 7.7　Matrix of β-diversity measured by cody index from four different habitats

生境类型	A	B	C	D
A		1.0	1.5	**3.0**
B			2.5	**3.5**
C				2.5
D				

境，而生境 A、B 与生境 C 差异不显著（$P > 0.05$），即河岸与底质类型对仔稚鱼物种丰富度的影响不显著（图 7.9）。

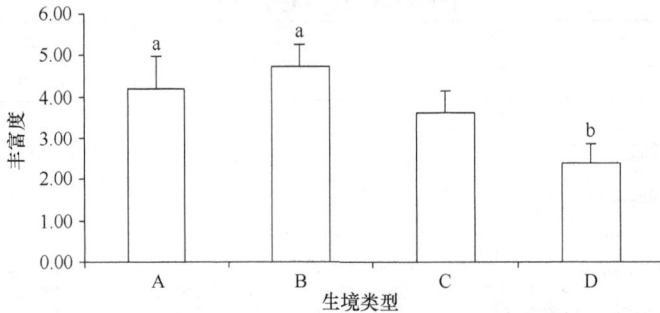

图 7.9　不同生境类型对仔稚鱼物种丰富度的影响（不同字母表示丰富度的差异）
Figure 7.9　The effect of different habitat types on larval and juvenile fish's species richness（different letter means asignificant difference of different habitat types）

3. 生境类型与丰度的关系

仔稚鱼在近岸水域 4 种生境中均有分布，但在不同生境的丰度不同。仔稚鱼丰度在 4 种生境中的丰度分别为 61.5ind/m³、59.8ind/m³、49.8ind/m³、22.2ind/m³，4 种生境仔稚鱼丰度的单因素方差分析和 LSD 多重比较表明，生境 A 与生境 B 中仔稚鱼丰度显著高于生境 D（$P < 0.05$），生境 A 与生境 B 的仔稚鱼丰度无显著性差异（$P > 0.05$）（表 7.8 和图 7.10）。说明有水生植物的天然河岸生境中仔稚鱼丰度大于无水生植物的人工护岸生境仔稚鱼丰度，而底质类型对仔稚鱼丰度影响不显著。

表 7.8　不同生境仔稚鱼丰度分析结果
Table 7.8　The analysis results of one-way ANOVA on abundance of larval and juvenile fish from four different habitats

生境类型	A	B	C	D
A		1.72（0.914）	11.64（0.551）	**39.27（0.030）**
B			9.93（0.534）	**37.55（0.007）**
C				27.63（0.114）
D				

注：表中数据为不同生境仔稚鱼丰度均值差（$I–J$），括号中数据为显著性差异水平（P），其中 $P < 0.05$ 表示存在显著差异（已加粗）

7.3.3　分析与讨论

1. 生境类型对仔稚鱼丰富度的影响

鱼类与水生植物关系非常密切，水生植物既能为鱼类提供饵料，又能提供避

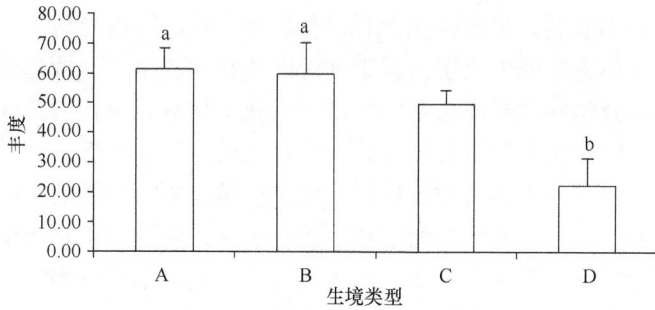

图 7.10　不同生境类型对仔稚鱼物种丰度的影响（不同字母表示丰度的差异）

Figure 7.10　The effect of different habitat types on larval and juvenile fish's abundance（different letters mean a significant difference of different habitat types）

难场所。鱼类个体数和物种数与沉水植物及漂浮植物存在正相关关系[19]，沉水植物与水环境关系较为密切，其对水体生物的生产力产生关键性影响[31]。调查结果显示，有水生植物的生境仔稚鱼物种丰富度显著高于无水生植物的生境，说明多数仔稚鱼对水生植物生境具有一定的偏好性。另外，如高体鳑鲏、鳘、侧条光唇鱼、食蚊鱼、广西鱊等多种鱼类的仔稚鱼均出现在有水生植物的生境。仔稚鱼处于鱼类发育早期阶段，其捕食和避害能力均有限，对饵料的大小和密度、水环境质量等要求均较高，水生植物能减缓水流速度，其叶片、根茎以及周围水环境中丰富的浮游生物，为仔稚鱼提供饵料，也能为仔稚鱼提供避难场所。因此，多种仔稚鱼常聚集在水生植物生境。但水生植物的密度、种类与仔稚鱼的相关性需进一步研究。

2. 生境类型对仔稚鱼丰度的影响

稚鱼丰度较高的生境，水生植物量较大[37]。本研究复合河岸在河流水体下的部分与天然河岸相近，则生境 A 与生境 B 河岸类型相近，且两种生境均有水生植物，底质类型不同。有水生植物的天然河岸生境中仔稚鱼丰度大于无水生植物人工护岸的生境仔稚鱼丰度。反之，由于河岸带缺乏水生植物及其他有效的遮蔽物，仔稚鱼会遭遇来自捕食者的巨大压力，进而导致其数量下降[38]。除此之外，水生植物不仅为水生生物提供饵料和栖息场所、优化水质，也可以固定河岸基质[39]。人工护岸多用石块或混凝土材料组成，与土体隔绝，在一定程度上对河流生态造成影响，隔断了坡面上下水分、营养元素、能量等的自然运动和交流[40]，破坏了水生环境，不利于外源营养仔鱼、稚鱼摄食获取能量等，另外，内河航运波浪冲击、污染物排放等对岸栖鱼类的补充量造成不利影响[41]，进一步导致仔稚鱼丰度下降。鱼类产卵场调查相关研究表明鱼类的"三场"分布有不同底质生境[42]，可能是不同鱼类繁殖或早期发育对生境的要求不同。本研究结果表明底质对仔稚鱼丰度的影响并不显著，可能是优势种高体鳑鲏、鳘、侧条光唇鱼、食蚊鱼的仔稚鱼均栖息于水体表层或中上层，其丰度受底质影响较小，而栖息于水体下层的稚鱼，如中华沙塘鳢和吻虾虎鱼属的仔稚鱼渔获个体数较少，对总体丰度的影响较小。底质会直接影响水生植物的生长，但对鱼类的影响尚需进一步研究。

由于受旅游资源的不断开发、航运、河道修筑工程等因素的影响，漓江中游天然河岸比例逐年下降，水生生物栖息地遭受破坏，导致鱼类资源量持续下降。天然河岸有利于维护水生生态系统，水生植物不仅能为水生生物提供饵料和避难场所，同时还可优化水质、加固河岸基质。河岸带生态保护与水生植物恢复对鱼类资源补充至关重要，有必要进行漓江中游河岸带生态保护与水生植物恢复工作。因此，为打造桂林国际旅游胜地，营造漓江健康水生态环境，河流管理部门应该给予关注和思考，关注河岸带的保护与恢复，应用生态文明建设理念对河流进行管理，使旅游建设与生态保护和谐发展。

7.4　会仙湿地鱼类与环境因子的关系

鱼类在水体的食物链中占据着最高的位置，在所处的湿地环境里拥有不可取代的作用，它们影响着所处生态系统的稳定性。人类世界在不断地发展，伴随污染物、水利工程、农田现代化给排水以及河床资源开发等人类行为的干扰，湿地生态环境的各项环境指标正在失去其原有的健康水平。水文因素、水体质量等环境因子，会直接或间接作用到水中动植物身上。针对上述问题，本节以会仙湿地为研究区域，基于 2014 年 6 月至 2015 年 4 月进行的采样资源进行分析，调查出哪些环境指标对当地鱼类的生存有着至关重要的影响作用，以期为会仙湿地鱼类的保护提供科学依据。

7.4.1　材料与方法

1. 采样方法

同 3.4.1 节。现场测定水体温度、溶解氧、pH、电导率、水体浊度等沟渠理化因子。河流中为 7 月、10 月、1 月、4 月每个季度进行一次，测定水体温度、溶解氧、pH 和电导率、水体浊度等指标。同时，采集好的水样储存在硬质玻璃瓶中，用 1.84g/mL 的浓硫酸调节 pH 至 1-2 带回实验室。总氮通过《碱性过硫酸钾消解紫外分光光度法》进行测量，120-124℃的温度环境里，碱性过硫酸钾溶液将样本里含氮化合物的氮变成硝酸盐，通过紫外分光光度法在波长为 220nm 及 275nm 的地方，各自记录吸光度 A_{220} 和 A_{275}，校正吸光度 $A=A_{220}-A_{275}$，总氮含量与 A 成正比。总磷则通过《钼酸铵分光光度法》，处于中性环境中加过硫酸钾将样品消解，把样品内的磷氧化成正磷酸盐，在酸性环境里，正磷酸盐和钼酸铵发生反应，有锑盐的情况下反应得到磷钼杂多酸，马上又被抗坏血酸还原，得到蓝色络合物，以水作参比，记录吸光度，最后从工作曲线中得到磷含量。用桂林理工大学环境工程中心实验室提供的仪器设备测定测得[43,44]。

2. 数据处理

对违背正态分布的环境因子数据做 lg（$x+1$）对数变换处理。DCA 分析第 1 排序轴梯度长度大于 4.0，才能用典范对应分析（CCA）对物种和环境数据进一步研究，如果在 3.0-4.0，则使用线性模型冗余分析（RDA）或 CCA，若小于 3.0 则使用 RDA 分析。用主成分分析（PCA）检验环境指标之间的差异，特征根数值大于 1.0 被保留作解释。PCA 分析用 SPSS 19.0 软件进行，DCA 和 CCA 分析用 Canoco 4.5 系列软件完成。

7.4.2　研究结果

1. 去趋势对应分析（DCA）

物种数据先经去趋势对应分析（DCA）来判定选择线性模型还是单峰模型，沟渠鱼类和河流湖泊鱼类 "lengths of gradient" 信息显示最大排序轴的梯度长度分别为 3.413 和 5.060，都大于 3，因此选用典范对应分析（CCA）较为合适。

2. 主成分分析（PCA）

依据特征值大于 1.0 原则，沟渠环境因子 PCA 分析得到 3 个主成分，共解释了总环境变量的 72.51%。第一主成分（PC1）其特征值是 3.11，能解释总环境变量的 34.51%。水温、浊度、pH、溶解氧与第一主成分为正相关，沟渠宽度、总氮与第一主成分为负相关。第二主成分（PC2）其特征值是 1.98，能够解释总环境变量的 21.95%，浊度、总氮、总磷与第二主成分为正相关，但植被覆盖度与其为负相关。第三主成分（PC3）其特征值是 1.45，能够解释总环境变量的 16.05%，沟渠宽度、植被覆盖度与第三主成分为正相关，电导率与其为负相关（表 7.9）。

河流湖泊环境因子 PCA 分析得到两个主成分，共解释了总环境变量的 71.56%。第一主成分（PC1）其特征值是 4.27，能够解释总环境变量的 47.41%。水温、pH、溶解氧、水域宽度与第一主成分呈正相关关系，电导率、总氮与第一主成分为负相关。第二主成分（PC2）的特征值为 2.17，解释了总环境变量的 24.14%，浊度、水域宽度、总磷与第二主成分呈正相关关系（表 7.10）。

表 7.9　会仙湿地沟渠鱼类主成分分析结果

Table 7.9　Results of PCA for fish in the ditches of Huixian Wetland

环境变量	PC1	PC2	PC3
水温	**0.879**	0.316	−0.103
浊度	**0.738**	**0.504**	0.192
pH	**0.621**	−0.357	0.268
溶解氧	**0.805**	−0.364	0.166
电导率	−0.336	−0.389	**−0.669**
沟渠宽度	**−0.588**	0.197	**0.531**
植被覆盖度	−0.015	**−0.578**	**0.586**
总氮	**−0.524**	**0.514**	0.429
总磷	0.146	**0.757**	−0.203
特征值（λ）	3.11	1.98	1.45
贡献率（%）	34.51	21.95	16.05

注：黑体表示相关性好

表 7.10　会仙湿地河流湖泊鱼类主成分分析结果

Table 7.10　Results of PCA for fish in the rivers and lakes of Huixian Wetland

环境变量	PC1	PC2
水温	**0.800**	0.476
浊度	−0.203	**0.857**
pH	**0.889**	−0.322
溶解氧	**0.811**	0.103
电导率	**−0.876**	−0.013
水域宽度	**0.721**	**0.547**
植被覆盖度	0.443	−0.485
总氮	**−0.729**	−0.091
总磷	−0.352	**0.745**
特征值（λ）	4.27	2.17
贡献率（%）	47.41	24.14

注：黑体表示相关性好

3. 会仙湿地农田沟渠鱼类群落与环境因子的关系

经过 PCA 筛选，选择第一主成分相关性高的环境因子水温（Tem）、浊度（Turb）、pH（pH）、溶解氧（DO）、沟渠宽度（Wid）、总氮（TN）6 个环境指标进行典范对应分析（CCA）（图 7.11）。其中除沟渠宽度和总氮为负相关以外都是正相关。环境因子 CCA 排序的特征值见表 7.11。其中食蚊鱼、李氏吻虾虎鱼与 pH 正相关；鲤、食蚊鱼与溶解氧正相关，与总氮负相关；鲤、鲇、大鳞副泥鳅则与水温、沟渠宽度、浊度正相关，与总氮负相关；条纹小鲃以及子陵吻虾虎鱼与总氮正相关，与水温、沟渠宽度、浊度负相关。

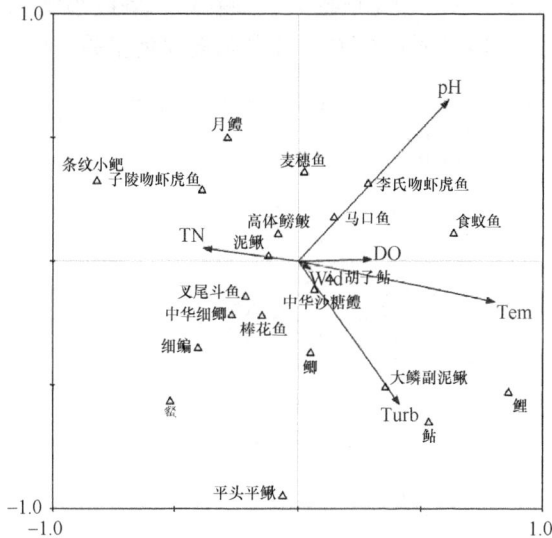

图 7.11　会仙湿地沟渠鱼类群落与环境因子之间的典范对应分析图

Figure 7.11　Canonical corresponding analysis（CCA）of species-environmental variation in the ditches of Huixian Wetland

表 7.11　会仙湿地沟渠环境因子 CCA 排序的特征值

Table 7.11　Result of canonical correspondence analysis for species-environment data from ditches of Huixian Wetland

环境因子	第 1 排序轴	第 2 排序轴	第 3 排序轴	第 4 排序轴
水温	0.8051	−0.1638	−0.2138	0.1678
浊度	0.4124	−0.5785	−0.3028	0.0196
pH	0.6107	0.6505	−0.3471	0.0389
溶解氧	0.2983	0.0082	−0.8412	−0.0517
沟渠宽度	0.0501	−0.0323	0.3801	−0.6229
总氮	−0.3826	0.0520	0.2351	−0.6755

4. 会仙湿地河流与湖泊鱼类群落与环境因子的关系

经过 PCA 筛选，选择与第一主成分相关性高的环境指标水温（Tem）、pH（pH）、溶解氧（DO）、电导率（Cond）、水域宽度（Wid）、总氮（TN）6 个环境因子进行典范对应分析（CCA）（图 7.12）。其中除水温、pH、溶解氧和水域宽度为正相关以外都是负相关。环境因子 CCA 排序的特征值见表 7.12。其中泥鳅、中华原吸鳅、异华鲮、光倒刺鲃、横纹南鳅与水域宽度呈正相关，而与电导率呈负相关；青鳉、食蚊鱼与水温正相关，而与总氮负相关；月鳢、溪吻虾虎鱼与溶解氧正相关；月鳢、短须鲬与 pH 正相关；棒花鱼、条纹小鲃与总氮含量正相关，与水温负相关；青鳉与电导率正相关，与水域宽度负相关。

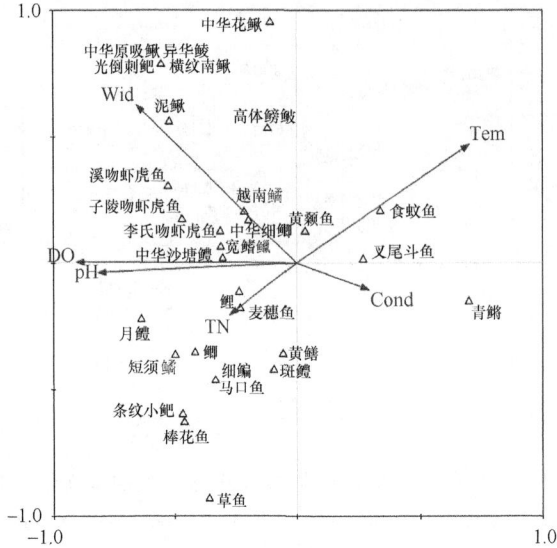

图 7.12　会仙湿地河流湖泊鱼类群落与环境因子之间的典范对应分析图

Figure 7.12　Canonical corresponding analysis（CCA）of species-environmental variation in the rivers and lakes of Huixian Wetland

表 7.12　会仙湿地河流与湖泊环境因子 CCA 排序的特征值

Table 7.12　Result of canonical correspondence analysis for species-environment data from rivers and lakes of Huixian Wetland

环境因子	第 1 排序轴	第 2 排序轴	第 3 排序轴	第 4 排序轴
水温	0.6991	0.4708	0.0964	0.2105
pH	−0.8172	−0.0378	−0.1684	−0.4284
溶解氧	−0.9067	0.0050	−0.2865	0.1694
电导率	0.2942	−0.1059	0.1747	−0.3044
水域宽度	−0.6541	0.6243	−0.1501	−0.1189
总氮	−0.2713	−0.2048	0.8451	0.3916

7.4.3　分析与讨论

PCA 分析结果表明植被覆盖度和总磷含量对鱼类群落结构相关性可以忽略，沟渠和河流湖泊中的鱼类群落分别对电导率和浊度的敏感性不高。根据典范对应分析产生的结果发现水温、pH、溶解氧、电导率、水域宽度、总氮 6 个因子与鱼类群落结构存在明显的相关性，水域宽度在所有因子当中是对鱼类分布起作用的最具有代表性的指标，因为生存空间是对鱼类有影响的一个关键因素，鱼类生存的空间与水域宽度基本呈现正相关趋势，河流湖泊因水面宽度的不同往往会造成水体深度的变化，从而使与水深相关的溶解氧也对鱼类群落结构造成比较重要的影响；而沟渠中水温、浊度、pH、溶解氧、沟渠宽度、总氮 6 个因子对鱼类群落结构有一定影响，沟渠水位较浅，人工活动密集，浊度的变化大，成为沟渠鱼类群落结构敏感的因素之一，从研究结果可见农田化肥的使用和流失对鱼类的群落组成造成一定影响。温度是作用于鱼类群落分布的一项首要因素，水温的季节性改变将产生鱼类群落的四季变化，水环境中的 pH 降低或升高都会对鱼类起到一定影响作用，这些变化会对鱼类的各种生理变化造成有利或不利的影响，固无论是沟渠还是河流湖泊，水温和 pH 对鱼类都有重要的影响性。

7.5　青狮潭水库鱼类与环境的关系

青狮潭水库拦截甘棠江，汇集诸多溪涧流水，同时又泄洪放水，储蓄一定量水资源，是一种受人工影响巨大同时兼具部分河流功能的特殊湖泊生态系统。库区多样的水生生态环境，为鱼类的生存、繁衍提供必要的物质条件和空间资源。鱼类群落为充分利用各种生境资源如饵料、溶解氧等或适应气候水文条件，在空间上会发生自主迁移，通过生理活动调整以适应四季气候变化，形成与环境密切联系的时空格局。影响鱼类的环境因子很多，根据物理化学性质和空间属性，可以分为气候因子、水环境条件（水文、水质）、生物因子、地形地貌等，其中水环境中的各种理化因子通过直接或间接的作用，对鱼类个体的生存、种群的繁衍、群落的发展起着至关重要作用。例如，全国多数淡水湖库都存在水体富营养化趋势，水体富营养化形成的水华，对内陆淡水生物群落结构的毁灭性破坏[45,46]。不同水体或不同地区的水环境条件往往不同，影响鱼类的强度和利害情况不尽相同。对于人工水生态系统，人为因素往往决定着系统短期内发展方向。本节就青狮潭水库饮用水水源地建设和全国良好湖库示范地创建的背景下，着重分析水库鱼类时空分布特征与库区水环境因子的关系，对影响鱼类的主要水环境因子进行排序，并讨论其变化趋势，为库区水环境整治尤其是良好水生态构建提供参考。

7.5.1 材料与方法

1. 研究区域

青狮潭水库拦截漓江支流甘棠江而成，是桂北地区青狮潭水源林保护区的核心组成部分。保护区位于 25°26′20″N-25°47′30″N，110°5′15″E-110°17′30″E，流域地貌属越城岭余脉的中山类型、气候类型为中亚热带季风气候区，山区地形复杂，小气候差异大。青狮潭水库控制集雨面积为 474km²，正常水位 225m 时，水面面积约 28km²。研究区以青狮潭水库鱼类采样区为核心区域，调查范围主要覆盖青狮潭水库 226m 生态红线以下库区，包括一、二级水源保护区，以及主要河流入库口，生境调查包括青狮潭水库库区、库岸、主要入库河流周边地形、植被、人类活动等状况。

2. 采样方法

2015 年 4 月、7 月、10 月和 2016 年 1 月，分季度对研究区鱼类资源进行调查。根据《内陆水域渔业自然资源调查手册》，采用多目刺网（2cm、4cm）及拦网在指定区域进行鱼样采集。进行渔获物现场分类鉴定、测量计数。难鉴定的渔获物用 10%的福尔马林固定后带回实验室分析，统计后用 5%的福尔马林保存。主要参照《广西淡水鱼类志》（第二版）、《珠江鱼类志》进行鱼样鉴定与分析。参照内陆生物生态相关调查标准，如《渔业生态环境监测规范》及《湖库水生态环境质量评价技术指南（试行）》，分别于 4 月、7 月、11 月和 1 月的每月上旬在各个鱼类采样区附近进行相关生境要素（气象、水体、库岸等）现状调查记录以及水环境因子采集监测。水温、pH、电导率和溶解氧用便携式双路输入多参数数字分析仪（HACH HQ40d）测定，浊度数据由便携式浊度仪（HACH 2100Q-01）测定。部分现场气象、水文数据（降水量、径流量、水位）、水质指标分别从气象网、广西水利信息网和桂林市环境保护局获得[47]。

3. 数据处理

用主成分分析（PCA）检验不同季节或不同采样点环境因子之间的差异情况，筛选出主要环境因子（特征根＞1.0）。剔除出现频率小于 5%或丰度小于 1%的鱼类物[9]后，用降趋对应分析（DCA）分析鱼类群落结构的时空变化。根据 DCA 分析第一排序轴梯度长度的大小，分别选用不同的排序方法做进一步分析。大于 4.0 时可用典范对应分析（CCA）分析；3.0-4.0 时，用线性模型冗余分析（RDA）或

CCA；小于 3.0 则用 RDA 分析。方法的可行性用蒙特卡罗检验（Monte Carlo permutation test），$P < 0.05$，表示统计处理结果具有一定的可信度。PCA 分析用 SPSS 19.0 软件进行，DCA 和 RDA 分析用 Canoco 4.5 系列软件完成。

7.5.2　研究结果

1. 水环境因子

Spearman 相关性系数矩阵分析显示：青狮潭水库鱼类个体数与溶解氧、电导率、出入库流量呈正相关，与水温、pH、浊度、水位呈负相关。鱼类物种数与溶解氧、pH、浊度、出入库流量呈正相关，其中与溶解氧相关性显著；物种数与水温、电导率呈负相关，与水位无关。鱼类 Shannon-Wiener 指数除了与水位呈负相关外，与其他水质、水位因子均呈正相关，其中与 pH 呈显著正相关。水温、pH、浊度与其他水质因子均呈正相关，且多数相关性显著。溶解氧与水温、浊度、电导率呈负相关，与 pH、出入库流量呈正相关。水位与出入库流量呈明显的正相关（表 7.13）。

表 7.13　青狮潭水库鱼类与环境因子之间相关性矩阵
Table 7.13　Matrix of Spearman correlation coefficients of variables measured in the Qingshitan Reservoir

	N	S	H_e'	DO	T	pH	Tur	EC	Ir	Or	WL
N	1.000										
S	+	1.000									
H_e'	−**	+	1.000								
DO	+	+*	+	1.000							
T	−	−	+	−	1.000						
pH	−	+	+*	+	+**	1.000					
Tur	−	+	+	−	+**	+**	1.000				
EC	+	−	+	−	+**	+**	+*	1.000			
Ir	+	+	+	+	+	+*	+	+	1.000		
Or	+	+	+	+	+*	+**	+**	+	+	1.000	
WL	−	0	−	−	+**	+	+*	+	+*	+*	1.000

注：N：鱼类个体数；S：鱼类总物种数；H_e'：Shannon-Wiener 指数；DO：溶解氧；T：水温；Tur：浊度；EC：电导率；Ir：入库流量；Or：出库流量；WL：水位。

相关性类型：+：正相关；−：负相关；显著性水平：**$P < 0.01$；*$P < 0.05$；显著相关性用加粗表示

水环境因子主成分分析（PCA）结果表明，初始特征根大于 1.0 的因子有溶解氧、水温、pH，各特征值依次减小，3 个成分共解释了水环境变量的 78.527%。考虑到浊度的初始特征根较大，且解释变量较大，将其列入下一步分析。溶解氧、水温、pH、浊度的特征值分别为 3.487、1.643、1.153、0.889，共解释了水环境变量的 89.653%。主成分之间的相关性分析表明，溶解氧与水温、浊度呈负相关，与 pH 呈正相关。其他因子间均显正相关。

水环境因子总体上随季节变化而变化明显，对库区水质因子季节间变化数据进行分析，one-way ANOVA 和 LSD 多重比较结果表明，库区水体秋季溶解氧明显低于其他 3 个季节，季节间呈显著性差异（$P<0.05$），溶解氧在 7.10-10.31mg/L 变化。水温除了夏、秋两季间无显著性差异外（$P=0.141$），其余各季节间均呈显著性差异，在 14.1-30.1℃变动。夏季水体 pH 高达 9.75，除了夏季与其他各季间的差异性极显著（$P<0.01$）外，其余各季节间 pH 不存在显著性差异。水体浊度在夏季最高（16.90），季节间总体差异均不明显（$P>0.05$）。水体电导率各季节间变化均不明显（$P>0.05$）。各水质参数除了电导率外，在水平空间不存在显著差异性。入库径流除了春、夏不存在显著差异，其余季节均存在显著差异；出库径流除了秋、冬外，其余季节间均存在显著差异（$P<0.05$）。各季间的水位差异极显著（$P<0.001$），采样期间水位在 213.68-223.6m 变动。采样期间水文因子的季节性变化分析显示（图 7.13），库区除水位季节间变化不明显外，其他因子（出入库流量、水温、浊度），夏季最高，春、冬季较低，季节间变化趋势较一致。水环境因子在水平空间上的变化，除了电导率外，其他不存在显著差异性（$P>0.05$）。

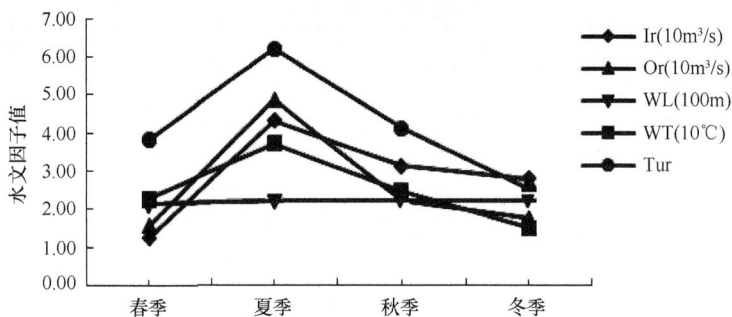

图 7.13　青狮潭水库水文因子的季节性变化

Figure 7.13　Variation of main hydrological factors among seasons in the Qingshitan Reservoir

2. 鱼类与水环境关系

主成分分析（PCA）检验不同水环境因子对环境变量在季节或采样点间变化的贡献情况，保留溶解氧、水位、pH、浊度 4 个环境因子对鱼类与环境的关系做进一步分析。剔除马口鱼、棒花鱼、伍氏半鳘等 18 种出现频率小于 5%或丰度小于 1%的鱼类，保留鲤、鲫、鳘等 14 种鱼类代表整个水库鱼类群落与水环境主要环境因子做对应分析。各采样点鱼类群落结构的降趋对应分析（DCA）结果显示：DCA 第一排序轴梯度长度 2.651（小于 3.0），因此先采用线性模型（RDA）冗余分析对物种与环境变量数据进一步分析。通过对溶解氧、水温、pH、浊度 4 个环境因子进行冗余分析（RDA）（表 7.14），前 3 个排序轴解释了物种数量的 99.8%，第 1 排序轴特征值为 0.053，贡献率为 73.4%。第 2 排序轴特征值为 0.017，贡献率为 23.0%。第 3 排序轴特征值为 0.002，贡献率为 3.4%。蒙特卡罗检验（Monte Carlo permutation test）结果表明，线性模型（RDA）不适合水库鱼类与环境关系的解析（P>0.05）。生物与环境间往往相互作用，形成复杂的关系模型，一般不呈简单的线性关系。主成分分析时缺乏与鱼类生物学信息（个体数、物种数等）的关联，分析结果只衡量各环境因子变量在季节上或空间上对环境总变量的贡献率大小。分析结果显示影响水库鱼类的主要因子没有涉及水文因素，这可能与实际情况不符。降趋对应分析（RDA）中第一排序轴梯度长度 2.651，与典范对应分析（CCA）适用的较优范围（≥3.0）接近，可以采用典范对应分析（CCA）分析鱼类与环境关系。将水文条件（出入库流量、水位）纳入水环境因子，进行典范对应分析（CCA）。

表 7.14　青狮潭水库物种与环境数据进行 RDA 分析的结果
Table 7.14　Result of redundancy analysis for species-environment data in the Qingshitan Reservoir

环境因子	第 1 排序轴	第 2 排序轴	第 3 排序轴	第 4 排序轴
特征值	0.053	0.017	0.002	0.000
物种-环境相关系数（R）	0.243	0.477	0.484	0.142
物种方差累积比例（%）	5.3	6.9	7.2	7.2
物种-环境关系方差累计比例（%）	73.4	96.4	99.8	100
所有典范轴的显著性检验	P>0.05			

经蒙特卡罗检验（Monte Carlo permutation test）结果表明，对库区鱼类与水环境关系做典范对应分析（CCA）是可行的（P<0.05）。其中第 1 排序轴解释了环境与物种关系的 68.1%，其特征值为 0.638。总排序轴解释了与物种关系的 95.3%，总特征值为 0.893。蒙特卡罗检验（Monte Carlo permutation test）排除影响较小的因子电导率、溶解氧、出库流量、pH（P>0.05）。结果表明，青狮潭水库鱼群落结构主要水环境因子依次为入库流量、水位、水温和浊度（n=499，P<0.05），共解释与物种关系的 77.84%（表 7.15）。

由鱼类与环境因子关系排序图（图 7.14）可看出，水库主要鱼类所在的水环境条件有较高的相似性，除太湖新银鱼外，多数鱼类与入库流量、水温、pH 等环境因子呈正相关。鲤鱼、鲇鱼、尼罗罗非鱼等鱼类与入库流量呈显著正相关，这与入库流量携带大量的饵料有关。水库蓄水调温能力强，库区底层环境全年保持暖和温度，水库底层或底栖鱼类如黄颡鱼、泥鳅、黄鳝等随着温度提高，活动性

表 7.15　青狮潭水库物种与环境数据进行 CCA 分析的结果

Table7.15　Result of canonical correspondence analysis for species-environment data in the Qingshitan Reservoir

相关指标/系数	第 1 排序轴	第 2 排序轴	第 3 排序轴	第 4 排序轴
特征值	0.638	0.143	0.079	0.033
物种-环境相关系数（R）	0.841	0.643	0.667	0.677
物种方差累积累计比例（%）	35.9	43.9	48.4	50.2
物种-环境关系方差累计比例（%）	68.1	83.4	91.8	95.3
水温	0.3564	0.5504	−0.2386	0.0885
浊度	0.0086	0.9252	−0.2047	0.1240
入库流量	0.5824	0.1652	0.2001	0.5307
水位	−0.3381	0.1435	−0.2937	0.4968
第一典范轴有效性 P 值	0.0360			
所有典范轴有效性 P 值	0.0220			

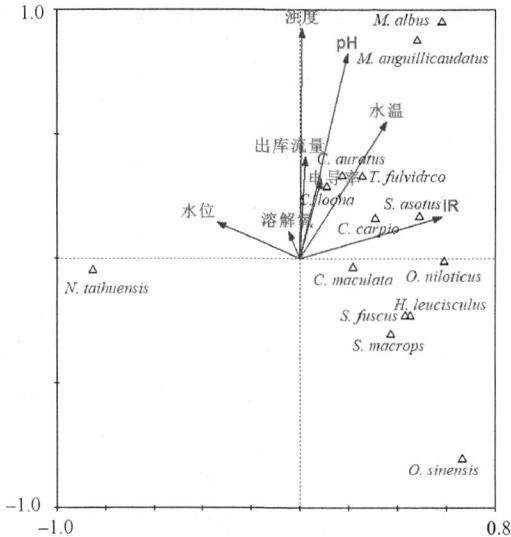

图 7.14　青狮潭水库鱼类与环境变量之间的 CCA 排序图

Figure 7.14　Canonical corresponding analysis（CCA）of species-environmental variation in the Qingshitan Reservoir

明显增强，二者呈现明显的正相关。总体上看，库区鱼类物种在水环境梯度上分布呈现较强的相关性。由鱼类与其采样点之间的 CCA 排序图（图 7.15）可以看出，库区鱼类在时空上呈现一定的群聚性，多数鱼类在春季和秋季的西湖库区（S3、S4、S6）出现，亚冷水性鱼类太湖新银鱼在秋冬季节的湖心（S4）处群聚。

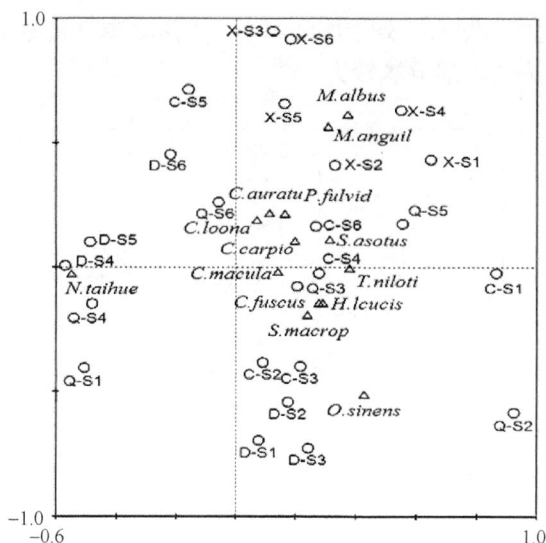

图 7.15　青狮潭水库鱼类与其采样点之间的 CCA 排序图

Figure 7.15　Canonical corresponding analysis（CCA）of fish-sampling sites variation in the Qingshitan Reservor

7.5.3　分析与讨论

1. 水环境的时空变化

　　水库主要水环境因子，pH、浊度、电导率季节间差异不明显，溶解氧、水温、水位季节间差异明显。水温、pH、浊度夏季最高，春季最低，水位、出入库流量则夏、秋两季较高，冬春较低。其中水温、水文因子受气象条件控制明显，符合采样期间的气象变化。水库四面环山、风力较小、水层厚，水体上下波动小，上下层物质交流慢。库区水体浊度主要有入库流量携带，浊度往往与入库流量呈显著的正相关性，与水文因子变化一致。水库处于中亚热带季风气候区，夏季雨热同期，秋冬温和少雨。由于秋季受冷暖气流形成的静止锋面的影响，秋季降雨强度大，造成夏秋相连的汛期。pH、电导率间呈正相关，由于库区水环境存在各种 pH 缓冲物质，在没有高强度的外界干扰下，其值变化幅度往往较小。

　　水平空间上，秋冬季节，水质因子如浊度、溶解氧、pH、电导率等呈现从东湖向西湖升高的趋势。同一季节，东湖库区（S1、S2、S3）水温明显比西湖库区要低（图 7.16）。这主要与水库湖体形态有关。库区可明显分为东西二湖，西湖开阔地势低，光照较足；东湖狭窄地势高，两岸植被茂密，遮阴度强。春冬两季 S2、S3 的水环境因子明显与其他采样点不同，各参数相对较小，可能与其处于两湖库区的狭窄通道的位置有关。S4 处于库区湖心，水深面阔，秋冬季节，光热条件较好，水体初级生产力高，溶解氧较大。

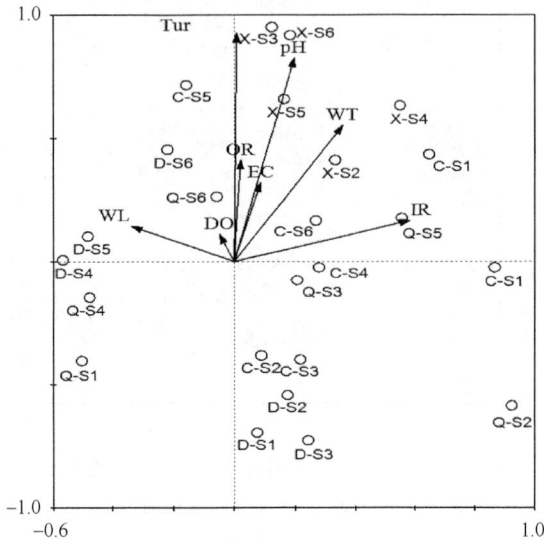

图 7.16　青狮潭水库水环境与其采样点之间的 CCA 排序图

Figure 7.16　Canonical corresponding analysis（CCA）of environment-sampling sites variation in the Qingshitan Reservoir

2. 鱼类与水环境关系

典范对应分析（CCA）显示，影响青狮潭水库鱼类时空分布的主要水环境因子有入库流量、水位、水温和浊度（解释总变量的 77.84%）。多数鱼类与入库流量、水温呈正相关，入库流量增大，可直接为库区杂食性鱼类（鲤、鲫）提供饵料，同时携带的营养盐可为水生植物提供养分。水温增高，往往意味着光热资源多，有利于提高库区水体初级生产力。库区水体浊度与入库流量呈正相关，浊度过高过低都不利于鱼类的生存，库区鱼类在中等浊度梯度上呈一定群聚性。库区鱼类（太湖新银鱼外）多数与水位呈显著负相关，这可能与库区总体初级生产力不足有关，水位下降时湿生植物丰度提高可补给鱼类饵料资源量。库区水温季节性变化除了受气候控制外，不同水层水文与水深或水位呈一定的相关性，一般夏季呈负相关，冬季呈正相关。库区水量较大，水的比热容大，库区水环境温度变化比气温的季节性变化缓和，同时水温在垂直方向的变化梯度为各种类型的鱼类过冬提供必要条件。青狮潭水库鱼类群落在时空上的总体分布格局表明，当前库区大部分水区可为鱼类提供适宜的水环境，影响鱼类群落结构的水环境因子是水温和水文条件，如外来引进种尼罗罗非鱼因冬季低温不能在该地区自然繁殖。

　　与本研究相比，朱召军等在对漓江上游河流鱼类与环境因子关系的研究中选择 9 个环境因子进行典范对应分析[8,9]，结果表明，与河流鱼类组成呈显著相关的环境因子（流速除外）依次为海拔、距河口距离、河宽、水温、溶解氧、pH、水深和颗粒尺寸。除了水温、水位（水深）外，影响鱼类群落的主要水环境因子不同。两种水体虽然所处的气候、地理条件相似，但水文条件差异明显，山溪河流水流缓急不一，库区水面总体平缓。一定的环境波动，有利于生物构建更复杂的群落结构，从而增强系统抵御极端事件的干扰。大坝的阻隔效应，阻碍了库区同下游鱼类的交流，造成鱼类群落主体结构的差异，可见不同水体影响鱼类的主要环境因子可能会有所不同。

参 考 文 献

[1] Taylor C M. A large-scale comparative analysis of riffle and pool fish communities in an upland stream system. Environmental Biology of Fishes, 2000, 58(1): 89-95.

[2] Ferreira M T, Sousa L, Santos J M, et al. Regional and local environmental correlates of native Iberian fish fauna. Ecology of Freshwater Fish, 2007, 16(4): 504-514.

[3] Park Y S, Chang J B, Lek S, et al. Conservation strategies for endemic fish species threatened by the Three Gorges Dam. Conservation Biology, 2003, 17(6): 1748-1758.

[4] Dauwalter D C, Splinter D K, Fisher W L, et al. Biogeography, ecoregions, and geomorphology affect fish species composition in streams of eastern Oklahoma, USA. Environmental Biology of Fishes, 2008, 82(3): 237-249.

[5] Grossman G D, Ratajczak R E Jr, Crawford M, et al. Assemblage organization in stream fishes: Effects of environmental variation and interspecific interactions. Ecological Monographs, 1998, 68(3): 395-420.

[6] Ibañez C, Oberdorff T, Teugels G, et al. Fish assemblages structure and function along environmental gradients in rivers of Gabon(Africa). Ecology of Freshwater Fish, 2007, 16(3): 315-334.

[7] Yan Y Z, He S, Chu L, et al. Spatial and temporal variation of fish assemblages in a subtropical small stream of the Huangshan Mountain. Current Zoology, 2010, 56(6): 670-677.

[8] 朱召军, 吴志强, 黄亮亮, 等. 漓江上游鱼类物种组成及其多样性分析. 四川动物, 2015, 34(1): 126-132.

[9] 朱召军. 漓江上游鱼类物种多样性及河流健康评价指标体系研究. 桂林: 桂林理工大学硕士学位论文, 2015.

[10] 于海成, 线薇微. 1998—2001 年长江口近海鱼类群聚结构及其与环境因子的关系. 长江科学院院报, 2010, 27(10): 88-92.

[11] 封文利. 漓江中游近岸水域仔稚鱼群落结构及其与生境的关系. 桂林: 桂林理工大学硕士学位论文, 2016.

[12] 封文利, 吴志强, 黄亮亮, 等. 漓江中游仔稚鱼群落结构特征.云南师范大学学报(自然科学版), 2016, 36(2): 59-66.

[13] 封文利, 吴志强, 黄亮亮, 等. 漓江中游 16 种常见鱼类仔稚鱼形态特征初步研究. 水生态学杂志, 2017, 38(2): 94-100.

[14] 韩耀全, 周解, 吴祥庆. 漓江的自然地理与水质调查. 广西水产科技, 2007, (2): 8-16.

[15] Wintersberger H. Species assemblages and habitat selection of larval and juvenile fishes in the River Danube. River Systems, 1996, 10(1-4): 497-505.

[16] 陈义雄, 曾晴贤, 邵广昭. 台湾地区淡水域湖泊、野塘及溪流鱼类资源现况调查及保育研究规划报告. 台北: 台湾行政院农业委员会林务局, 2010.

[17] Johnson D E. Applied Multivariate Methods for Data Analysts. Kansas: Duxbury Press, 1998.

[18] Cao Y, Williams D D, Williams N E. How important are rare species in aquatic community ecology and bioassessment. Limnology and Oceanography, 1998, 43(7): 1402-1409.

[19] 黄亮亮. 东苕溪鱼类环境生物学及河流健康评价指标体系研究. 上海: 同济大学博士学位论文, 2012.

[20] Baumgartner G, Nakatani K, Gomes L C, et al. Fish larvae from the upper Paraná River: Do abiotic factors affect larval density? Neotropical Ichthyology, 2008, 6(4): 551-558.

[21] 张金屯. 数量生态学. 北京: 科学出版社, 2004: 1-357.

[22] Lepš J, Šmilauer P. Multivariate analysis of ecological data using CANOCO. Cambridge: Cambridge University Press, 2003: 1-282.

[23] 覃焕荣. 桂林市漓江干流水环境质量评价. 轻工科技, 2009, 25(12): 95-96.

[24] Wanner G A, Grohs K L, Klumb R A. Spatial and temporal patterns and the influence of abiotic factors on larval fish catches in the lower Niobrara River, Nebraska. Nebraska: University of Nebraska - Lincoln, 2011.

[25] Reynalte-Tataje D A, Agostinho A A, Bialetzki A, et al. Spatial and temporal variation of the ichthyoplankton in a subtropical river in Brazil. Environmental Biology of Fishes, 2012, 94(2): 403-419.

[26] 范重阳. 城镇化进程中城市河流污染治理困境突破. 人民论坛, 2014, (6): 138-140.

[27] Bryan M D, Scarnecchia D L. Species richness, composition, and abundance of fish larvae and juveniles inhabiting natural and developed shorelines of a glacial Iowa lake. Environmental Biology of Fishes, 1992, 35(4): 329-341.

[28] Gaeta J W, Guarascio M J, Sass G G. Lakeshore residential development and growth of largemouth bass(*Micropterus salmoides*): A cross-lakes comparison. Ecology of Freshwater Fish, 2011, 20(1): 92-101.

[29] Brazner J C. Regional, habitat, and human development influences on coastal wetland and beach fish assemblages in Green Bay, Lake Michigan. Journal of Great Lakes Research, 1997, 23(1): 36-51.

[30] Peterson M S, Comyns B H, Hendon J R, et al. Habitat use by early life-history stages of fishes and crustaceans along a changing estuarine landscape: Differences between natural and altered shoreline sites. Wetlands Ecology and Management, 2000, 8(2): 209-219.

[31] Pusey B J, Arthington A H. Importance of the riparian zone to the conservation and management of freshwater fish: a review. Marine & Freshwater Research, 2003, 54(1): 1-16.

[32] Schiemer F, Keckeis H, Reckendorfer W, et al. The "inshore retentionconcept" and its significance forlarge rivers. Large Rivers, 2001, 12(2-4): 509-516.

[33] Lapointe N W R, Corkum L D, Mandrak N E. A comparison of methods for sampling fish diversity in shallow offshore waters of large rivers. North American Journal of Fisheries Management, 2006, 26(3): 503-513.

[34] Friesen T A, Takata H K, Vile J S, et al. Relationships between bank treatment/nearshore development and anadromous/resident fish in the lower Willamette River. Clackamas, Oregon: Oregon Department of Fish and Wildlife, 2003.

[35] 封文利, 吴志强, 黄亮亮, 等. 漓江中游近岸水域仔稚鱼物种组成及其与生境的关系. 中国科学院大学学报, 2015, 32(6): 769-774.

[36] 马克平, 刘灿然, 刘明玉. 生物多样性的测度方法 II β 多样性的测度方法. 生物多样性, 1995, 3(1): 38-43.

[37] Žiliukas V, Žiliukienė V. The structure of juvenile fish communities in the lower reaches of the Nemunas River. Ekologija, 2009, 55(1): 39-47.

[38] Jurajda P, Hohausova E, Gelnar M P. Seasonal dynamics of fish abundance below a migration barrier in the lower regulated River Morava. Folia Zoologica, 1998, 47(3): 215-223.

[39] Boedeltje G, Bakker J P, Heerdt G N J. Potential role of propagule banks in the development of aquatic vegetation in backwaters along navigation canals. Aquatic Botany, 2003, 77(1): 53-69.

[40] 谢三桃, 朱青. 城市河流硬质护岸生态修复研究进展. 环境科学与技术, 2009, 32(5): 83-87.

[41] Hirzinger V K, Schludermann E, Zornig H, et al. Potential effects of navigation-induced wave wash on the early life history stages of riverine fish. Aquatic Sciences, 2008, 71(1): 94-102.

[42] 赵瑞亮, 朱国清, 胡振平, 等. 黄河干流山西段鱼类组成及其产卵场、索饵场和越冬场分布的调查. 水产学杂志, 2014, 27(3): 6-11.

[43] 胡祎祥, 黄亮亮, 吴志强, 等. 广西会仙湿地农田沟渠鱼类群落差异研究. 水生态学杂志, 2015, 36(5): 15-21.

[44] 胡祎祥. 会仙湿地鱼类物种多样性及其与环境因子关系研究. 桂林: 桂林理工大学硕士学位论文, 2016.

[45] 朱迟. 经典生物操纵在我国典型富营养化浅水湖泊条件下的应用基础研究. 武汉: 华中师范大学博士学位论文, 2011.

[46] 王娜. 中国五大湖区湖泊生态系统结构及水生生物演化比较研究. 南京: 南京大学硕士学位论文, 2012.

[47] 郑盛春. 青狮潭水库鱼类物种多样性及其与环境的关系研究. 桂林: 桂林理工大学硕士学位论文, 2017.

第 8 章　漓江鱼类资源面临的威胁及保护措施

8.1　鱼类资源面临的威胁

20 世纪中期以来，人类对河流生态系统改变的加剧，主要包括农、林、渔、牧、矿、工、商、交通、观光和各种工程建设，对河流生态系统从结构到功能都不同程度地产生了影响，甚至超过河流生态系统的自身调控能力。淡水生态系统作为地球上最脆弱的生态系统之一，正承受着当前人类活动带来的巨大压力，如水利工程、水质污染、外来物种入侵、栖息地退化、资源过度开发等[1]，而且这些人类活动对水生生物多样性的影响并非孤立的，而是存在相互作用[1]（图 8.1）。

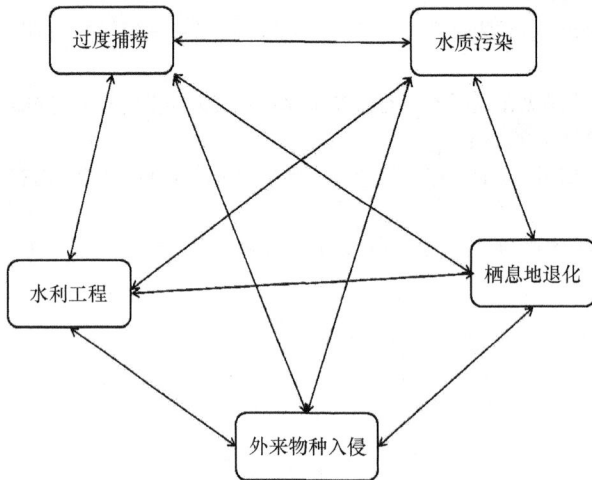

图 8.1　水生生态系统的五大威胁及其相互作用（引自文献[1]）
Figure 8.1　Five major threats and their potential interactive impacts on aquatic ecosystem

8.1.1　过度捕捞

鱼类、两栖类、爬行类及无脊椎动物（如贝类）是人类的主要捕捞对象，其中捕捞量最多的是鱼类。在一定范围内捕捞造成资源的减少可通过种群内部的调节机制得以恢复，当捕捞强度继续增加，直至超过种群内部调节能力时，就会导致种群数量逐渐减少，过度捕捞已经导致世界范围内的淡水鱼类生物多样性急剧下降[1]，我国鱼类过度捕捞主要通过以下几个途径。

首先，破坏性捕捞，如使用密网、拦河网，设置鱼桩、筑坝及断溪截流，甚至以电、毒、炸等灭绝性的渔法以提高捕捞强度。例如，长江上游某些支流中曾进行过大型电捕，大小鱼类均难幸免[2]，鲥鱼因过度捕捞在长江、珠江和钱塘江水域资源急剧下降，甚至绝迹[3]。此外，滚钩等有害渔具的使用对一些珍稀濒危鱼类如白鲟、达氏鲟等也造成一定程度的危害[3]。

其次，盲目"除害"。在长江下游养殖湖库中凶猛性鱼类猖獗，严重制约渔业产量，为此，围歼捕杀鳡和红鲌类等凶猛鱼类，保障养殖和其他经济鱼类成活与增长[4]，然而在歼灭性除害的同时伤及其他种类，最终导致鱼类区系组成简单化，生物多样性下降。

最后，捕杀集群鱼类，主要是对集群亲鱼、仔幼鱼及越冬鱼类的捕杀。多种洞穴生活的鱼类如金线鲃、突吻鱼，在其越冬出泉洞时即被围捕，甚至在产卵场中被围捕[5]。长江上游大量使用船罾、豪网等渔具捕捞重要经济特有鱼类幼鱼。

8.1.2　水质污染

随着经济发展的不断加快和人口的增加，大量的工业废水和生活污水被排入天然水体，使天然水体污染不断加剧。我国内陆水域污染比较严重，据最新中国环境状况公报显示[6]：我国 204 条河流的 409 个地表水国控监测断面中，水质为地表水 I -III类、IV- V 类和劣 V 类水的监测断面比例分别为 59.9%、23.7% 和 16.4%。另外，26 个国控监测重点湖泊（水库）中，满足地表水水质 II 类、III 类、IV 类、V 类和劣 V 类的湖泊（水库）为别为 1 个（3.8%）、5 个（19.2%）、4 个（15.4%）、6 个（23.1%）和 10 个（38.5%）。

太湖流域地处我国经济最发达的长江三角洲地区，区域社会经济发展迅速，水质污染严重，近年频繁地暴发水华使其备受关注[7,8]。流域内农业面源污染、农药、未经处理的或处理不完全的工业废水进入太湖，对水体造成严重损害[9]，此外，流域内河网水系发达，内河航运导致的石油污染也加剧了太湖水质的恶化[10]，从而造成饵料生物大量死亡，部分水生生物产卵和索饵场所被破坏，水生生物资源难以有效补充，致使水域生产力不断下降，水生生物总量减少，水域生态环境质量下降。

8.1.3　水利工程

水利工程（如筑坝）在给社会带来巨大的经济效益和社会利益的同时，却极大地破坏了人类赖以生存的自然资源和生态环境。水利工程的兴建改变了天然河道的物理形态结构和水文特征，如使上游来水流速减缓、水深增大，水体自净能力减弱。上游库区水体增大后水温结构发生变化，从而影响水体的密度、溶解氧、微生物和水生生物群落，同时水库蓄水后使周围地区的地下水水位上升，导致土壤环境变化[11]。而且下游河道水量减少，含沙量降低，使下游河道的径污比、泥沙的输移和沉积模式发生改变，最终导致鱼类群落发生变化[12]。

水利工程对鱼类的影响可以归纳为直接作用和间接作用。直接作用表现为阻隔作用，即人为将水域截然分割（未设鱼道），阻断了鱼类自由活动，对洄游性鱼类的危害最为显著，使鱼类的摄食、生长和繁殖等正常活动受到阻碍，导致洄游性鱼类急剧减少，如鲟鱼[13]。同时，上游区域水位上涨，淹没鱼类的天然产卵场，导致产浮性卵的鱼类因流速和流程不够而死亡，同时加剧了天然河道水生维管束植物的消亡，导致产黏性卵的鱼类失去了鱼卵的附着基质而资源枯竭[14]。

间接作用主要表现为通过改变江河的水文条件和下游的湿地特征影响鱼类。首先，大坝使上游水流流速显著减缓，适应激流性的鱼类减少或消失，取而代之的是一些适应缓流或静水的种群[15]，同时水流变缓，河流自净能力下降，容易截流氮磷等营养物质而产生水华现象，最终导致鱼类窒息而死亡[16]。上游水位上涨，使水库内出现水温分层现象导致水温、溶氧量和水化学发生变化，影响鱼类和饵料生物的繁衍，同时水温下降使饵料生物生长缓慢，直接影响鱼类的生长、育肥和越冬，并且降低鱼类新陈代谢能力，使鱼类生长缓慢[17]。其次，在大坝泄洪过程中河水将大气中的气体带入水体，加速了空气以气泡的形式溶解到水中，使下游水域形成气体过饱和状态导致鱼病的发生，如气泡病[18]。在水库的下游河段，因上游截水使下游河段水位下降，导致因需涨水而刺激繁殖的鱼类难以繁殖而数量锐减甚至消失，同时下游水量的减少导致湿地外露，最终使鱼类产卵场干涸而影响鱼类数量。

8.1.4 外来物种入侵

生物入侵（biological invasion）是指基于某种原因非本地生物或本地原产但已灭绝的生物侵入该地区的过程，而此物种在自然情况下无法跨越天然地理屏障，在新的地理环境中，其后代可以繁殖、扩散并维持下去[19]。生物入侵不仅能彻底改变生态系统的结构和功能，使本地物种的种类和数量减少，甚至灭绝[20]，而且还严重影响社会和人类健康，造成重大经济损失[21]。外来物种可通过 3 种途径成功入侵：①引入用于农林牧渔生产、生态环境改造与恢复、景观美化、观赏等目的的物种，而后演变为入侵种（有意识的引进）；②随着贸易、运输、旅游等活动而传入的物种(无意识的引进)；③靠自身的扩散传播力或借助自然力量而传入（自然入侵）。生物入侵已成为仅次于生境丧失而导致物种濒危和灭绝的第二位原因。目前，中国正面临着各种生物入侵的威胁，随着国际贸易和旅游业的发展，生物入侵的途径增多，发生概率加大，其潜在威胁不容忽视。

鱼类在为人类提供约 15%的动物蛋白的同时，还能够给人们带来巨大的经济利益，自然水域捕捞的鱼类已不能满足人类的需求，因此众多优良养殖品种或用于治理水生态环境被有意识地引入世界各地[22]，然而不适当的鱼类引种导致本土鱼类的灭绝、生物多样性的丧失、全球鱼类区系的均匀化、生态系统结构和功能的不可恢复性破坏，以及渔业经济的巨大损失和高额的防治费用[23,24]。

8.1.5 栖息地退化

栖息地退化（habitat degradation）是一系列因子的相互作用的结果，主要包括人类活动对水生环境的直接作用（如采砂、围垦等）和间接作用（如流域内森林覆盖率减少等）。围垦和河岸硬质化是导致湿地萎缩、生境退化的主要原因，如近半个世纪以来，长江流域湿地退化严重，湿地作为鱼类、水禽等重要栖息地正在逐步丧失，最终导致鱼类物种数下降。采砂在给人民带来巨大经济利益的同时，却对水生生物造成毁灭性影响，如采砂是使长江鱼类资源和极大多数湖泊鱼类多样性显著降低的重要因素，采砂使鱼类失去"三场"（繁殖场、育肥场和产卵场），同时严重堵塞了鱼类的洄游通道，使得湖泊内鱼类不能进入江河越冬和繁殖，江河中的幼鱼亦不能进入湖泊摄食育肥，而且采砂产生的泥浆水对渔业十分不利[25]。

流域内土地利用类型变化、森林覆盖率减少等都会导致河流水生生物栖息地质量下降，如砍伐森林导致地面径流、河流沉积物负荷增加，从而使河流环境发生改变如河岸侵蚀、河道淤积等，而且流域内城镇化比率、人口密度和住房密度的增加会加剧河流环境的恶化，最终导致河流鱼类生物多样性和生物完整性下降[26-28]。

8.2 漓江鱼类资源面临的威胁

漓江流域上游与中下游地区生态系统的组成、结构、功能上存在明显的差异，面临的生态环境问题也各不相同，在生态修复的过程中必须区别对待。上游非岩溶森林生态分区的主要环境问题是森林结构不合理，导致水源涵养功能的减弱，造成对漓江水资源调蓄能力的不足。因此，应在开展系统研究和生态监测的基础上，通过加大水土保持力度，加强水源林保护，优化、调整森林林种结构，同时建设和完善水利工程体系，提高上游水资源调蓄能力，改善漓江生态环境。青狮潭水库实践表明，在上游非岩溶地区修建拦洪蓄水工程是完全可行的，并可在漓江生态修复中发挥巨大的作用。中下游岩溶生态分区的主要环境问题是水土流失、石漠化、水域面积减少、湿地退化、旱涝灾害、岩溶塌陷和水质污染等。由于岩溶地区特殊的水土资源配置和生态脆弱、不可逆性，生态治理措施应以"养"、"保"

为主，如通过封山育林、退耕还林、加大水土保持力度，进而开展石漠化治理等。在岩溶水文地质条件良好、具有成库条件的地段，建坝蓄水，调节水资源，配合调整工、农业产业结构开展节水灌溉，提高地下水位或恢复水域与湿地，同时尽快建立湿地自然保护区和生态环境监测站（点），开展生态环境监测。

8.2.1　河流筑坝

河流筑坝改变河流的形态和局部河道水文条件，影响了鱼类的正常生活节律，甚至使之丧失基本生活条件而危及生存。河流筑坝阻隔鱼类洄游通道，使其无法进入产卵场繁殖，从而造成资源量锐减。漓江上游 6 座水库的修建会对鱼类产生众多影响，如水坝上游激流性鱼类逐渐消失，静水性鱼类增加，小溶江、川江和陆洞河的坝址位置以及库区河段均受到不同程度的破坏，未修建水库的黄柏江，在 2013 年的 8 月和 11 月以及 2014 年的 1 月和 3 月，4 次采样时均发现有挖沙和修路工程，河床千疮百孔，河道不时可以看到深坑，生态环境受到人类干扰越来越严重，栖息地质量日趋下降，易濒危物种如长麦穗鱼和小口白甲鱼等将逐渐消失[29]。2011 年，漓江鱼类多样性指数比 2015 年高，接近历史记录；漓江鱼类多样性状况有很大的恢复，但从属的多样性指数看，现状比历史记录高，说明出现了较多单种属，不少属由原有多个种变为单种属，不少种已找不到踪迹，或者已在漓江灭绝，或者迁徙到其他地方，如光唇鱼属原有 5 种，现在只找到 1 种；白甲鱼属原有 6 种，现在只有 1 种；小鳔鮈属原有 6 种，现在只有 2 种，属内的多样性减少，可能反映了河流结构的复杂程度下降。栖息地结构的复杂程度是决定物种多样性的一个重要因素，高度复杂的栖息地能提供好的生存场地和更好的资源来降低物种间的竞争，在捕食过程中提供好的避难场所，从而支持更高的物种多样性。水利工程拦河筑坝，使河流环境均一化，栖息地复杂多样性降低，可能是导致生物多样性降低的原因之一[30]。

再譬如河流筑坝还会使河流片段化，引起河流环境发生重大变化。这种变化破坏流水性鱼类栖息环境，也导致产漂流性卵鱼类的繁殖条件消失。例如，长江上游梯级水电站的筑建严重影响了圆口铜鱼（*Coreius guichenoti*）这种典型的喜流水性、产漂流性卵的鱼类生存：产卵场消失，适宜栖息地缩减，使其被迫向干支流的流水性生境中迁徙[31,32]。大渡河中曾栖息了众多的急流性鱼类，如裂腹鱼类、鮡类、爬鳅类及墨头鱼类等，但自从 2001 年大渡河水电开发以后，这些种类显著减少，长丝裂腹鱼（*Schizothorax dolichonema*）、中华鮡（*Pareuchilo glanissinensis*）和川陕哲罗鲑（*Hucho bleekeri*）等常见性种类已基本绝迹，重口裂腹鱼（*Schizothorax davidi*）和青石爬鮡（*Euchiloglanis davidi*）等种类已非常罕见[33]。同时在长江中此类现象也同样存在，长江上游特有鱼类终生栖息于干、支流流水环境中，大多营底层生活，主要摄食底栖无脊椎动物和着生藻类。规划中的梯级枢纽相继建成后，从金沙江下游的白鹤滩坝址至三峡工程坝址大约 1600km 的江段将形成高程不等的 6 座水库，使上游特有鱼类种群繁衍所需的栖息地完全丧失，甚至威胁到物种的生存，这是梯级水库建设对鱼类资源最严重的影响[34]。澜沧江水电梯级开发在未来 30 年内，将有 8 座人工大坝将大江拦腰截断，导致河流生境片段化，鱼类受遗传漂变的影响，将加速物种的消亡[35]。

8.2.2 水土流失与石漠化

水土流失与石漠化对鱼类的生境造成严重的破坏，漓江中下游峰丛洼地区石漠化问题非常突出。以典型岩溶区阳朔县为例，其石漠化总面积达 571.3km^2，其中重度石漠化面积达 121.59km^2，中度石漠化面积为 225.08km^2。石漠化不但破坏了生态环境景观，而且使地表调蓄雨水的能力减弱，导致大面积水土流失，旱、涝灾害频繁，更加危及当地鱼类的生存环境。同时表现在漓江流域面积的减少与湿地退化。由于城市建设规模的迅速扩大，原有的水域面积迅速减少，1973-1998 年城区水域面积减少了一半，目前市区水域面积已不足 6km^2。漓江属雨源性山区河流，其径流主要由降雨形成。漓江上游降雨量充沛，但降雨时空分布不均导致洪水暴涨暴落，突发性强。而漓江上游植被结构退化使大气降水迅速转变为地表径流，并迅速汇集于以桂林市城区为中心的、地势低洼的峰林平原区。据桂林水文站资料统计，漓江流域每年 3-8 月丰水季节水资源量占全年总量的 81.1%，尤其每年 5-6 月的径流量达全年总径流量的 40% 以上，最大洪水涨幅达 2.16m/h，一次性洪水涨幅可达 5-6m。每年 9 月至翌年 2 月是漓江流域的枯水季节，平均水资源量仅为 7.75m^3/s，只占全年总量的 18.9%，实测最小流量仅 3.8m^3/s，特殊年份部分河段甚至干枯断流。峰丛洼地区由于植被覆盖率低、土层薄、土壤保水性能差，地表水渗漏严重，常形成典型岩溶干旱片。以上所述的调查数据均表明漓江流域面积减小严重，导致鱼类生境遭到严重威胁，而鱼类栖息地缩减甚至丧失，导致鱼类种群规模减小甚至灭绝，或群落结构发生改变[36]；同时沿江浅水区消失，水草资源遭到破坏，致使一些鱼类失去索饵、肥育和繁殖的场所，不仅引起草食性鱼类数量锐减，而且还导致其他鱼类栖息地和产卵场受损或丧失，鱼类资源量下降。

8.2.3 水污染

漓江桂林至阳朔河段主要污染源在桂林市，1996 年桂林市区工业废水排放量为 2510 万 t，废水中统计的污染物排放量为 6591t，其中化学耗氧量（COD）、石油类、悬浮物（SS）排放总量为 6584t，六价铬、砷、挥发酚、氢化物、硫化物排放总量为 6.3t。桂林制药厂、桂林腐乳厂、味精总厂、桂林啤酒厂、桂林造纸厂、桂林第二制药厂、桂林米粉厂、桂林罐头食品厂、桂林轮胎厂、桂林电厂、桂林中药厂 11 家重点污染源废水排放量占市区工业废水排放量的 41.6%，工业废水排放量居前 4 家的企业分别是造纸厂、轮胎厂、制药厂、味精厂[37]。而在剩余江段的主要污染来源为农村的农业生产和生活污水。漓江流域农村的地理环境差别较大，但在用水方面存在共性，生活用水使用地下水；生活污水中的厨房、洗衣、洗澡用水（灰水）都是直接排放在房前屋后，属于放任自流的状态或下渗到地下；厕所类型水冲式为主，厕所冲水（黑水）进入沼气池，黑灰水分开排放；基本没有修建污水管道，生活污水没有集中处理，这些生活污水都未经处理或简单处理排入自然水体，对流域水环境造成严重影响。漓江流域农村生活污水排放量较低，平均排放污水量为 100L/（人·d），人均供（用）水量较高为 125L/（人·d），污水排放量为供（用）水量的 80%；漓江流域农村生活污水的总排放量为 79 008t/d，COD 排放量为 32t/d，氨氮排放量为 3.2t/d。农村生活垃圾：农村生活垃圾数量多且回收利用率低，大多数村落生活垃圾无专人收集和清运，每户自行焚烧处理后回田使用，少数村落建有集中垃圾池，定期焚烧后回田用于农肥，有垃圾河道的河水各污染物指标浓度均较高，因而垃圾的堆存及垃圾渗滤液对地表水和地下水造成污染。农业生产：现代农业生产过程中，化肥的大量使用加速了地表水富营养化过程，农药的大量使用，破坏了农田生态平衡和生物多样性，间接影响了水生态平衡，而大部分的农药、化肥在灌溉水和雨水的作用下溶入水体，并随之向水环境迁移[38]。一些对水域污染严重的工厂（如冶炼、化肥生产）的废水及城市生活污水（如医院污水等）未经处理直接排入河内，对渔业资源破坏很大。

8.2.4　船舶航运

漓江自古便是珠江水系的黄金水道之一，随国家对漓江流域旅游业的开发使得漓江的水环境进一步遭到破坏，游船的航行造成更多的油污排放到水体之中，游客的不文明行为也屡见不鲜；同时航道整治通常不会改变河道流量和输沙量，但对鱼类影响也不容小觑，如工期生产、生活污水、水下炸礁，流域鱼类产卵场以及相关栖息因子变化，如"四大家鱼"产漂浮性鱼卵，其产卵场需河道有合适的水流流速并有能连续漂浮一定距离的通道；而产黏沉性卵鱼类产卵场主要分布在河道弯曲或宽阔的湿地以及洲滩周缘地区，鱼卵孵出后多在饵料资源丰富的浅滩觅食，沿岸浅滩附近也是鱼类的主要索饵场。航道整治占用滩地植被，掩埋或压覆底栖生物，在一定程度上改变了河道形态、水文条件和河床基质等，使鱼类产卵场的功能发生变化或丧失；此外，航道整治对鱼类产卵场的影响主要有如下几种：水下炸礁使急流性鱼类产卵场面积缩小甚至消失；水下疏浚降低河道水流流速并导致鱼类产卵场基质发生变化；洲滩或边滩切削减少部分鱼类栖息空间；护岸、护滩及筑坝改变河岸，河床原有底质，压覆底栖生物，损毁水生植物，筑坝还会改变工程区附近水文情势、泥沙冲淤等，局部形成急流区或缓流区。通常各类筑坝对漂流性鱼类产卵场流态影响小，但河床基质改变，水草匮乏不利于黏性卵或沉性卵鱼类存活，筑坝还会使河流非主流支汊水流归槽，导致浅滩湿地平水季节可能出现干枯，降低河岸湿地功能，减少鱼类繁殖栖息空间[39]。

8.2.5　过度捕捞

过度捕捞是许多鱼类物种致危的主要原因之一。这种毁灭性的捕捞破坏了种群结构，使补充群体的数量减少，最终会导致物种濒危甚至灭绝。近年来，由于无度无序的捕捞，特别是小眼网捕鱼及产卵季节捕鱼，严重地破坏鱼类的生长和繁殖，种群不能及时补充，致使鱼类种类和数量减少，甚至灭绝。正是由于鱼类种类数的锐减，漓江鱼类的多样性指数显著下降，现在漓江水生态系统离基础营养源近的生物种群数量及分布亦比较正常，但处于生态系统食物链营养级高端的鱼类的种群数量日趋枯竭，能量传递不正常，导致水生态系统中原本处于相对平衡状态下的各种水生生物的构成比例发生重大变化，水生生物结构严重失调，某些层次的水生生物异常增多，某些层次的水生生物又异常稀少，水生态系统中的各级生物因子无法自下而上地合理传递和转化。漓江在水生态环境还相对正常的情况下导致水生生物资源物种多样性、遗传多样性方面的缺失，鱼类作为水生态系统稳定的关键指示生物，其自然资源的枯竭已对漓江生态安全构成了潜在的威胁。

8.2.6　岩溶塌陷

漓江中下游岩溶区的基岩塌陷和土洞较多。其中，仅桂林市区及近郊近 40 年来就发生各种类型的塌陷 654 个。塌陷是沟通地表水与地下水的重要途径，容易造成地表污染水、生活垃圾直接排入地下水系统，污染地下水，同时也是岩溶地区水土流失的重要途径。由于上游喀斯特环境正受到人类活动的严重影响，不少洞穴鱼类目前处在极度濒危的状态，威胁洞穴鱼类生存的因素有很多但主要都是人为因素，开山采石，有时整座山都被移去，其中的洞穴也就随之毁坏殆尽，而且地下河流的连通性也会因此受到破坏，在喀斯特地区修建公路，很多时候也会产生类似的影响，如铺设管道，使用抽水机汲水或是直接在洞里修筑堤坝和沟渠，都会改变原来的洞穴环境，不同程度地影响洞穴鱼类的正常生活。洞穴和地下河系统看似是另一个世界，但实际上地下水和地表水一样，都处在水循环系统中，都受到人类生产生活的深刻影响，地表水的污染会随着地上河流、明流陡然进入地下、伏流而带入洞穴中或是通过渗透作用直接渗入地下河中，经常暴发的洪水也会将地面的固体垃圾冲入地下河，从而给洞穴鱼类带来灾难性的影响；对洞穴鱼类过度捕捞时有发生，虽然规模有限，但洞穴鱼类本身种群数量处在极低水平。这些捕捞活动产生的影响是巨大的，特别是捕捞过程中一些国家明令禁止的捕捞手段，更是雪上加霜[40]。

8.2.7 外来种入侵

全球化的外来生物入侵问题导致了日益严重的地区特有物种衰竭、生物多样性丧失、生态环境变化和经济损失。我国地跨 5 个气候带，绵长的海岸线和发达的内陆水系为大多数外来鱼类提供了适合的栖息环境。资料显示，引进我国的有记录的外来鱼类达 89 种，常见的外来观赏鱼类达 103 种，中国境内异地引种鱼类达 26 种[41]。频繁的外来鱼类引种加剧了我国外来鱼类入侵的进程，盲目的鱼类引种已导致云南滇池、洱海等高原湖泊原有的鱼类区系受到严重威胁[42]。1994-1996 年，桂林水利局、灵川县移民搬迁办公室为充分利用水库资源，促进水利管理单位综合经营业发展，解决库区移民生活出路，增加库区移民经济收入，连续 3 年共同引进、移植、投放太湖新银鱼受精卵，1997 年试捕 30t，1998-2000年连续 3 年丰产，共捕捞银鱼 264t，创产值 400 万元，仅此项为库区移民每年增加人均收入 490 元，成为当时广西银鱼移植取得社会效益最好的水库之一。2001年银鱼产量骤减为 3t，冬季继续补放银鱼受精卵 1160 万粒，2002-2003 年产量分别恢复到 30t 左右，2007 年产量又骤减至 7t。银鱼资源继续出现空前的衰退[43-45]。银鱼繁殖过快，种群过大，不仅影响了鱼类构成，而且严重威胁了土著野生鱼类的生存。

此外，在研究过程中发现漓江流域各水域均有外来物种福寿螺（*Ampullaria gigas*）、食蚊鱼（*Gambusia affinis*）的踪迹[46]，还有凤眼莲（*Eichhornia crassipes*）、空心莲子草（*Alternanthera philoxeroides*）等外来水生植物[47]。这些外来入侵物种通过竞争、占据本地物种生态位，影响本地物种生存，导致局部种群的消亡。外来入侵物种在侵入地失去了原产地的各种生态因子制约，迅速形成大面积的优势群落，降低生物多样性，使得依赖于当地生物多样性的物种生存受到威胁，造成本土物种数量减少乃至灭绝。另外，外来生物成功入侵后，大量繁殖，迅速生长，造成生态环境破坏，形成生物污染，威胁当地环境安全。例如，福寿螺在水体中可分泌和排放大量的代谢产物和粪便（含有一定量的尿酸或氨氮）[48]，大量福寿螺的存在会降低水体中的溶解氧，从而引起水体的原有理化性质（如 pH、Eh 等）的改变以及某些水体生物的死亡，易造成水体发黑变臭。同时，福寿螺对水体中的某些重金属有较强的富集作用，福寿螺死亡后这些重金属会重新释放到环境中造成二次污染。水葫芦一旦成功入侵河流湖泊等水域时，便会迅速定殖并扩散，造成水体流速下降，pH 和溶解氧浓度降低，水中 CO_2 浓度增高，水体变黑变臭，水生动植物大量死亡，水质加速恶化等环境问题[49]。水葫芦在生长区形成优势物种时，还会降低光线对水体的穿透能力，影响水底生物生长，导致其他水生植物减少甚至灭绝。过多的水葫芦覆盖水面，还为蚊类等害虫提供适宜的滋生场所，加剧了生物污染和病菌传播；同时污染供水水源及水环境。近年来，水葫芦在广西各地水域多次泛滥成灾，对当地的生态环境造成了很大的影响[50]。

8.3　我国鱼类生物多样性保护对策

8.3.1　制定和完善保护政策及行动纲要

我国先后制定了许多有关保护鱼类生物多样性的法规，包括《中华人民共和国野生动物保护法》、《中华人民共和国渔业法》、《中华人民共和国自然保护区条例》等。在生物多样性保护方面编制了《中国海洋生物多样性保护行动计划》、《中国湿地保护行动计划》、《中国水生生物资源养护行动纲要》等多个行动计划。但仍然需要完善生物多样性保护的政策、法规、标准，完善禁渔区和禁渔期制度。制定转基因鱼类管理办法、自然保护区法、生物多样性保护法等国家法律，制定捕捞渔具准用目录。进一步完善生物多样性保护和管理的配套法规及实施条例，完善现有法律法规、完善相关配套技术标准[51]。

8.3.2　加强科学调查研究与生态环境监测信息系统建设

科学调查研究和环境监测系统的构建是生物多样性保护的基础工作[52]。我国近期正在进行和规划的研究内容主要有：①中国水生生物多样性的调查、编目、监测及信息系统建设。物种多样性编目，是一项艰巨而又急待加强的课题，是了解物种多样性现状包括受威胁现状及特有程度等在内的有效途径[53]。自 1999 年起，科学技术部、环境保护部等下达了"主要水产养殖品种种植资源收集、整理、保存"、"我国水产种质资源数据库及网络建设"、"重点淡水水生物种及品种资源调查"等项目，研究、收集、整理我国鱼类等重要水生生物物种种质资源，建立数据库，推动鱼类等水生生物多样性保护。②鱼类基础生物学及遗传多样性的研究及濒危物种驯养繁殖研究。对鱼类尤其濒危鱼类进行基础生物学及生态遗传学研究，了解鱼类生活史，对其现有种群进行遗传标记，从生化遗传学的角度初步讨论该物种的种质资源状况，推动人工增殖放流和种质资源保护工作。③重点渔业的种质资源保护，特别是珍稀水产遗传种质资源的保护，要建立相关物种原种场，强化相关技术研究，促进鱼类种质资源可持续利用。④濒危鱼类的濒危机制及保护对策。调查濒危鱼类的分布、种群现状，分析其濒危原因和机制，提出保护对策。⑤水环境生物多样性保护、恢复和持续利用技术和对策。对已经破坏和恶化的水环境，提出水质恢复的管理对策、技术标准与政策；建立水环境恢复生态工程示范区；开展湿地生态恢复和保护技术与示范工程建设；开展对农田废水和有机工业废水的自然净化技术研究；建立水环境生态环境管理信息系统；开展水环境生态恢复技术研究，完成水环境和生态恢复、生物多样性恢复和保护规划。⑥水利工程建设等人类活动的环境影响评价和环境补偿及影响区鱼类生物学、生态恢复等项目研究。需加大对水域生态、资源的监测与研究力度，构建系统、规范、科学的本底资料，以防患于未然。加强开展水利工程建设影响区重要经济鱼类的资源及生态需求，海水入侵与渔业生态及资源的相关性，洄游性鱼类的繁殖生物学及洄游特征，江段重要经济鱼类、珍稀动物空间分布格局，江段鱼类区系、生物多样性与环境生态的联动效应，稀缺物种遗传性状、种质基因保存，流域渔业 GIS 系统等环境影响评价研究。对部分珍稀特有鱼类提出专门保护措施。加强建设鱼类增殖放流站、开展鱼类保护的环境补偿。⑦人工放流的遗传多样性影响和评价以及生态安全风险评估。近年多种鱼类的人工育苗和养殖取得了较大的成功，同时在各水域也不同程度地对特有、珍稀鱼类实施了规模较大的人工放流，这些人为生产实践的干预必将对物种遗传多样性和生态系统各单元产生潜移默化的影响。对人工增殖放流群体进行遗传多样性分析，为评估其种质资源、建立其遗传多样性数据库提供依据，也为进行鱼类增殖放流提供种质资源监测依据和进行环境安全评估。⑧重要湿地、江河、湖泊、海湾鱼类资源监测和野外试验观测台站建设。提高野外试验站的观测、试验手段和数据处理能力，实现资源共享并实现观测和试验数据网络化，逐步形成以野外试验站为中心的观测网络和研究系统。⑨濒危水生野生动物野外救护中心。建立救护快速反应体系，对误捕、受伤、搁浅、罚没的水生野生动物如中华鲟（*Aclpenser sinensis*）、白鲟（*Psephurus gladius*）、胭脂鱼（*Myxocyprinus asiaticus*）、川陕哲罗鲑（*Hucho bleekeri*）等及时进行救治、暂养和放生。⑩外来物种管理、影响评价及生态评估。加强水生动植物外来物种管理，完善生态安全风险评价制度和鉴定检疫控制体系，建立外来物种监控和预警机制，在重点地区和重点水域建设外来物种监控中心和监控点，防范和治理外来物种对水域生态造成的危害[54]。

8.3.3　加强自然保护区建设及管理

建立鱼类自然保护区，对保护珍稀濒危鱼类物种、种质资源以及生态系统发挥着重要作用，并为科学研究提供基地保障。目前建设的淡水水域鱼类自然保护区有：四川长江合江-雷波段珍稀鱼类自然保护区（国家级）、广东肇庆西江珍稀鱼类自然保护区（省级）、四川天全河珍稀鱼类自然保护区（省级）、广西凌云洞穴珍稀鱼类自然保护区（国家级）、吉林鸭绿江上游鱼类自然保护区（国家级）、甘肃青藏高原土著鱼类自然保护区（省级）等；海洋鱼类自然保护区主要在辽宁、山东、广东等地，有海洋自然保护区 10 余个，包括广西山口红树林生态自然保护区、广西北仑河口国家级自然保护区、海南省三亚珊瑚礁国家级海洋自然保护区和大洲岛国家级海洋生态自然保护区、山东滨州贝壳堤岛与湿地自然保护区、广西山口红树林国家级海洋自然保护区、南麂列岛国家级海洋自然保护区等。尽管自然保护区建设工作取得较好成效，但仍存在不少问题，如保护区数量少，类型结构和布局不合理；保护区边界不明确，缺乏法律强有力的保护等。因此，需进一步加强建立和完善自然保护区建设；完善保护区的管理体制，提高管理水平，加强执法力度；制定科学的自然保护区发展规划；加强自然保护区的科研监测与宣传教育。

截至 2016 年，我国建立的国家级水产种质资源保护区 464 处，其中广西壮族自治区有 3 处：漓江光倒刺鲃金线鲃国家级水产种质资源保护区、西江梧州段国家级水产种质资源保护区、柳江长臀鮠桂华鲮赤魟国家级水产种质资源保护区。

8.3.4　牢固树立环境意识，提高鱼类多样性保护认识

我们必须善待自然，不能以牺牲环境为代价，片面强调发展的速度和数量。相反，应强调人与自然的和谐，强调资源的持续利用，增强环境道德观念和持续发展观念，共同维护我们共同的家园，确保生物多样性，当然也包括鱼类多样性。当前我们应该加强教育，提高对鱼类多样性保护的认识。要在各级各类学校开设生物多样性保护方面的课程或增加这方面的知识，比如大学可开设《鱼类资源学纲要》等课程，以提高人们对保护鱼类多样性的认识，使所有的人都认识到鱼类多样性保护的重要性，并积极主动地投身这项造福子孙的事业中来。

国家应投入资金支持鱼类多样性保护。保护鱼类多样性是一项造福人类的伟大事业，往往不可能有近期的经济效益，单纯依靠企业来完成有很大的困难。因此，国家应将鱼类多样性工作纳入国民经济计划，每年从预算中给予一定的资金安排，以保证鱼类多样性保护工作的健康发展。

提高全民的生态意识，使人们认识人与鱼类的相互作用、相互影响，懂得抢

救鱼类生物多样性就是拯救人类本身的道理，这是中国鱼类生物多样性管理与保护的关键问题之一。只有抓好科普宣传教育才能使鱼类生物多样性的损失保持在最小限度和使生物资源能达到合理的近期目标，也才能实现帮助人们采用持续的、合理的方法对鱼类资源进行利用和管理，实现不减少整个鱼类生物多样性的长远目标。

各级政府和有关部门为了提高全民对生物多样性的保护意识已经采取了一系列措施。报纸、电台和电视等宣传媒介已逐步增加了自然保护的内容，中央电视台开设的《生态学电视讲座》、《动物世界》等节目很受观众的欢迎，收到非常好的科普宣传效果。还应该考虑开阔生物多样性的简明提要的栏目，如同"广而告之"一般，言简意赅，且内容不断更新，富有新意。在中小学义务教育的课程中，多增设关于自然与生物保护的内容，教育部可以多举办关于生物多样性保护的知识竞赛或者征文比赛。使人们从小就形成保护自然、热爱自然的良好习惯[55]。

8.3.5　大力整治自然环境，治理环境污染

工业化迅猛发展和人口剧增，造成的环境污染越来越严重，自然界鱼类生存的条件受到严重破坏，许多鱼类面临灭绝的危险。因此，我们应该切实落实《中国 21 世纪议程》及《跨世纪绿色工程规划》，加快"三河"、"三湖"、"两区"和其他一系列绿色工程的治理和建设步伐，整治自然环境，控制不断加剧的环境污染，保证鱼类能正常的繁衍生息，保护人类环境的清洁优美，维护社会的持续发展。

8.3.6　采取科学的方法进行鱼类多样性保护

1）鱼类多样性的保护要贯彻积极的、发展的、开放的、动态的原则

提倡在动态中保护，尽量使保护和利用结合起来，边保边改，改中有保，既保住了鱼类多样性资源，又提高了鱼类的生产性能和经济价值，使鱼类的品种适应当前的社会经济需要。

2）保护鱼类多样性应贯彻挖掘、评估、保护与利用全面进行的原则

保护鱼类多样性必须不断挖掘新的品种和新的特异性状，并针对其进行评估，把品种的宝贵特性开发出来加以利用，从而产生巨大的经济效益，挖掘和评估能使多样性更加丰富，开发、利用可以使保护鱼类多样性更有保障。

3）加强生物技术在鱼类多样性保护中的应用

利用鱼类资源培育新的品种或改良品种。生物技术已广泛应用于各个领域，如应用多倍体育种技术已成功培育了三倍体的"湘云鲫"、"湘云鲤"等；应用细

胞核移植和体细胞培养相结合的方式，成功地进行鲫的无性繁殖研究，获得了世界上第一尾"克隆鱼"；转基因鱼是目前国内最成功的一种转基因动物，1995 年就获得了转基因鲫鱼，后来又获得了转基因泥鳅、鲤、团头鲂等，我国的转基因鱼技术已处于世界领先水平[18]。这些生物技术的应用，不但丰富了鱼类多样性，而且对保护鱼类多样性起着积极的作用，也满足了人类日益增长的生活要求，今后还要继续加强这方面的研究和推广工作。

8.3.7　深入鱼类多样性保护工作的研究

1）就地保护研究

这是一种在群体水平上的遗传保护，是一种动态型的保护。在天然资源尚未遭到严重破坏，即其种群大小还能维持其在自然界繁衍，以及在栖息环境尚未严重破坏到种群难于生存的情况下，就地保护是保护种质资源的最佳方法。我国1986-1990 年在湖北淤泥湖建立了团头鲂种质资源库，该湖原产团头鲂，故可视为对团头鲂的就地保护。1991 年以来，我国在湖北省监利县老江河故道（2500hm²）建立了"四大家鱼"天然生态库；后来国家又安排在石首市天鹅洲故道（2000hm²）进行"四大家鱼"天然生态库的研究，不过，这些天然生态库也只包含了育肥所，"四大家鱼"完整的遗传保护区应包括产卵场和育肥场所，目前已取得了显著成绩。

2）易地保护研究

相对于就地保护而言，这是一种静态型的保护。对群体、家系、个体的保护是一种整个活体的保存，是在个体水平上的遗传保护；而对器官、组织、细胞、亚细胞等的保护是一种器官组织的保存，是在细胞水平上的遗传保护。易地保护因保护环境和方法不同而多种多样。①池塘与水泥池活鱼基因库。我国已建立和正建的这类基因库很多。②水族箱。英国 Stirling 大学水产养殖与渔业系利用水族箱保存了来自非洲的 10 多种非鲫，在池塘、水族箱这类人工小水体里保存鱼类若干世代而不改变其遗传特性是很困难的事。由于水族箱的体积一般较小，所能容纳数量有限，要特别注意繁育群体的有效大小。③冷冻基因库。即在低温或超低温环境下，一般在–196℃的液氮中，保存精子、卵子或胚胎的基因库。这一温度下，细胞活性可在遗传上保持稳定。

3）保护技术研究

精卵细胞的冷冻保存，物种资源的染色体及其片段和 DNA 文库的研究等。

4）管理技术研究

保护场、保护区和基因库管理；鱼类多样性保护监测程序等。

5）持续利用研究

品种保护与改良协调模式研究，鱼类生态系统的建立与评估，独特性状种群的利用等[56]。

8.3.8 开展濒危鱼类保护

开展濒危鱼类保护生物学研究，目前对于大多数濒危种类的生物学及其濒危机制了解甚少。应加速鱼类濒危状况调查，加强稀有种、名贵种、濒危种保护生物学的研究[57]，详细了解其种群动态、生态习性、濒危机制和保护措施[2]。近年，多种鱼类的人工育苗和养殖取得了较大的成功，同时在各水域也不同程度地对特有、珍稀鱼类实施了规模较大的人工放流，这些人为生产实践的干预必将对物种遗传多样性和生态系统各单元产生潜移默化的影响。对人工增殖放流群体进行遗传多样性分析，为评估其种质资源、建立其遗传多样性数据库提供依据，也为进行鱼类增殖放流提供种质资源监测依据和进行环境安全评估。加强水生动植物外来物种管理，完善生态安全风险评价制度和鉴定检疫控制体系，建立外来物种监控和预警机制，在重点地区和重点水域建设外来物种监控中心和监控点，防范和治理外来物种对水域生态造成的危害[51]。

8.3.9 开展鱼类多样性保护的国际合作

中国一直重视、关心并积极参与国际上对全球自然保护的有益活动。与保护生物多样性最直接有关的是《濒危野生动植物种国际贸易公约》（简称濒危物种公约）。中国早在 20 世纪 80 年代初参加了该公约，并成立了中华人民共和国濒危物种进出口管理办公室和中华人民共和国濒危物种科学委员会，分别履行该公约规定的"管理机构"与"科学机构"的职责。中国积极参加了国际间《生物多样性公约》的政府间谈判，还在联合国环境与发展大会签署参加了该公约。中国积极参加了《海洋法公约》的起草工作，并使该公约付诸实施。中国还参加了《防止船舶污染海洋公约》，并颁布了一系列保护海洋环境的法规，如《中华人民共和国海洋环境保护法》、《中华人民共和国海洋石油勘探开发环境保护管理条例》和《中华人民共和国倾废管理条例》等。我国 1992 年已加入《国际重要湿地特别是水禽栖息地公约》（拉姆萨公约）。

鱼类多样性是全球的共同财富，一经保护，全人类受益，开展国际合作研究合作开发使用，可以很快提高我国鱼类多样性保护的研究水平，尽快使鱼类多样性保护理论、方法和测试手段达到国际先进水平。

8.4 漓江鱼类资源保护措施

本研究发现漓江上游区的小溶江、川江和陆洞河的坝址位置以及库区河段均

受到不同程度的破坏，未修建水库的黄柏江在 2013 年的 8 月、11 月和 2014 年的
1 月 3 次采样也发现有挖沙和修路工程。河床千疮百孔，河道不时可以看到深坑。
生态环境受到人类干扰越来越严重，栖息地质量日趋下降。易濒危物种如长麦穗
鱼（*Pseudorasbora elongata*）、小口白甲鱼（*Onychostoma lini*）等逐渐消失，上游
环境适宜各种珍稀物种生存，保护工作迫在眉睫。鱼类资源日趋贫乏，一旦受到
保护，鱼类资源恢复相对较易。为了使漓江鱼类资源量保持稳定并能持续利用，
需要采取必要的保护措施。

8.4.1　恢复鱼类栖息环境

河道生境物理结构的复杂性和生境多样性在维持鱼类多样性方面发挥着重要
作用[58-61]。生境结构的多样性取决于是否有能在自然中维持多种生物的多种多样
的微生境[62]。在保持河流开发正常发挥作用的基础上，实施有利于生物繁衍的生
态修复工程，是协调人类利益与生态保护的重要原则。河道形态要根据本流域情
况和微生境特点对河道进行重建，形成适合鱼类的产卵场、索饵场和早期阶段保
育场的生境。对裁弯取直后的河道进行蜿蜒重建有利于恢复河流近自然状态，降
低流速，水流平静有利于鱼类繁殖和生命周期进行。例如，鱼道、修复河岸的箱
式结构和倒木、卵石防护等。水生植物可以减轻河道中水力冲刷和湍流的冲击为
鱼类早期发育提供庇护和栖身之所[63,64]，也可以调节沉淀和滞留营养物[65]，但水
生植物的应用受河道特征限制，如高流量河水的浑浊度等。应用水生植物前需详
细掌握水文特征、河道特征、河流水生生物分布及植物的生态特性。河流的生态
修复不仅仅依靠这些技术措施，还要在所调查的生物和非生物数据的基础上将河
流数字化，建立"数字河流"，这将为河流生态管理和保护提供完备的理论基础。

漓江上游鱼类相关研究发现由于人类活动的干扰使鱼类群落与天然环境发生
了巨大变化，归根结底是鱼类栖息环境的改变。一些工程结束后，河流没有得到
及时的修复和重建。因此，河流修复技术包括对护岸、水生植物等修复技术和工
程实施尚待提高，尤其是遭受破坏最为严重的黄柏江和在修水库的坝址附近。

建议从河流生物的生境水平出发，重点研究栖息地与生物多样性之间的关
系，通过工程和非工程措施相结合的方法，尽可能创造对生物有利的生境，特
别是重要的生境单元，具体措施如下：①治理规划阶段，应针对具体研究区进
行水栖生物种类与数目等生态背景的调查；②设计阶段，应以栖息地状况评估
结果为依据，制定适当的恢复目标和方法；③施工阶段，应注意评估栖息地的
变化，如某些栖息地类型的缺失表明了生物生境的退化，该信息同时也为退化
生态系统的恢复提供了依据；同样，单一栖息地类型的普遍分布反映了某种工
程措施对生境的负面影响；④工程完工以后，需要再次评估栖息地的状况并与

施工前的状况进行比较,以检验工程的修复效果,如果没有达到既定效果,需要再制订适当的措施予以弥补。

8.4.2 建立鱼类自然保护区

据统计,为保护珍稀的水生野生动物,广西已建立包含凌云洞穴鱼类自治区级自然保护区、红水河来宾段珍稀鱼类自治区级自然保护区、左江佛耳丽蚌自治区级自然保护区、柳江长臀鮠桂华鲮赤魟国家级水产种质资源保护区、广西泗涧山大鲵自治区级自然保护区、合浦营盘港-英罗港儒艮国家级保护区、漓江光倒刺鲃金线鲃国家级水产种质资源保护区、恭城古木源娃娃鱼区级水产种质资源保护区、资源县牛栏江大鲵区级水产种质资源保护区、西江梧州段国家级水产种质资源保护区在内的 10 个水生野生动物保护区或水生野生动物种质资源保护区。

川江及陆洞河上游地区人类干扰较少,鱼类物种丰富,建议在此地区建立鱼类优先保护。在保护区内,大量经济鱼类及珍稀濒危鱼类得以迅速恢复。漓江目前已有猫儿山自然保护区、广西金钟山自然保护区、光倒刺鲃金线鲃保护区。在广西壮族自治区内相对于其他保护区或者山区鱼类,漓江上游区域鱼类物种数量较高(表 8.1)[66-69]。漓江上游鲤形目、鲈形目和鲇形目鱼类占广西区内鲤形目、鲈形目和鲇形目的 22.06%、44.83%和 48.15%,可见漓江上游鱼类生物多样性是构成广西鱼类物种多样性不可或缺的一部分。

表 8.1 漓江上游和广西区内其他保护区各目鱼类物种数
Table 8.1 Species number of each order in the upper reaches of Lijiang River and other Nature Reserve of Guangxi Region

鱼类	漓江上游	光倒刺鲃金线鲃保护区	广西金钟山保护区	猫儿山自然保护区	广西
鳗鲡目	—	1			2
鲤形目	45	48	38	15	204
鲇形目	12	9	5	3	27
合鳃鱼目	3	2	2	1	3
鳉形目	—	1	1	—	1
鲈形目	12	13	6	4	27

2008 年 12 月,漓江光倒刺鲃金线鲃国家级水产种质资源保护区是由国家农业部审定公布的第二批国家级水产种质资源保护区,也是广西第一个国家级水产种质资源保护区。总面积为 255.5hm²,其中核心区面积为 50.0hm²,实验区面积为 205.5hm²。核心区特别保护期为全年。保护区位于广西壮族自治区桂林市的漓江,由漓江干流冠岩河段及支流桃花江河段两部分组成。核心区位于漓江干流的冠岩潭至浪洲潭河段,范围为(25°03′06.5″N,110°27′04.1″E)至(25°02′06.4″N,

110°26′58.5″E）。实验区分为 3 个区域：其一，自漓江黄牛甲 12 号航标灯塔至冠岩潭，范围为（25°06′34.7″N，110°25′04.9″E）至（25°03′06.5″N，110°27′04.1″E）；其二，自漓江浪洲村码头至鸳鸯滩桃源村码头，范围为（25°02′06.4″N，110°26′58.5″E）至（25°01′31.5″N，110°27′31.7″E）；其三，自桃花江上游北冲村至鲁家村滚水坝，范围为（25°18′35.0″N，110°16′33.2″E）至（25°17′52.6″N，110°16′09.4″E）。主要保护对象为光倒刺鲃、金线鲃以及冠岩潭、浪洲潭 2 个鱼类越冬场，黄牛甲、社公滩、斗米滩、鸳鸯滩 4 个鱼类产卵场，其他保护物种包括漓江鳜、黄喉拟水龟、花鳗鲡、多瘤丽蚌、大鲵、长麦穗鱼等。

2011 年 11 月 24 日，广西壮族自治区十一届人大常委会第二十五次会议表决通过了《广西壮族自治区漓江流域生态环境保护条例》，条例于 2012 年 1 月 1 日起施行。这是广西出台保护漓江的首部地方性法规。其中，自治区和漓江流域县级以上人民政府及其相关部门应当采取建立风景名胜区、自然保护区以及划定特定生态功能区等措施，维持生物多样性，保护漓江流域生态系统。漓江流域生态环境保护范围涉及桂林市象山区、秀峰区、七星区、叠彩区、雁山区全境以及兴安县、灵川县、临桂区、阳朔县、平乐县的部分区域。漓江流域生态环境重点保护区域包括：①漓江干流，自兴安县猫儿山陆洞河至平乐县三江口段；②漓江源头猫儿山国家级自然保护区及川江、黄柏江、小溶江；③青狮潭自治区级自然保护区及甘棠江；④海洋山自治区级自然保护区（漓江流域部分）及潮田河；⑤漓江风景名胜区；⑥会仙喀斯特国家湿地公园。

8.4.3　河流生态调度

生态调度是综合考量防洪、发电、供水、灌溉、航运等利于社会发展多种目标并兼顾河流生态系统需求的调度，是协调社会经济可持续发展和确保河流健康的调度方式，是从生态环境保护的视角来研究河流系统的特征，其根本目标是在利用水资源过程中，协调好人与自然、人与水生态系统之间的关系。很多研究表明，河流水文特征变化与鱼类繁殖尤其是"四大家鱼"的繁殖关系密切[70-72]。20世纪 70-80 年代，美国开始对哥伦比亚河、特拉基河以促进洄游性鱼类繁殖、恢复河岸带植被为目标，进行水库生态调度，但结果并未达到预期效果[73]；20 世纪90 年代至今美国分别对田纳西河、葛林河、科罗拉多河、萨瓦纳河等流域实行生态调度，大部分对促进水生生物的繁殖取得了一定效果[74,75]。美国的生态调度技术的要点是通过试验性的调度和释放流量，不间断地监测下游生物的响应和生境变化，在响应反馈的基础上，进一步制订并完善调度的技术方法。为缓解墨累-达令河流域的生态问题，澳大利亚于 2002 年开始实施墨累河生命行动计划，取得了预期的效果。自 2011 年开始，三峡水库连续 3 年实行了生态调度试验，"四大家鱼""渔汛"多次出现,据统计,鱼卵径流量在总量的50%以上,高于自然状态下两次洪水的鱼卵径流量总和,生态调度实验取得显著效果[60]。总体来讲,世界上的生态调度尚处于探索阶段,北美、欧洲和澳大利亚等水利事业比重较大的国家和地区在生态调度方面有一定的经验和技术,处于较先进水平[64]。

李若男通过模拟漓江鱼类生境和河流生态流量,针对为满足枯季通航补水导致的水环境变化,研究水库补水对下游鱼类栖息地的影响。结果显示,水环境模型及鱼类栖息地模型模拟结果与历史数据或实际调查结果吻合度很高,表明建立的生态水力学模型能够对鱼类栖息地进行很好的模拟。栖息地质量评价表明,该河段作为产卵场,水库补水在各典型水文年使得研究河道加权可利用栖息地面积增加,其中丰水年和枯水年增加的面积为有效面积,说明补水给鱼类栖息地带来正面效应。平水年水库补水使得栖息地的联通性显著下降,表明增加的栖息地面积可能无法被鱼类利用。依据生态流量推求方法,以栖息地评价最优点作为参考体系计算生态需水过程。根据漓江流域管理者提供的阶段性目标,可以看出,若枯季补水达到30m³/s,则可保证60%-80%的鱼类栖息地,若补水达到60m³/s则可保证80%-100%的鱼类栖息地[76]。

8.4.4　人工增殖放流

人工增殖放流是用人工方法直接向海洋、滩涂、江河、湖泊、水库等天然水域投放或移入渔业生物的卵子、幼体或成体,以恢复或增加种群的数量,改善和优化水域的群落结构。为科学保护漓江渔业资源、促进漓江生态环境恢复,近10年来,桂林市每年都组织大规模的人工增殖放流活动。据统计,目前桂林市已向漓江投放光倒刺鲃、赤眼鳟等本地珍稀鱼种及草鱼、鲢、青鱼、鳙"四大家鱼"1800余万尾。特别是2011年以来,在政府引导下,陆续有60余家企事业单位和民间团体开展了一系列放流活动,每年向漓江投放优质鱼种100万尾以上,总量达到600余万尾[77]。

8.4.5　加强渔政建设

提高行政执法水平,大力加强执法队伍建设,加强素质能力建设,加强执法宣传,增强执法能力等,这是保护漓江鱼类资源的基础和保障,如①建立合法的执法机构,文明执法,严格执法;②渔政、公安联合执法,加大打击力度;③加大法律、法规的宣传力度,增强村民的法律意识;④严格内部管理制度,加强队伍建设;⑤同地方政府密切联系,创造良好的渔业执法外部环境条件;⑥充分利用现代化的设施设备,提高工作效率。

8.4.6 加强禁渔执法力度

漓江干流禁渔期为 4 月 1 日-6 月 1 日，在此期间严厉打击电鱼、炸鱼、毒鱼等非法活动，没收非法渔具，并进行处罚。保护鱼类产卵场。鱼类的生殖与栖息环境制约着鱼类个体群的生态、形态、生理状态的相对稳定，是水资源变动的主要因素之一，应依托国家法律法规重点保护。人工增殖放流应该在科学的基础上搭配品种和数量，以确保河流的水生态稳定。广西壮族自治区 2012年出台的《广西壮族自治区漓江流域生态环境保护条例》第四章第三十七条明确规定：保护漓江水生物多样性，禁止使用地笼、电鱼、炸鱼等破坏渔业资源的方法进行捕捞。禁止将未经渔业行政主管部门批准的水生物种投放漓江。政府有关部门应当定期或者不定期地组织投放鱼种，丰富鱼类种群。由于漓江流域南北跨度较大，且上游山区溪流型鱼类资源较丰富，漓江干流的禁渔期对上游的约束不强，因此，建议漓江流域的禁渔期由原来的 4 月 1 日-6 月 1 日变更为 3 月 1 日-7 月 1 日。

8.4.7 建立官方与民间共管理新型模式

对特定地区的野生鱼类的品种、数量进行调查，列出首要保护名录，通过媒体等方式向社会公布。公安局、渔政、畜牧局、渔业队等成立联合禁渔小组，通过配备宣传车、设立宣传栏及散发宣传资料等方式，让广大人民认识到非法捕捞的严重性，使保护鱼类观念深入人心。建议桂林市渔政管理部门：一是联合其他相关部门，进一步加大打击非法捕捞的力度；二是进一步加大宣传力度，大力宣传保护环境、保护漓江、保护野生动植物的重要性，引起渔民和普通市民的高度重视，为桂林市的生态建设营造良好的社会氛围；三是联合桂林市政府相关部门，对于弃船上岸的渔民进行妥善安置，解决他们的后顾之忧；四是报请桂林市政府出台保护区管理的实施细则，提升渔政管理水平，对市区排污进行规范和监管，以减少或避免漓江水体受到污染。

为了保障和丰富漓江的生态需水量，保证漓江来流及水生态系统平衡，有必要恢复重建漓江湿地，应开展漓江湿地保护与人工湿地建设；应加强漓江上游河道综合治理工作，保持漓江自然状态，营造和维持沿岸小生境的多样性；应强化渔政管理，打击非法渔具渔法，建立漓江生态补偿机制，大力开展漓江生态保护修复宣传工作。对受污区域进行生物生态修复，用增殖加保护的双重技术措施遏制漓江鱼类资源进一步衰竭；通过建立水产种质资源保护区进行科学保护，为漓江渔业的可持续发展夯实基础[78]。

参 考 文 献

[1] Dudgeon D, Arthington A H, Gessner M O, et al. Freshwater biodiversity: Importance, threats, status and conservation challenges. Biological Reviews, 2006, 81(2): 163-182.

[2] 乐佩琦. 我国濒危淡水鱼类的保护. 淡水渔业, 1995, 25(3): 22-24.

[3] 刘绍平, 陈大庆, 段辛斌, 等. 中国鲥鱼资源现状与保护对策. 水生生物学报, 2002, 26(6): 679-684.

[4] 陈敬存, 林永泰, 伍掉田. 长江中下游水库凶猛鱼类的演替规律及种群控制途径的探讨. 海洋与湖沼, 1978, 9(1): 49-58.

[5] 张春光, 许涛清. 多鳞铲颌鱼生物学的研究(系统进化论文集). 北京: 中国科学技术出版社, 1991.

[6] 国家环境保护局. 2010 年中国环境状况公报. 中华人民共和国环境保护部, 2011.

[7] Guo L. Doing battle with the green monster of Taihu Lake. Science, 2007, 317(5842): 1166.

[8] Qin B Q, Xu P Z, Wu Q L, et al. Environmental issues of Lake Taihu, China. Hydrobiologia, 2007, 581(1): 3-14.

[9] Wang X L, Lu Y L, Han J Y, et al. Identification of anthropogenic influences on water quality of rivers in Taihu watershed. Journal of Environmental Sciences, 2007, 19(4): 475-481.

[10] 刘晓东, 姚琪, 王鹏, 等. 太湖流域内河船舶污染负荷估算. 环境科学与技术, 2009, 32(12): 129-131, 141.

[11] 徐天宝, 彭静, 李翀. 葛洲坝水利工程对长江中游生态水文特征的影响. 长江流域资源与环境, 2007, 16(1): 72-75.

[12] 府仁寿, 齐梅兰, 方红卫, 等. 长江上游工程对宜昌来水来沙变化的影响. 水力发电学报, 2006, 25(6): 103-110, 118.

[13] Wei Q W, Ke F E, Zhang J M, et al. Biology, fisheries, and conservation of sturgeons and paddlefish in China. Environmental Biology of Fishes, 1997, 48(1-4): 241-255.

[14] 许存泽. 浅析水利工程对鱼类自然资源的影响及对策. 云南农业大学学报, 2006, (12): 31-32.

[15] Yuma M, Hosoya K, Nagata K. Distribution of the freshwater fishes of Japan: An historical overview. Environmental Biology of Fishes, 1998, 52(1-3): 97-124.

[16] Smith V H. Eutrophication of freshwater and coastal marine ecosystems a global problem. Environmental Science and Pollution Research, 2003, 10(2): 126-169.

[17] 曹文宣, 邓中粦, 余志堂, 等. 葛洲坝水利枢纽工程的救鱼问题. 资源开发与保护杂志, 1989, 5(3): 8-12.

[18] Ebel W J. Supersaturation of nitrogen in the Columbia and its effects on salmon and steelhead trout. Fishery Bulletin. United Sates Fish and Wildlife Service, 1969, 68: 1-11.

[19] Elton C S. The Ecology of Invasions by Animals and Plants. London: Methuen, 1958.

[20] Rahel F J. Homogenization of fish faunas across the United States. Science, 2000, 288(5467): 854-856.

[21] Pimentel D, Lach L, Zuniga R, et al. Environmental and economic costs of nonindigenous species in the United Sates. Bioscience, 2000, 50(1): 53-64.

[22] Ke Z X, Xie P, Guo L G, et al. *In situ* study on the control of toxic *Mocrocystis* blooms using phytoplanktivorous fish in the subtropical Lake Taihu of China: A large fish pen experiment. Aquaculture, 2007, 265(1-4): 127-138.

[23] Xie Y, Li Z, William P G, et al. Invasive species in China—an overview. Biodiversity Conservation, 2001, 10(8): 1317-1241.

[24] Kolar C S, Lodge D M. Ecological predictions and risk assessment for alien fishes in North America. Science, 2002, 298(5596): 1233-1236.

[25] Meador M R, Layher A O. Instream sand and gravel mining: Environmental issues and regulatory process in the United States. Fisheries, 1998, 23(11): 6-13.

[26] Wang L , Lyons J, Kanehl P. Impacts of urbanization on stream habitat and fish across multiple spatial scales. Environmental Management, 2001, 28(2): 255-266.

[27] Schueler T. Fish dynamics in urban streams near Atlanta, Georgia. Watershed Protection Techniques, 1997, 2(4): 100-111.

[28] Benke A C, Willeke G E, Parrish F K, et al. Effect of urbanization on stream ecosystems. Completion Report OWRT Project No. A-055-GA. School of Biology in Cooperation with Environmental Resources Center, Georgia Institute of Technology, Atlanta, Georgia. 1981.

[29] 朱召军, 吴志强, 黄亮亮, 等. 漓江上游基于鱼类生物完整性指数的河流健康评价体系构建与应用. 桂林理工大学学报, 2016, 36(3): 533-538.

[30] 朱瑜, 蔡德所, 周解, 等. 漓江鱼类生态类型及生物多样性变化情况. 广西师范大学学报(自然科学版), 2012, 30(4): 146-151.

[31] 唐会元, 杨志, 高少波, 等. 金沙江中游圆口铜鱼早期资源现状. 四川动物, 2012, 31(3): 416-421, 425.

[32] 高少波, 唐会元, 陈胜, 等. 金沙江一期工程对保护区圆口铜鱼早期资源补充的影响. 水生态学杂志, 2015, 36(2): 6-10.

[33] 杨育林, 文勇立, 李昌平, 等. 大渡河流域电站建设对保护鱼类的影响及对策措施研究. 四川环境, 2010, 29(6): 65-70.

[34] 蒋固政. 长江流域大型水利工程与鱼类资源救护. 人民长江, 2008, (23): 62-64, 138.

[35] 陈银瑞, 杨君兴, 李再云. 云南鱼类多样性和面临的危机. 生物多样性, 1998, 6(4): 32-37.

[36] 蔡德所, 马祖陆. 漓江流域的主要生态环境问题研究. 广西师范大学学报(自然科学版), 2008, 26(1): 110-112.

[37] 梁小红. 桂林漓江的水污染及治理措施. 广西水利水电, 1998, (2): 50-52.

[38] 徐芝芬, 李金城, 莫德清, 等. 漓江流域农村水环境污染现状及综合整治研究. 环境科学与技术, 2010, (S2): 644-646, 650.

[39] 李向阳, 郭胜娟. 内河航道整治工程鱼类栖息地保护探析. 环境影响评价, 2015, (3): 26-28, 56.

[40] 赵亚辉, Fenolio D B, 张媛媛. 洞穴鱼类——神秘地下世界的定居者. 生物学通报, 2015, 50(9): 7-10, 66.

[41] 牟希东, 胡隐昌, 汪学杰, 等. 中国外来观赏鱼的常见种类与影响探析. 热带农业科学, 2008, 28(1): 34-40, 76.

[42] 王迪, 吴军, 窦寅, 等. 中国境内异地引种鱼类环境风险研究. 安徽农业科学, 2009, 37(18): 8544-8546.

[43] 文衍红, 何安尤. 青狮潭水库银鱼产业现状及其发展对策. 当代水产, 2007, 31(1): 11-13.

[44] 胡小宁. 关于青狮潭等3座水库银鱼养殖的调查报告. 广西水产科技, 1999, (3): 33-36.

[45] 文衍红, 何安尤. 青狮潭水库银鱼资源衰退的主要原因分析及对策. 广西水产科技, 2005, (2): 17-22.

[46] 孙玉芳, 杜靖文. 广西桂林: 防控危害外来物种福寿螺有"诀窍". 中国农村科技, 2016, (7): 76-79.

[47] 隆振葵, 曾建勋. 桂林清除水葫芦保漓江畅通. 广西日报, 2005-10-31(010).

[48] Chaturvedi M L, Agarwal R A. Ammonia excretion in snails *Viviparus bengalensis* (LAMARCK)and *Pilaglobosa*(SWAINSON)during active and dormant periods. Internationale Revue der Gesamten Hydrobiologie und Hydrographic, 1983, 68(4): 599-602.

[49] 章家恩, 赵本良, 罗明珠, 等. 外来生物福寿螺入侵的生态风险及其评价探讨. 佛山科学技术学院学报: 自然科学版, 2010, 28(5): 1-6.

[50] 杨海菊, 凌玲, 梁华. 广西外来生物入侵现状及对生态环境的影响. 广西科学院学报, 2013, 29(4): 247-251, 258.

[51] 汤娇雯, 张富, 陈兆波. 我国鱼类生物多样性保护策略. 淡水渔业, 2009, 39(4): 75-79.

[52] 王斌. 中国海洋生物多样性的保护和管理对策. 生物多样性, 1999, 7(4): 347-350.

[53] 马克平. 试论生物多样性的概念. 生物多样性, 1993, 1(1): 20-22.

[54] 郑兰平, 陈小勇, 杨君兴, 等. 澜沧江中下游鱼类现状及保护. 动物学研究, 2013, 34(6): 80-686.

[55] 陈灵芝. 中国的生物多样性现状及其保护对策. 北京: 科学出版社, 1993.

[56] 秦伟, 贾文方, 杭雪花. 鱼类多样性保护与渔业的可持续发展. 淡水渔业, 1999, 29(9): 8-11.

[57] 王连龙, 王华. 长江鱼类生物多样性与保护对策. 安徽农业科学, 2011, 39(21): 12876-12877.

[58] Lapointe N W R. Effects of shoreline type, riparian zone and instream microhabitat on fish species richness and abundance in the Detroit River. Journal of Great Lakes Research, 2014, 40(1): 62-68.

[59] Niles J M, Hartman K J. Larval fish use of dike structures on a Navigable River. North American Journal of Fisheries Management, 2009, 29(4): 1035-1045.

[60] Pusey B J, Arthington A H. Importance of the riparian zone to the conservation and management of freshwater fish: A review. Marine & Freshwater Research, 2003, 54(1): 1-16.

[61] 长江. 三峡工程生态调度达到预想效果. 人民长江, 2014, (2): 14.

[62] Strayer D L, Findlay S E G. Ecology of freshwater shore zones. Aquatic Sciences, 2010, 72(2): 127-163.

[63] Winkel E H T, Meulemans J T. Effects of fish upon submerged vegetation. Aquatic Ecology, 1984, 18(2): 157-158.

[64] 中国水利水电科学院调研组. 水利水电工程生态调度的实践、问题与发展趋势. 中国水能及电气化, 2009, (12): 16-20.

[65] 林鸿, 金晶, 姚雄, 等. 水生植物对水体的处理作用及应用. 园林科技, 2010, 117(3): 6-10.

[66] 李高岩, 韩松霖, 梁士楚, 等. 漓江光倒刺鲃金线鲃保护区鱼类资源现状调查. 广西师范大学学报(自然科学版), 2011, 29(1): 66-71.

[67] 李红敬. 广西中北部森林溪流淡水鱼类资源调查及区系分析. 水利渔业, 2003, 23(3): 35-37.

[68] 卢立. 广西金钟山自然保护区鱼类资源考察报告. 湖南环境生物职业技术学院学报, 2005, 11(4): 319-324.

[69] 李红敬. 猫儿山自然保护区淡水鱼类资源调查. 江苏农业科学, 2003, 16(4): 78-79.

[70] Agostinho A A, Gomes L C, Veríssimo S, et al. Flood regime, dam regulation and fish in the Upper Paraná River: Effects on assemblage attributes, reproduction and recruitment. Reviews in Fish Biology and Fisheries, 2004, 14(1): 11-19.

[71] 唐锡良, 陈大庆, 王珂, 等. 长江上游江津江段鱼类早期资源时空分布特征研究. 淡水渔业, 2010, 40(5): 27-31.

[72] 张晓敏, 黄道明, 谢文星, 等. 汉江中下游四大家鱼自然繁殖的生态水文特征. 水生态学杂志, 2009, 2(2): 126-129.

[73] Dauble D D, Hanrahan T P, Geist D R, et al. Impacts of the columbia river hydroelectric system on main-stem habitats of fall chinook salmon. North American Journal of Fisheries Management, 2003, 23(3): 641-659.

[74] 王俊娜, 董哲仁, 廖文根, 等. 美国的水库生态调度实践. 水利水电技术, 2011, 42(1): 15-20.

[75] Rood S B, Samuelson G M, Braatne J H, et al. Managing river flows to restore floodplain forests. Frontiers in Ecology & the Environment, 2008, 12(4): 193-201.

[76] 李若男. 鱼类生境模型及河流生态流量研究. 北京: 中国科学院博士学位论文, 2010.

[77] 周文俊. 桂林近 10 年向漓江放流鱼苗 1800 余万尾. 桂林日报, 2016-04-07(01).

[78] 韩耀全, 许秀熙. 漓江渔业资源现状评估与修复. 水生态学杂志, 2009, 2(5): 132-135.

附　表

漓江鱼类物种名录及分布
Species composition and distribution of fishes in the Lijiang River

种类	分布								
	小溶江	川江	陆洞河	黄柏江	漓江上游	漓江中游	漓江下游	青狮潭水库	会仙湿地
太湖新银鱼 *Neosalanx taihuensis*（Chen，1956）								+	
美丽小条鳅 *Micronoemacheilus pulcher*（Nichols & Pope，1927）[a]		+	+	+	+	+			
平头平鳅 *Oreonectes platycephalus* Günther，1868			+						
无斑南鳅 *Schistura incerta*（Nichols，1931）	+	+	+		+	+	+		
横纹南鳅 *Schistura fasciolata*（Nichols & Pope，1927）	+	+	+	+	+	+	+		+
壮体沙鳅 *Botia robusta*（Wu，1939）[a]					+				
漓江副沙鳅 *Parabotia lijiangensis*（Chen，1980）[a,b]					+				
后鳍薄鳅 *Leptobotia posterodorsalis*（Lan & Chen，1992）[a]	+		+			+			
斑纹薄鳅 *Leptobotia zebra*（Wu，1939）[a]	+		+	+	+	+			
中华花鳅 *Cobitis sinensis*（Sauvage & Dabry de Thiersant，1874）		+	+		+	+	+		+
大鳞副泥鳅 *Paramisgurnus dabryanus*（Dabry de Thiersant，1872）[a]			+	+	+				
泥鳅 *Misgurnus anguillicaudatus*（Cantor，1842）	+	+	+	+	+	+	+	+	+
宽鳍鱲 *Zacco platypus*（Temminck & Schlegel，1846）	+	+	+	+	+	+			+
马口鱼 *Opsariichthys bidens* Günther，1873	+	+	+	+	+	+	+		+
中华细鲫 *Aphyocypris chinensis* Günther，1868[d]			+						+
青鱼 *Mylopharyngodon piceus*（Richardson，1846）							+	+	

续表

种类	分布								
	小溶江	川江	陆洞河	黄柏江	漓江上游	漓江中游	漓江下游	青狮潭水库	会仙湿地
草鱼 *Ctenopharyngodon idellus*（Valenciennes，1844）[a]					+	+	+	+	+
鳘 *Hemiculter leucisculus*（Basilewsky，1855）					+	+	+	+	
伍氏半鳘 *Hemiculterella wui*（Wang，1935）[a]					+	+	+	+	
细鳊 *Rasborinus lineatus*（Pellegrin，1907）						+			+
团头鲂 *Megalobrama amblycephala*（Yih，1955）								+	
南方拟鳘 *Pseudohemiculter dispar*（Peters，1880）						+			
翘嘴鲌 *Culter alburnus* Basilewsky，1855						+	+		
大眼华鳊 *Sinibrama macrops*（Günther，1868）		+			+	+		+	
圆吻鲴 *Distoechodon tumirostris*（Peters，1881）								+	
细鳞鲴 *Xenocypris microlepis*（Bleeker，1871）[a]					+	+	+		
鳙 *Hypophthalmichthys nobilis*（Richardson，1845）						+		+	
鲢 *Hypophthalmichthys molitrix*（Valenciennes，1844）						+		+	
唇鲬 *Hemibarbus labeo*（Pallas，1776）					+	+		+	
间鲬 *Hemibarbus medius*（Yue，1995）								+	
花鲬 *Hemibarbus maculatus*（Bleeker，1871）	+	+	+		+	+		+	
麦穗鱼 *Pseudorasbora parva*（Temminck & Schlegel，1846）	+	+	+	+	+	+	+		+
华鳈 *Sarcocheilichthys sinensis sinensis*（Bleeker，1871）						+			
黑鳍鳈 *Sarcocheilichthys nigripinnis*（Günther，1873）[a]		+	+		+	+	+		
银鮈 *Squalidus argentatus*（Sauvage & Dabry de Thiersant，1874）[a]	+	+	+		+	+	+		
胡鮈 *Huigobio chenhsienensis* Fang，1938[a]		+	+		+	+	+		

续表

种类	分布								
	小溶江	川江	陆洞河	黄柏江	漓江上游	漓江中游	漓江下游	青狮潭水库	会仙湿地
棒花鱼 *Abbottina rivularis*（Basilewsky，1855）		+			+	+	+	+	+
福建小鳔鮈 *Microphysogobio fukiensis*（Nichols，1926）						+	+		
乐山小鳔鮈 *Microphysogobio kiatingensis*（Wu，1930）[a]	+			+	+	+	+		
似鮈 *Pseudogobio vaillanti*（Sauvage，1878）						+			
桂林似鮈 *Pseudogobio guilinensis*（Yao & Yang，1977）							+		
蛇鮈 *Saurogobio dabryi*（Bleeker，1871）							+		
广西鳑 *Acheilognathus meridianus*（Wu，1939）						+	+		
短须鱊 *Acheilognathus barbatulus*（Günther，1873）		+	+		+		+		+
越南鱊 *Acheilognathus tonkinensis*（Vaillant，1892）					+	+	+		+
高体鳑鲏 *Rhodeus ocellatus*（Kner，1866）	+	+	+	+	+	+			+
条纹小鲃 *Puntius semifasciolatus*（Günther，1868）		+	+		+		+		+
光倒刺鲃 *Spinibarbus hollandi*（Oshima，1919）						+			+
侧条光唇鱼 *Acrossocheilus parallens*（Nichols，1931）[a]	+	+	+	+	+	+			
克氏光唇鱼 *Acrossocheilus kreyenbergii*（Regan，1908）[a]						+	+		
台湾白甲鱼 *Onychostoma barbatulum*（Pellegrin，1908）	+	+	+						
小口白甲鱼 *Onychostoma lini*（Wu，1939）[c]		+							
异华鲮 *Parasinilabeo assimilis* Wu & Yao，1977	+	+	+	+	+	+			+
长体异华鲮 *Parasinilabeo longicorpus* Zhang，2000			+			+	+		
四须盘鮈 *Discogobio tetrabarbatus*（Lin，1931）[a]	+		+	+		+			
三角鲤 *Cyprinus multitaeniata*（Pellegrin & Chevey，1936）							+		

续表

种类	分布								
	小溶江	川江	陆洞河	黄柏江	漓江上游	漓江中游	漓江下游	青狮潭水库	会仙湿地
鲤 Cyprinus carpio（Linnaeus，1758）		+		+	+	+	+	+	+
鲫 Carassius auratus（Linnaeus，1758）	+	+	+		+	+	+	+	+
平舟原缨口鳅 Vanmanenia pingchowensis（Fang，1935）[a]	+	+	+	+	+	+			
线纹原缨口鳅 Vanmanenia lineata（Fang，1935）	+	+				+			
中华原吸鳅 Protomyzon sinensis（Chen，1980）[a]	+	+	+	+	+	+			+
方氏品唇鳅 Pseudogastromyzon fangi（Nichols，1931）[a]	+	+	+	+					
西江鲇 Silurus gilberti（Hora，1938）	+	+	+	+	+				
越南鲇 Silurus cochinchinensis（Valenciennes，1840）	+	+	+		+				
鲇 Silurus asotus（Linnaeus，1758）					+	+	+	+	
胡子鲇 Clarias fuscus（Lacépède，1803）		+				+	+	+	
黄颡鱼 Tachysurus fulvidraco（Richardson，1846）		+				+	+	+	+
瓦氏黄颡鱼 Pseudobagrus vachelli（Richardson，1846）						+	+		
长脂拟鲿 Tachysurus adiposalis（Oshima，1919）[a]	+	+	+	+	+	+			
细体拟鲿 Pseudobagrus pratti（Günther，1892）[a]			+		+	+			
白边拟鲿 Pseudobagrus albomargintus（Rendahl，1928）	+	+	+	+	+				
斑鳠 Mystus guttatus（Lacépède，1803）					+	+	+		
大鳍鳠 Hemibagrus macropterus（Bleeker，1870）		+				+	+		
青鳉 Oryzias latipes（Temminck & Schlegel，1846）									+
食蚊鱼 Gambusia affinis（Baird & Girard，1853）						+			+
福建纹胸鲱 Glyptothorax fokiensis（Rendahl，1925）	+	+	+		+				

续表

种类	分布								
	小溶江	川江	陆洞河	黄柏江	漓江上游	漓江中游	漓江下游	青狮潭水库	会仙湿地
鳗尾鮠 *Liobagrus anguillicauda*（Nichols，1926）[a]		+							
黄鳝 *Monopterus albus*（Zuiew，1793）			+		+	+		+	+
大刺鳅 *Mastacembelus armatus*（Lacépède，1800）					+	+	+	+	
刺鳅 *Macrognathus aculeatus*（Bloch，1786）			+	+	+	+	+		
中国少鳞鳜 *Coreoperca whiteheadi*（Boulenger，1900）	+		+	+				+	
长身鳜 *Coreosiniperca roulei*（Wu，1930）								+	
漓江鳜 *Coreoperca loona*（Wu，1939）						+	+		
波纹鳜 *Siniperca undulata*（Fang & Chong，1932）[c]			+						
斑鳜 *Siniperca scherzeri*（Steindachner，1892）		+			+	+	+	+	
大眼鳜 *Siniperca knerii*（Garman，1912）					+			+	
尼罗罗非鱼 *Oreochromis niloticus*（Linnaeus，1758）						+		+	
中华沙塘鳢 *Odontobutis sinensis*（Wu，Chen & Chong，2002）		+	+	+	+	+	+	+	+
侧扁小黄黝鱼 *Hypseleotris compressocephalus*（Chen，1985）						+			
子陵吻虾虎鱼 *Rhinogobius giurinus*（Rutter，1897）		+			+	+	+		+
溪吻虾虎鱼 *Rhinogobius duospilus*（Herre，1935）	+	+	+			+	+		+
丝鳍吻虾虎鱼 *Rhinogobius filamentosus*（Wu，1939）	+	+	+		+	+	+		
李氏吻虾虎鱼 *Rhinogobius leavelli*（Herre，1935）	+	+	+	+	+	+	+		+
叉尾斗鱼 *Macropodus opercularis*（Linnaeus，1758）			+			+	+		+
斑鳢 *Channa maculata*（Lacépède，1801）						+	+	+	+
月鳢 *Channa asiatica*（Linnaeus，1758）						+	+	+	+